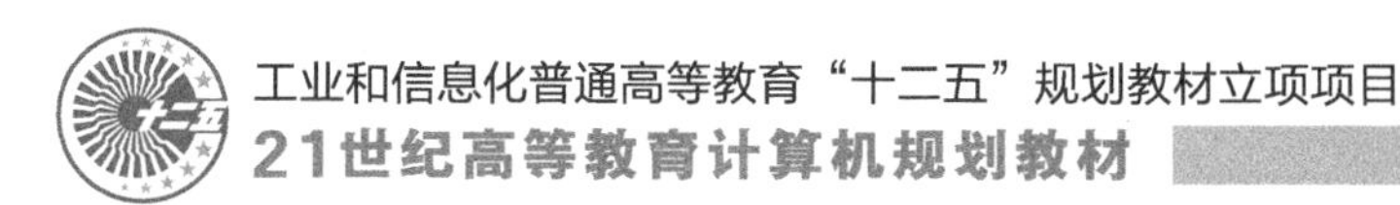

工业和信息化普通高等教育“十二五”规划教材立项项目
21世纪高等教育计算机规划教材

COMPUTER

C/C++ 程序设计

C/C++ Programming

梁海英　主编
董延华 孙静 于萍 刘哲　副主编

人 民 邮 电 出 版 社
北 京

图书在版编目（CIP）数据

C/C++程序设计 / 梁海英主编. -- 北京 : 人民邮电出版社, 2013.9（2016.1 重印）
21世纪高等教育计算机规划教材
ISBN 978-7-115-32494-8

Ⅰ. ①C… Ⅱ. ①梁… Ⅲ. ①C语言－程序设计－高等学校－教材 Ⅳ. ①TP312

中国版本图书馆CIP数据核字(2013)第182288号

内容提要

本书以面向应用型人才培养为目标，以非传统的组织结构为创新点，以全程伴随上机实践为特色，简洁、通俗、直观、易懂地讲述 C/C++程序设计。第 1 章～第 3 章讲述了 C 语言的背景知识、上机环境以及基础知识，包括数据类型、常量、变量和表达式，以及顺序、选择、循环三大结构及其编程。第 4 章～第 6 章介绍 C 语言的重点部分，包括数组、函数和指针。第 7 章～第 10 章介绍 C++的提高部分，包括类与对象、类的继承与多态性、对话框和常用控件等知识。

全书直接采用 C++的 cin 和 cout 进行输入/输出，摒弃了 C 语言中的 printf 函数和 scanf 函数调用。从实用的角度出发，内容选取先进精准、组织循序渐进、讲解文字精练；各部分辅助图表、结合实例、深入浅出、结构清晰；典型实例精挑细选、算法分析流程图化、程序结构错落有致、程序结果真实有效；各章习题针对性强、题型丰富；详细介绍了开发环境 Visual C++ 6.0 的使用方法，全部例题均在此环境中成功运行。

本书可作为高等学校非计算机专业本科生的计算机通识教材，也可作为计算机相关专业的程序设计入门教材、计算机技术的培训教材，或者作为全国计算机等级考试的参考用书和编程爱好者自学 C++的教材。

♦ 主　　编　梁海英
副 主 编　董延华　孙　静　于　萍　刘　哲
责任编辑　许金霞
责任印制　彭志环　杨林杰

♦ 人民邮电出版社出版发行　　北京市崇文区夕照寺街 14 号
邮编　100061　　电子邮件　315@ptpress.com.cn
网址　http://www.ptpress.com.cn
北京中石油彩色印刷有限责任公司印刷

♦ 开本：787×1092　1/16
印张：14.5　　2013 年 9 月第 1 版
字数：378 千字　　2016 年 1 月北京第 3 次印刷

定价：34.00 元

读者服务热线：(010)81055256　印装质量热线：(010)81055316
反盗版热线：(010)81055315

前　言

Visual C++是优秀的计算机程序设计语言。它的功能相当强大，既适合结构化程序设计，又适合面向对象程序设计。本教材以使学生理解和掌握 C++程序设计的基本概念和方法为主导思想，力求通过简单算法的讲解学习 C++编程。希望通过对本书的学习，读者能够正确理解 C++语言中的面向对象编程方法，基本掌握 Visual C++语言中的语法、词法、程序基本结构，并能够利用 Visual C++编写简单程序。

本书结构共分三大部分：第一部分主要讲解 C/C++语言的基本知识，包括 C 语言的基本词法和语法规则、基本数据类型和表达式、程序控制结构；第二部分主要讲解 C 语言的重点部分，包括数组、函数和指针；第三部分主要讲解面向对象程序设计思想和 Windows 可视化编程，主要内容包括类与对象的概念和定义格式、对象的赋值和引用、友元、类的继承和派生、多态和虚函数、对话框和常用控件等。书中的所有例题都在 Visual C++ 6.0 版本的编译系统下运行通过，每章后都附有习题以便读者及时对所学知识进行巩固。

本书面向应用型人才培养，内容安排由简到难，逐步深入，免得学习者失去学习信心。另外，一开始就使学习者可以上机实践，之后全程理论和实践互补学习，有利于掌握程序设计的技巧，提高编程能力。扎实地掌握好 C 语言的编程后，可自然过渡到 C++编程。C++全国高校计算机水平考试，迫切需要一本适合的教材，于是有了这本 C/C++结合的书。本教材所有例题的输入/输出直接采用 C++的 cin 和 cout，摒弃了 C 语言中的 printf 和 scanf 函数调用。仍愿意使用 printf 和 scanf 函数的学习者，也可以选用本书，将例题中的输入/输出换回 C 语言的函数，也是一个很好的训练。

在本书的编写过程中，得到了同事们的热心帮助和支持。参加本书内容编写、程序调试、课件制作、习题收集、答案制作、内容审校等工作的有梁海英、董延华、孙静、于萍、刘哲、朱宏、张伟、王发斌、陈晓明等，在此向他们表示衷心的感谢！

本书在编写过程中参考了有关的 Visual C++教材、文献和网站内容，并引用了一些材料，在此对这些作者表示忠心的感谢。

由于书稿涉及的内容多、范围广，尽管作者已经尽了最大的努力，但由于时间仓促，书中难免存在不妥之处，请读者原谅，并提出宝贵意见。

编　者

2013 年 5 月

目 录

第 1 章 C++概论……1

1.1 C++语言特点……1
1.1.1 程序和程序设计语言……1
1.1.2 C++语言的特点……2
1.2 C++程序的实现……3
1.3 C++程序结构的特点……5
1.3.1 一个简单的 C++语言程序……5
1.3.2 C++程序结构及书写格式……6
1.4 Visual C++ 6.0 主窗口……7
1.5 C++上机过程……9
习题一……11

第 2 章 数据类型、运算符和表达式……13

2.1 基本数据类型……13
2.1.1 整型（int）……13
2.1.2 字符型（char）……14
2.1.3 浮点型（float）……14
2.1.4 布尔型（bool）……14
2.1.5 空型（void）……14
2.2 常量和变量……14
2.2.1 常量……14
2.2.2 变量……16
2.3 输入输出……21
2.4 运算符和表达式……24
2.4.1 算术运算符和算术表达式……24
2.4.2 关系运算符和关系表达式……26
2.4.3 逻辑运算符和逻辑表达式……27
2.4.4 赋值运算符和赋值表达式……27
2.4.5 逗号运算符和逗号表达式……28
2.4.6 sizeof 运算符……28
2.5 数据类型的转换……29
2.5.1 自动数据类型转换……29
2.5.2 强制数据类型转换……29
2.6 构造数据类型……30
2.6.1 结构体……30
2.6.2 共用体……35
2.6.3 枚举……37
习题二……39

第 3 章 控制结构……41

3.1 顺序结构……41
3.2 选择结构……42
3.2.1 if 语句……42
3.2.2 switch 语句……47
3.3 循环结构……48
3.3.1 while 语句……49
3.3.2 do…while 语句……50
3.3.3 for 语句……52
3.3.4 break 和 continue 语句……54
3.4 程序设计举例……56
习题三……57

第 4 章 数组……60

4.1 一维数组……60
4.1.1 一维数组的定义……60
4.1.2 一维数组元素的引用……61
4.1.3 一维数组的初始化……61
4.1.4 一维数组的输入输出……61
4.2 二维数组……62
4.2.1 二维数组的定义……62
4.2.2 二维数组元素的引用……62
4.2.3 二维数组的初始化……63
4.2.4 二维数组的输入输出……63
4.3 字符数组和字符串……64
4.3.1 字符数组的定义……64
4.3.2 字符数组的初始化……64
4.3.3 字符数组的输入输出……66
4.3.4 常用的字符串处理函数……67

4.4 应用举例……68
习题四……73

第5章 函数……76

5.1 标准函数……76
5.2 函数的定义……76
5.3 函数的调用……77
5.4 函数的原型……78
5.5 函数参数……80
5.5.1 参数的传递方式……80
5.5.2 默认参数……81
5.6 递归函数……81
5.6.1 递归函数……81
5.6.2 递归调用的执行过程……82
5.7 变量的作用域和存储类……83
5.7.1 变量的作用域……83
5.7.2 变量的存储类……86
5.8 编译预处理……90
5.8.1 宏定义……90
5.8.2 文件包含……90
5.8.3 条件编译……91
5.9 应用举例……91
习题五……93

第6章 指针……97

6.1 指针的概念……97
6.1.1 地址与指针……97
6.1.2 指针定义……98
6.2 对指针变量的操作……98
6.2.1 指针的运算……98
6.2.2 new 和 delete……101
6.3 指针与数组……102
6.3.1 用指针访问一维数组……102
6.3.2 用指针访问二维数组……104
6.3.3 用指针访问字符串……105
6.3.4 指针数组……106
6.4 指针与函数……108
6.4.1 指针作为函数的参数……108
6.4.2 数组名作为参数……111
6.4.3 指针函数……111
6.5 引用……112
6.6 应用举例……114
习题六……116

第7章 类与对象……118

7.1 面向对象程序设计的概念……118
7.2 类……119
7.2.1 类的声明……120
7.2.2 类成员的定义……121
7.3 对象……122
7.3.1 对象的定义……122
7.3.2 对象成员的引用……123
7.4 构造函数和析构函数……124
7.4.1 构造函数……125
7.4.2 析构函数……126
7.5 内联函数……128
7.6 静态成员……128
7.6.1 静态成员数据……128
7.6.2 静态成员函数……130
7.7 对象数组和对象指针……131
7.7.1 对象数组……131
7.7.2 对象指针……133
7.7.3 this 指针……133
7.8 友元……134
7.8.1 友元函数……135
7.8.2 友元成员函数……136
7.8.3 友元类……137
习题七……138

第8章 继承与多态性……143

8.1 继承……143
8.1.1 单继承……143
8.1.2 多继承……145
8.2 派生类的构造函数和析构函数……149
8.3 重载……152
8.3.1 函数重载……152
8.3.2 运算符重载……154
8.4 多态性……158
8.4.1 虚函数……159
8.4.2 纯虚函数和抽象类……162

习题八……165

第 9 章　对话框……173

9.1 MFC 应用程序……173
9.1.1 MFC 编程……173
9.1.2 MFC 应用程序框架类型……175
9.2 创建和使用对话框……178
9.2.1 创建对话框……178
9.2.2 控件的添加和布局……180
9.2.3 创建对话框类……182
9.2.4 调用对话框……183
9.3 通用对话框和消息对话框……185
9.3.1 通用对话框……185
9.3.2 消息对话框……188
习题九……190

第 10 章　常用控件……191

10.1 控件的使用……191
10.1.1 控件的创建……191
10.1.2 控件的消息和消息映射……192
10.1.3 控件的数据交换（DDX）和数据校验（DDV）……193
10.2 静态控件和编辑框……194
10.2.1 静态控件……194
10.2.2 编辑框……195
10.2.3 应用举例……196
10.3 按钮控件……198
10.3.1 按钮的创建和消息……198
10.3.2 按钮的操作……198
10.3.3 应用举例……199
10.4 列表框……200
10.4.1 列表框的创建……200
10.4.2 列表框的通知消息……201
10.4.3 列表框的操作……201
10.4.4 应用举例……202
10.5 组合框……204
10.5.1 组合框的类型……204
10.5.2 组合框的数据输入……205
10.5.3 组合框的操作……205
10.5.4 组合框的消息……206
10.5.5 应用举例……206
10.6 滚动条……208
10.6.1 滚动条的结构……209
10.6.2 滚动条的消息和基本操作……209
10.6.3 应用举例……210
10.7 旋转按钮……211
10.7.1 旋转按钮的创建……212
10.7.2 旋转按钮的操作……212
10.7.3 应用举例……213
10.8 进展条……215
10.8.1 进展条的操作……215
10.8.2 应用举例……215
10.9 列表控制……217
10.9.1 列表控制的建立……218
10.9.2 列表控制的操作……218
10.9.3 列表控制的数据结构……219
10.9.4 应用举例……220
习题十……224

第 1 章 C++概论

C++是一种应用广泛的面向对象的程序设计语言。C++是由 C 发展而来的，它保留了 C 语言的所有优点，既可以用于面向过程的结构化程序设计，又可以实现面向对象的程序设计。本章主要讲述 C++的特点和语法、C++程序的实现过程和 Visual C++ 6.0 集成开发环境。

1.1 C++语言特点

在具体讲述 C++语言的特点之前，先来了解一下什么是程序和程序设计语言。

1.1.1 程序和程序设计语言

自 1946 年世界上第一台电子计算机问世以来，计算机科学及其应用得到了迅猛的发展，计算机已被广泛地应用于人类生产、生活的各个领域，成为人们日常工作、生活、娱乐的一种现代化工具，计算机已将人类带入了一个崭新的信息技术时代。对于当代大学生而言，掌握一门计算机程序设计语言是十分必要的。那么，什么是计算机呢？大多数人对计算机可能并不陌生，但是不熟悉计算机的人可能就会感到它很神秘。其实，计算机只不过是一种具有内部存储能力、在程序的控制下自动工作的电子设备。一台计算机由硬件系统和软件系统两大部分组成，硬件是物质基础，而软件可以说是计算机的灵魂。没有安装软件的计算机只能是一台“裸机”，什么也干不了。有了软件才能成为一台真正的“电脑”。而所有软件都是用计算机语言编写的。人们将需要计算机做的工作写成一定形式的计算机能够识别的指令，并把它存储在计算机内部的存储器中，当人们给出指令后，它就会按照指令操作顺序自动工作。人们把这种可以连续执行的一条条指令的集合称为程序，而程序是用程序设计语言来编写的。程序设计语言按照语言级别可以分为低级语言和高级语言。低级语言有机器语言和汇编语言。高级语言则主要有过程式语言（如 C、Basic 以及 Pascal 等）、面向对象语言（如 C++、Java 等）、应用式语言（如 Lisp）以及基于规则的语言（如 Prolog）等。

1. 机器语言

机器语言是计算机硬件可以直接识别的语言，它完全用 0 和 1 组成的代码表示，也是最低层的程序设计语言。用机器语言编写的程序中，每一条机器指令都是二进制形式的指令代码。机器语言是面向机器的。不同的计算机硬件（主要是 CPU），其机器语言是不同的，因此，针对一种计算机所编写的机器语言程序不能在另一种计算机上运行。有了机器语言，人们就可以用机器语言编写程序，然后输入计算机，计算机就可以通过运行程序来体现人们的意图，计算或处理相应的问题。

2. 汇编语言

由于机器语言是面向具体机器的，所以其程序缺乏通用性，编写程序的过程繁琐复杂，易出错，错了又不易查找和修改，编出的程序可读性差。繁杂的机器代码程序很难记忆，未受过专门训练的人又不易掌握，这严重阻碍了计算机的应用和发展。于是，人们又在机器语言的基础上研制了汇编语言。汇编语言采用符号（称为指令助记符）表示指令，比机器语言的指令代码易于记忆。

用汇编语言编写的程序（又称源程序）经汇编器加工处理后，就可转换成在计算机上可以直接执行的机器语言程序。汇编语言实质上是机器语言的符号化形式，仍属面向机器的一种低级语言。

3. 高级语言

由于汇编语言也依赖于计算机的硬件体系，且助记符量大，难以记忆，于是人们又发明了更加易用的所谓高级语言。这种语言的语法和结构更类似普通英文，且通用性好，不必对计算机的指令系统有深入的了解就可以编写程序。

采用高级语言编写的程序在不同型号的计算机上只需做某些微小的改动便可运行，对这些高级语言程序只要采用对应计算机上的编译程序重新编译，即把由高级语言编写的源程序转换成机器能够接受的机器语言程序，这些程序就可以在不同的机器上运行。这种具有翻译功能的程序称为编译程序。每一种高级语言都有与之对应的编译程序。

1.1.2 C++语言的特点

C++语言于 20 世纪 80 年代由贝尔实验室设计并实现。它是在 C 语言的基础上发展起来的，既支持传统的面向过程的程序设计，又支持面向对象的程序设计。

C 语言是在 B 语言的基础上由美国 Bell 试验室的 Dennis.M.Ritchie 于 1972 年设计实现的，改进了 B 语言的缺陷，其设计目标是保持 BCPL 和 B 语言的精练性及接近硬件的特点，并且增加这些语言的通用性。C 语言由于简洁，功能强大，运行速度快，一直是非常重要的程序设计语言之一。相较于其他的高级语言，C 语言的特点主要表现在：①功能强，应用广泛；②语句简洁，表达能力强；③运算符丰富；④数据结构丰富，具有现代化语言的各种数据结构；⑤具有结构化的控制语句；⑥程序设计自由度大；⑦C 语言允许直接访问物理地址，能够进行位操作，能够实现汇编语言的大部分功能，可以直接对硬件进行操作，既有高级语言的功能，又有低级语言的功能；⑧生成的目标代码质量高，程序执行效率高；⑨可移植性好。

除了上述优点之外，C 语言也有它的局限性：①C 语言的类型检查机制相对较弱，有些错误不能在编译阶段检查出来；②C 语言本身几乎没有支持代码重用的语言结构；③当程序的规模达到一定的程度时，程序员就很难控制程序的复杂性。

与 C 语言不同，C++是一种广泛使用的面向对象的程序设计语言。C++语言包括了 C 语言的所有特征、属性和优点（如高效、灵活性），同时改进了 C 语言的一些不足，并且支持面向对象的程序设计。C++语言的特点：

①保持与 C 语言兼容；②可读性更好，代码结构更合理；③生成代码的质量高；④可重用性、可扩充性、可维护性和可靠性有所提高；⑤支持面向对象的机制。

C++语言中与面向对象有关的特征如下。

（1）类和数据封装

C++支持数据封装，将数据和对该数据的操作函数封装在一起作为一种数据类型，称为类。同时提供一种对数据访问严格控制的机制，封装体通过操作接口与外界交换信息。

（2）结构作为一种特殊的类

在C语言中可以定义结构体，但是这种结构只包含数据，而不包含函数。C++中的类是数据和函数的封装体。在C++中，结构可以作为一种特殊的类。

（3）构造函数和析构函数

构造函数是类内和类同名的成员函数，创建对象时对类的数据成员进行初始化。析构函数的功能是释放对象。

（4）私有、保护和公有成员

C++类中可以定义三种不同访问控制权限的数据成员。它们分别是私有（private）、保护（protected）和公有（public）成员。私有成员只有类本身定义的函数才能访问，而类外的其他函数不可以访问。保护成员是只有派生类可以访问，而在类外不可以访问的成员。公有成员是在类外也可以访问的成员，是该类与外界的接口。

（5）对象和消息

对象是类的实例。对象之间通过消息来实现合作，共同完成某一任务。每个对象根据收到消息的性质来决定需要采取的行动，以响应这个消息。

（6）友元类和友元函数

类中的私有成员是不允许类外的任何函数访问的。但是友元打破了类的这一限制，破坏了类的封装性，它可以访问类的私有成员。友元可以是类外定义的整个类，称为友元类；也可以是类外的函数，称为友元函数。

（7）运算符和函数名重载

函数名重载和运算符重载都属于多态。多态是指相同的语言结构可以代表不同类型的实体，或者对不同类型实体进行操作。C++允许相同的运算符或标识符代表多个不同实现的函数，这就称为标识符或运算符重载。用户可以根据需要定义标识符重载或运算符重载。

（8）派生类，继承性

一个类可以根据需要生成派生类。派生类继承了基类的所有方法，同时还可以定义新的不包含在父类中的方法。派生类包含从父类继承过来的数据成员和自己特有的数据成员。

（9）虚拟函数，多态性，动态联编

C++可以定义虚函数，通过虚函数实现动态联编。动态联编是多态的一个重要特征。多态性形成由父类和它们的子类组成的一个树型结构。在这个树中的每一个子类可接收一个或多个具有相同名字的消息。当一个消息被这个树中的一个类的一个对象接收时，这个对象动态地决定给予子类对象的消息的某种用法。多态中的这一特性允许使用高级抽象。

1.2　C++程序的实现

一般把由高级语言编写的程序称为源程序。这种程序不能在机器上直接运行，只有把它转换为由二进制代码表示的目标程序后，才能在机器上运行。与其他高级语言一样，C++程序的实现要经过编辑、编译、组建和运行几个步骤，其过程如图1.1所示。

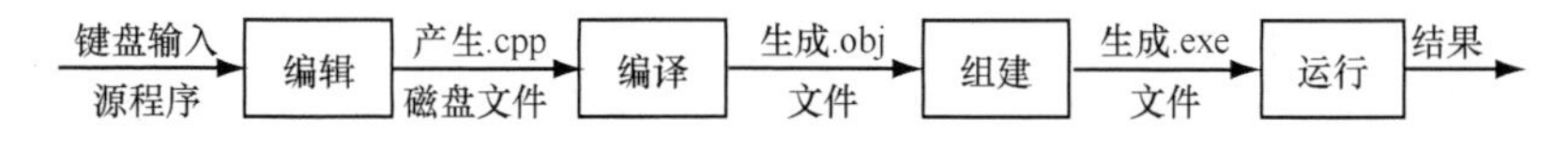

图1.1　C++程序的实现过程

1. 编辑

编辑是将编写好的 C++源程序输入到计算机中，并生成磁盘文件的过程。C++程序的编辑可以利用计算机软件所提供的某种编辑器进行编辑，然后将 C++程序的源代码存放到磁盘文件中，磁盘文件的扩展名是.cpp。

在实际应用中，所选用的 C++编译器本身都提供编辑器的功能，使用所选用的 C++编译器中的编辑器来编写 C++源程序是十分方便的。例如，Microsoft Visual C++ 6.0 版本就提供编辑功能，将 C++程序输入后，指定文件名便可存入磁盘文件。然后，选用编译菜单项，便可编译执行。其他的 C++编译器也都有编辑功能，可用它来进行源程序编辑，不必再去选用其他编辑软件。编辑器所采用的编辑方法都大致相同，采用全屏幕编辑方法。插入、覆盖、删除等简单操作都与 Word 相同或相近，也有块操作功能。例如，删除块、复制块、移动块都可以通过编辑菜单中的菜单项进行。

2. 编译

C++是以编译方式实现的高级语言。C++程序的实现，必须使用某种 C++语言的编译器对程序进行编译。

编译器的功能是将程序的源代码转换成为机器代码的形式，称为目标代码。源程序进行编译时，首先要经过预处理过程。如果源程序中有预处理命令，则先执行这些预处理命令，执行后再进行后面的编译过程。如果程序中没有预处理命令，就直接进行后面的编译过程。

C++编译过程主要是进行词法分析和语法分析的过程，又称源程序分析。这个阶段基本与机器硬件无关，主要进行的是对程序的语法结构进行分析，发现不符合要求的语法错误，并及时报告给用户，显示在屏幕上。在这个过程中还要生成一个符号表。最终生成目标代码程序，完成编译阶段的任务。整个编译过程主要完成以下工作。

① 词法分析。主要是对由字符组成的单词进行词法分析，检查这些单词使用的是否正确，删除程序中的冗余成分。单词是程序使用的基本符号，是最小的程序单元。按照 C++所使用的词法规则逐一检查，并登记造册。发现错误，及时显示错误信息。

② 语法分析。语法又称文法，主要是指构造程序的格式。分析时按该语言中使用的文法规则分析检查每条语句是否有错误的逻辑结构，如发现有错误，便及时通报用户。

③ 符号表。符号表又称字典。它用来映射程序中的各种符号及它们的属性，例如，某个变量的类型、所占内存的大小和所分配的内存的相对位置等。该表是在进行词法分析和语法分析时生成的，它在生成中间代码和可执行的机器代码时使用。

④ 错误处理程序。在进行词法分析和语法分析过程中将所遇到的语法错误交给该程序处理，该程序根据所出现的错误的性质分为警告错和致命错显示给用户，并且尽可能指出出错的原因，供用户修改程序时参考。

⑤ 生成目标代码。将词法分析和语法分析的结果以及使用符号表中的信息，由中间代码进而生成机器可以执行的指令代码，又称为目标代码。将这些代码以.obj 为扩展名存在磁盘文件中，称为目标代码文件。这种文件中的代码机器可以识别，但是计算机并不能直接执行，还需要对它进行组建，才能生成可执行文件。

3. 组建

编译后的目标代码文件还不能由计算机直接执行。因为编译器对每个源文件分别进行编译，如果一个程序有多个源文件，编译后这些源文件的目标代码文件还分布在不同的地方，因此需要把它们组建到一起。即使该程序只有一个源文件，这个源文件生成的目标代码文件还需要系统提供的库文件中的一些代码，因此，也需要把它们组建起来。总之，基于上述原因，将用户程序生成的多个目标代码文件和系统提供库文件中某些代码组建在一起，还是十分必要的。这种组建工作由编译系统中的组建程序（又称组建器）来完成。组建器将由编译器生成的目标代码文件和库中的某些文件组建处理，生成一个可执行文件，可执行文件的扩展名为.exe，因此，有人又称它为 EXE 文件。库文件的扩展名为.lib。

4. 运行

一个 C++的源程序经过编译和组建后生成了可执行文件。运行可执行文件的方法很多，一般在编译系统下有运行功能，通过选择菜单项便可实现。也可以在 MS-DOS 系统下，在 DOS 提示符后，直接输入可执行文件名，按回车键即可执行。有时需要给出可执行文件的全名，包含路径名，扩展名一般省略。如果需要参数，还应在命令行中命令字的后面输入所需要的参数。

程序被运行后，一般在屏幕上显示出运行结果。用户可以根据运行结果来判断程序是否还有算法错误。编好一个程序后，在生成可执行文件之前需要改正编译和组建时出现的一切致命错和警告错，这样才可能生成无错的可执行文件。在程序中存在警告错时，也会生成可执行文件，但是一般要求改正警告错后再去运行可执行文件。有的警告错会造成结果的错误。

1.3　C++程序结构的特点

本节通过几个例子让大家对 C++程序的结构有一个大体上的认识，以对 C++语言程序的构成有一个初步的了解。

1.3.1　一个简单的 C++语言程序

首先介绍一个简单的 C++程序，使读者对 C++程序有一个大概的了解。下面的例子虽然简单，但反映了一般 C++程序的特点以及基本的组成。

例 1.1　编写一个 C++程序，其功能是显示字符串“This is my first C++ program.”。其 C++程序如下：

```
#include <iostream>   //包含头文件 iostream.h
using namespace std;   //使用命名空间 std
int main()            //主函数
{
    cout <<"This is my first C++ program.\n";  //输出一行字符
    return 0;
}
```

这个程序的运行结果是在显示器屏幕的当前光标位置处显示句子：

```
This is my first C++ program.
```

程序的第 1 行：#include <iostream>通常称为命令行。命令行必须用符号“#”开头。一对尖括号中的 iostream 是系统提供的文件名，全称是 iostream.h，文件中包含着有关输入输出函数的信息。调用不同的标准库函数，应包含不同的头文件。随着课程的深入，将在以后的章节中陆续介绍相关的头文件。

第 2 行语句 using namespace std；的功能是在使用系统库时使用命名空间 std。

第 3 行中 main 是主函数名，其后的一对圆括号中间可以是空的，但是这一对圆括号不能省略。main()是主函数的起始行。一个 C++程序可以包含任意多个不同名的函数，但是必须有且只有一个主函数，一个 C++程序总是从主函数开始执行的。

主函数后面由一对花括号{}括起来的部分是主函数体，其中的语句是实现程序的具体功能。函数体用左花括号“{”开始，右花括号“}”结束。其中可以有定义部分和执行部分，定义部分主要是对要用到的变量进行说明，执行部分主要是实现程序的具体功能。执行部分的语句称为可执行语句，必须放在说明部分之后，语句的数量不限，程序中的这些语句向计算机系统发出操作命令。C++的每一条定义语句和执行语句都要以分号“;”作为结束，分号是 C++语句的一部分。

在程序中可以对程序进行注释，编译器在对程序进行编译时忽略注释的内容。注释有两种方法。第 1 种方法为行注释，以“//”开始到本行结束的任何内容均为注释。第 2 种为块注释或段注释，用符号“/*”和“*/”括起来的内容为注释，“/*”和“*/”必须成对出现，“/”和“*”之间不能有空格。注释可以用中文，也可以用西文。注释可以出现在程序中任何需要的地方，注释部分对程序的运行不起作用，使用注释的目的只是使程序员可以在源程序中插入一些说明解释性的内容。在注释中可以说明变量的含义、程序段的功能，主要是帮助人们阅读程序。

1.3.2　C++程序结构及书写格式

下面再举几个例子让大家熟悉 C++程序的结构与书写格式。

例 1.2　已知矩形的两条边，求矩形的面积。

程序如下：

```
#include <iostream.h>
void main()
{
     double a,b,area;
     a=1.2;
     b=1.5;
     area=a*b;
     cout<<"a="<<a<<"\tb="<<b<<"\tarea="<<area<<endl;
}
```

程序的运行结果为：

```
a=1.2    b=1.5     area=1.8
```

以上程序中 main()后一对花括号括起来的部分称为函数体，其中，程序的第 4 行为函数的说明部分，第 5 行到第 8 行是函数的执行部分，第 8 行为输出语句，功能是输出 a、b 和 area 的值。

例 1.3　从键盘输入一个直角三角形的两直角边 a 和 b 的长度，求其斜边长度。

程序如下：

```
# include <iostream>
# include <cmath>
using namespace std;
void triangle(double x, double y)
{    double z;
     z=sqrt(x*x+y*y);
     cout<<"hypotenuse="<<z<<endl;
}
void main()
{    double a,b;
     cout<<"input a and b:";
     cin>>a>>b;
     triangle(a,b);
}
```

程序运行结果为：

```
input a and b: 3  4
```

```
hypotenuse=5
```

这个程序包含了两个函数：一个是用于计算直角三角形斜边长度的函数 triangle()，一个是主函数 main()。主函数中首先要求从键盘输入两直角边 a 和 b 的值，然后调用计算斜边长度的函数 triangle()。

从上面几个例子可以看出每个程序都包含命令行，它们都以“#”开头，其作用是提供标准的库函数、用户自定义类库和函数。每个程序都有一个 main()函数，它是程序的入口，每个程序都从这里开始执行。除了 main()函数外，还可以定义其他的函数，整个 C++程序可以说是由若干函数组成。每个程序都包含对变量和函数的说明，同时还有输入和输出功能。

一个 C++程序的一般格式如下：

```
#include <...... >                 //命令行
函数原型                            //程序中用到的函数的说明
全局数据定义                        //程序中用到的全局数据的定义
void main()
{
    …                              //main()函数体，由多条语句组成
}
函数定义                            //程序中用到的函数的具体实现
```

其中函数原型给出了函数的说明，包括函数返回值类型、函数名和参数；函数的定义部分给出了函数的具体实现。一个 C++程序并不一定严格按照上述要求来写，有些部分可以没有。

1.4　Visual C++ 6.0 主窗口

Visual C++ 6.0 集成开发环境是一个功能强大的程序开发环境，开发环境主窗口由标题栏、菜单栏、工具栏、项目工作区、主工作区、输出窗口和状态栏组成，如图 1.2 所示。

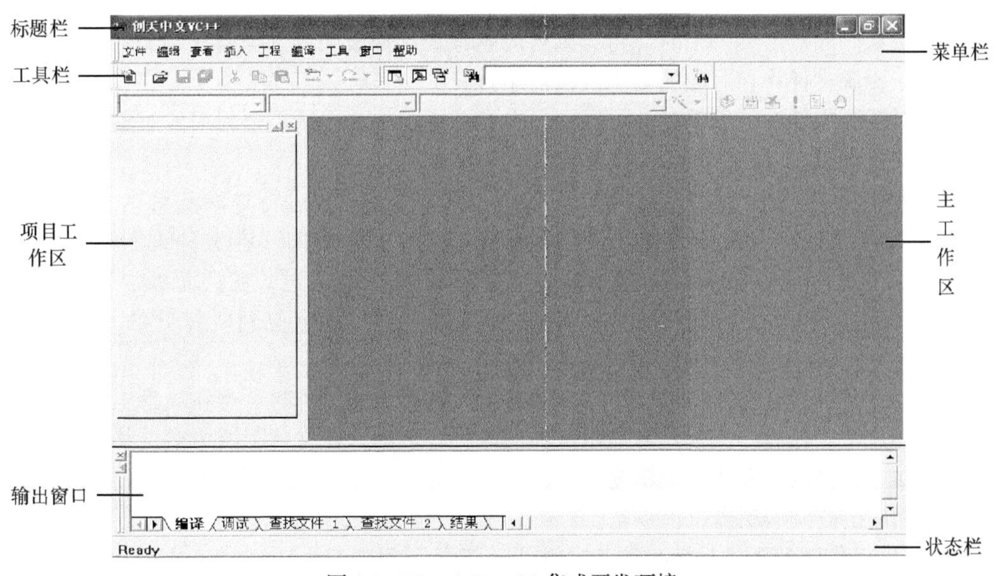

图 1.2　Visual C++ 6.0 集成开发环境

① 标题栏位于主窗口顶端。标题栏显示应用程序项目名称和当前打开的文件名称。

② 菜单栏位于标题栏下方，包含集成开发环境中所有功能命令。

③ 工具栏位于菜单栏的下方，提供了实现集成开发环境某些命令的快捷方式。命令以图标的形式出现在工具栏中，要执行某个命令只需按下相应的图标按钮即可。

④ 工具栏下方左侧是当前工程的项目工作区，包含三个标题面板，如图 1.3 所示。

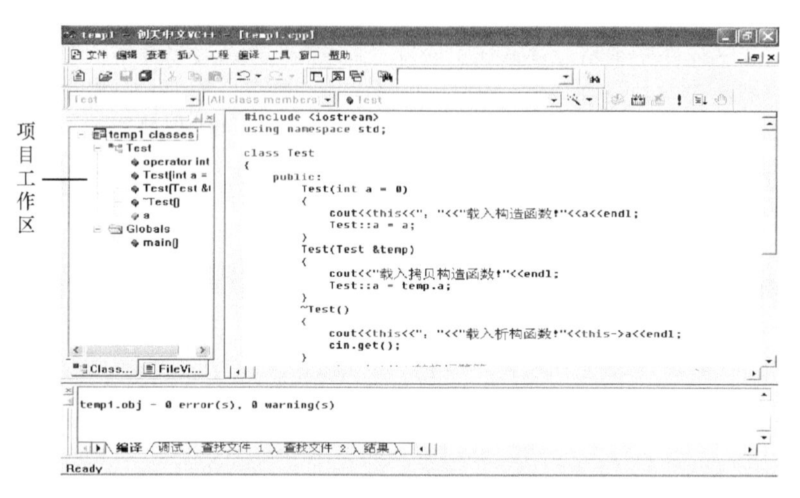

图 1.3 项目工作区

从左到右依次为类视图（ClassView）、资源视图（ResourceView）和文件视图（FileView），可以通过单击下方的标签进行面板的切换。

类视图面板中显示程序中所定义的 C++类。通过此面板可以针对类、类成员进行快速定位与编辑；还可以添加新类，创建函数或声明方法等。

资源视图面板显示程序中所用到的资源文件，包括菜单、工具栏、图标、位图、对话框等。通过该面板还可以添加或删除资源文件。

文件视图面板中显示项目之间的关系，以及包含在项目工作区中的文件。这里给出各项目文件间的逻辑关系。当双击某一项时，将会以对应的方式打开该项目。程序代码文件将在代码编辑窗口中打开，资源文件将在对应的资源编辑器中打开。

当需要对资源文件进行编辑时，可以通过在资源面板中双击所需要编辑的对象，打开相应的资源编辑器进行编辑。

通过这些不同的视图，可以从不同角度对程序中相关内容进行查看和编辑。例如，在类视图面板中可以通过双击某一项打开代码编辑窗口进行查看/编辑；在文件视图面板中双击某一代码文件名称，也可以打开代码编辑窗口进行查看/编辑。不过，在类面板中打开时是直接定位光标到双击的项所在行，而在文件视图面板中打开时是定位到所打开的文件当前编辑位置。

⑤ 项目工作区的右侧是 Visual C++ 6.0 集成开发环境的主工作区，当在项目工作区中双击某一项时，将在这里以相应的工具打开显示该项的内容。例如，在文件视图中双击某一代码文件名称项时，将在主工作区打开代码编辑窗口进行编辑；而在资源视图面板中双击某一项时，则将在该区域打开相应的资源编辑器以供编辑。

⑥ 在项目工作区的下方是输出窗口，这里用于显示程序编译、组建、调试等过程中的输出内容。

⑦ Visual C++ 6.0 集成开发环境的最下方是状态栏。根据当前工作的不同，状态栏中将显示出相应的信息，如光标位置、插入/改写方式等。

1.5　C++上机过程

前面已经说过一个 C++程序的实现需要经过编辑、编译、组建和运行几个步骤，下面以 Visual C++ 6.0 为环境介绍 C++的上机过程。

1. 源程序的输入

用户在纸上写好的 C++程序，只有输入到计算机内经过处理后才能运行，这样首先就要输入源程序到计算机，建立源程序文件。

（1）启动 Visual C++ 6.0 开发环境

在“开始”菜单中选择“程序”，然后选择“Microsoft Visual Studio 6.0”，再选择“Microsoft Visual C++ 6.0”，显示 Visual C++ 6.0 开发环境主窗口，如图 1.2 所示。Visual C++ 6.0 开发环境主窗口也可以通过直接双击 Windows 桌面上的“Microsoft Visual C++ 6.0”图标来启动。

（2）创建 C++文件

在主窗口的菜单栏，单击“文件”菜单项，然后选择“新建”命令，显示“新建”对话框，如图 1.4 所示。

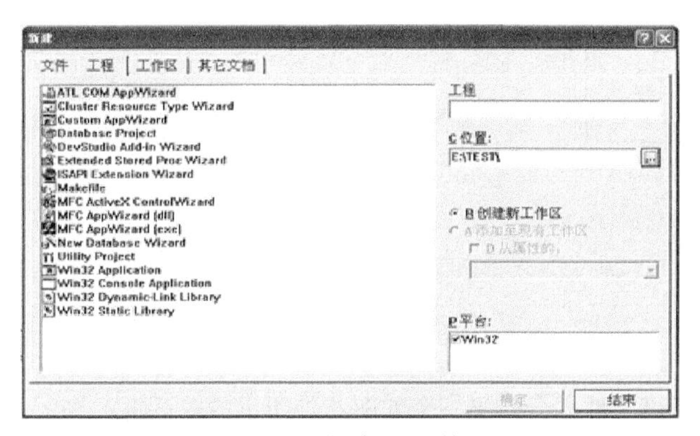

图 1.4 “新建”对话框

单击“新建”对话框的“文件”标签，在“文件”选项卡中选择“C++ Source File”一项，并在右边的“文件”文本框中填入文件名称，如 test1，可以省略文件的扩展名.cpp；同时在“C 目录:”文本框中输入希望保存文件的目录名，如图 1.5 所示。

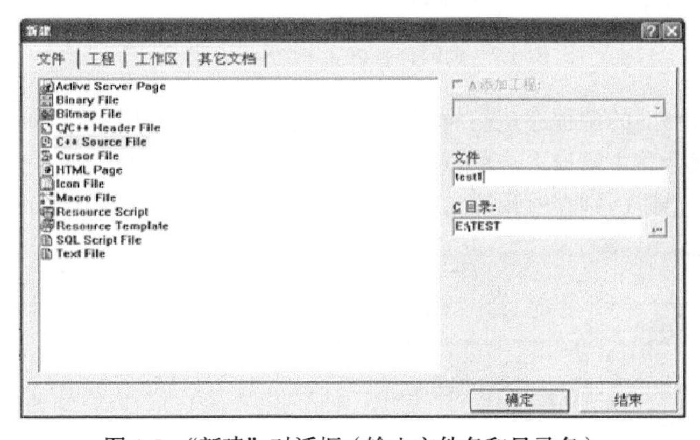

图 1.5 “新建”对话框（输入文件名和目录名）

单击“确定”按钮，完成新建 C++源程序文件，返回 Visual C++ 6.0 主窗口（这时可以在编辑窗口输入源程序）。

接下来在编辑窗口中输入源程序，源程序输入完成并检查无误后，应将它保持在磁盘文件中，其过程是：在菜单栏中选择“文件”，再在下拉菜单中选择“保存”命令。

2. **编译**

用户输入源程序后，计算机还不能立即执行，还必须对源文件进行编译。对 C++源程序进行编译的操作过程是：单击主菜单中的“编译”，在下拉菜单中选择“Compile<文件名>”命令，如图 1.6 所示。

图 1.6　选择编译菜单

如果是第一次编译该文件，会弹出一个如图 1.7 所示的对话框，询问是否建立一个项目工作区，单击“是”按钮即可。

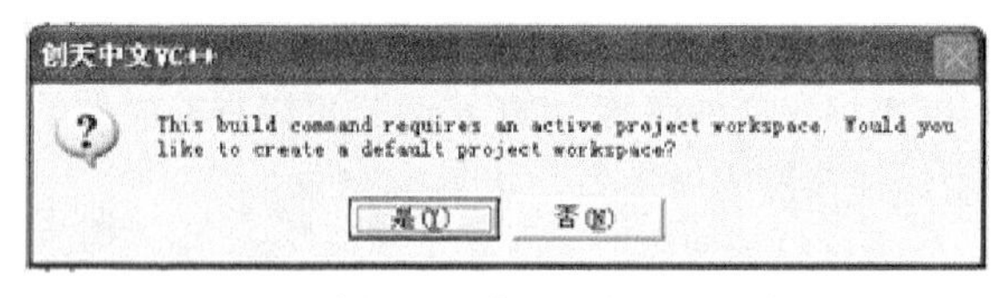

图 1.7　询问是否建立一个项目工作区

这时系统开始对当前的源程序进行编译。在编译过程中，编译系统会检查源程序中有没有错误。如果有错误，就会在主窗口下方的输出窗口给出错误的位置和性质等信息，以便用户对程序进行修改；如果没有错误，则在输出窗口给出“文件名.obj- 0 error(s), 0 waring(s)”这样的无错误信息，如图 1.8 所示。

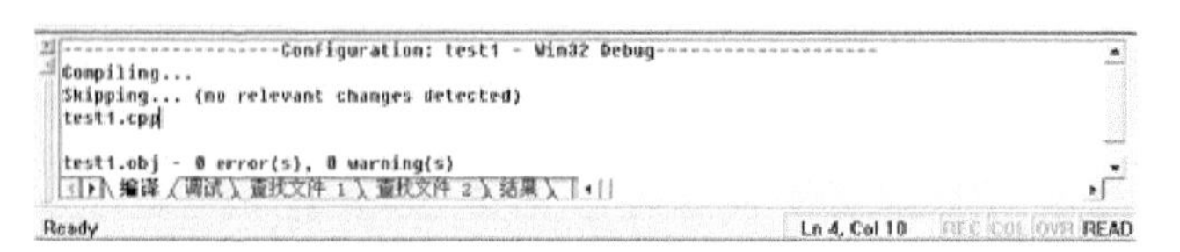

图 1.8　编译信息

在对文件进行编译的过程中，如果源文件有错，就要对源文件进行修改，然后再次编译，这个过程一直进行下去，直到没有错误为止，然后进行下面的组建工作。

3. 组建

源程序经编译生成的目标文件还不能真正执行，还需要与被调用函数的目标模块进行组建，最后生成一个计算机能真正执行的可执行文件。

对经过编译后的 C++程序进行组建的操作过程为：单击主窗口菜单栏内的“Build”（构建），在出现的下拉菜单中选择“Build <文件名>”命令。在组建过程中如果没有错误发生，就可生成一个可执行文件。组建完成后，在主窗口的输出窗口给出调试信息，如图 1.9 所示。

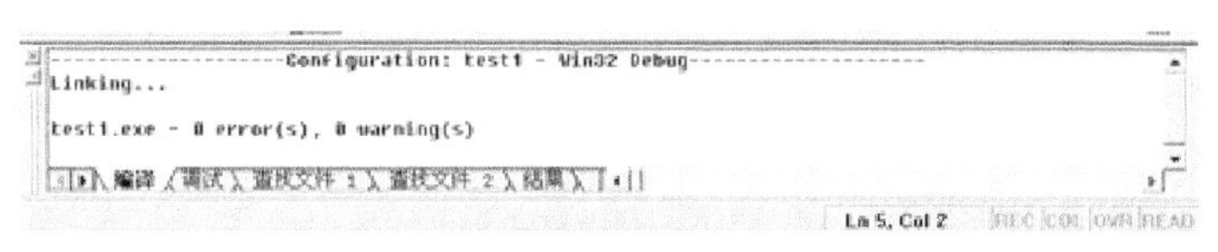

图 1.9 编译组建信息

其实，编译和组建也可以用一个命令来完成，其操作过程是：单击主菜单中的“Build”（构建），在出现的下拉菜单中选择“Build All”命令。

4. 运行

生成可执行文件后，只有运行该可执行文件，才能得到所需要的结果。运行可执行文件的过程是：单击主菜单中的“Build”（构建），在出现的下拉菜单中选择“！ Execute <可执行文件名>”命令，最后得到运行结果，如图 1.10 所示。

图 1.10 显示结果窗口

5. 关闭工作空间

当一个应用程序运行结束后，输入下一个程序时，要关闭工作空间。其过程是：选择菜单命令“File”文件，在出现的下拉菜单中选择“Close Workspace”（关闭工作空间）。

习 题 一

一、选择题

1.（　　）不是面向对象系统所包含的要素。

A. 重载　　B. 对象　　C. 类　　D. 继承

2. C++语言是从早期的 C 语言逐渐发展演变而来的，与 C 语言相比，它在求解问题的方法上进行的最大改进是（　　）。

A. 面向过程　　B. 面向对象　　C. 安全性　　D. 复用性

3. 关于 C++与 C 语言的关系的描述中，（　　）是错误的。

A. C 语言是 C++的一个子集　　B. C 语言与 C++是兼容的

C. C++对 C 语言进行了一些改进　　D. C++和 C 语言都是面向对象的

4. 下面关于类概念的描述中，(　　) 是错误的。

A. 类是抽象数据类型的实现　　B. 类是具有共同行为的若干对象的统一描述体

C. 类是创建对象的样板　　D. 类就是 C 语言中的结构类型

5. 编写 C++程序一般需经过的几个步骤依次是（　　）。

A. 编辑、调试、编译、组建　　B. 编辑、编译、组建、运行

C. 编译、调试、编辑、组建　　D. 编译、编辑、组建、运行

6. 由 C++目标文件组建而成的可执行文件的缺省扩展名为（　　）

A. cpp　　B. exe　　C. obj　　D. link

7. 下面关于对象概念的描述中，(　　) 是错误的。

A. 对象就是 C 语言中的结构变量

B. 对象代表着正在创建的系统中的一个实体

C. 对象是一个状态和操作（或方法）的封装体

D. 对象之间的信息传递是通过消息进行的

8. 下述面向对象抽象的原理中，(　　) 是不对的。

A. 数据抽象　　B. 行为共享　　C. 多态性　　D. 兼容

二、填空题

面向对象程序设计的主要特点有：________，继承性，多态性。

三、判断题

1. 源程序在编译过程中可能会出现一些错误信息，但在组建过程中将不会出现错误信息。(　　)

2. 预处理过程是一般编译过程之后、组建过程之前进行的。(　　)

3. 在 C++编译过程中，包含预处理过程、编译过程和组建过程，并且这三个过程的顺序是不能改变的。(　　)

第 2 章 数据类型、运算符和表达式

通过第 1 章的学习，读者对 Visual C++的集成开发环境有了一些初步的认识和了解。本章将开始介绍 Visual C++语言本身，即把学习的焦点集中在 Visual C++程序设计语言的基本元素上，包括数据类型、运算符和表达式。

2.1 基本数据类型

在 C++程序中，所有数据均具有某种数据类型（type）。类型限定了数据的存储方式和可以对它们实施的操作。C++语言中，数据类型分基本数据类型和导出数据类型。基本数据类型是 C++语言预定义的类型，而数组、指针、结构体、共用体、枚举和类等导出数据类型是程序员根据实用的需要按照 C++语法的规定由基本数据类型构造出来的。C++有 5 种基本数据类型：整型（int）、字符型（char）、浮点型（float）、布尔型（bool）和空型（void）。

2.1.1 整型（int）

int 是用来声明程序中用到的变量和常量的数据类型。Visual C++语言还提供了多种数据类型修饰符，用来改变基本类型的意义，以便更准确地适应各种情况的需求，修饰符有：signed（有符号），unsigned（无符号），short（短型）和 long（长型）。int 加上修饰符后所表示的数值范围和所占内存空间的字节数，如表 2.1 所示。在字长大于 16 位的系统中，short int 和 signed char 可能不等。注意：int 型所占的字节数在不同的系统中可能不一样，short 型和 long 型的字节数是固定的，任何支持标准 C++的编译系统中都是如此。所以，如果需要编写可移植性好的程序，应将整型数据声明为 short 型或 long 型。

表 2.1　　Visual C++中的整数类型

类型名	长度（字节）	取值范围
int	2	-32 768～32 767
unsigned int	2	0～65 535
signed [int]	2	-32 768～32 767
short	2	-32 768～32 767
unsigned short [int]	2	0～65 535
signed short [int]	2	-32 768～32 767
long [int]	4	-2 147 483 648～2 147 483 647
unsigned long [int]	4	0～ 4 294 967 295
signed long [int]	4	-2 147 483 648～2 147 483 647

2.1.2 字符型（char）

Visual C++通过使用 char 数据类型来处理字符型数据，一般一个 char 类型数据占 1 字节的内存单元。字符类型的修饰符有 signed 和 unsigned，如表 2.2 所示。

表 2.2 Visual C++中的字符类型

类型名	长度（字节）	取值范围
[signed]char	1	-128～127
unsigned char	1	0～255

2.1.3 浮点型（float）

浮点数据类型用来表示含有小数点的小数（如 3.14 159）或非常大的数（如 1.7×10^{15}）。但必须使用小数时，或需要采用科学计数法来表示非常大或非常小的数时，都采用浮点型数据。浮点型的主要弱点是浮点计算数计算慢，特别是在 8088、80286 和 80386 微处理器上更慢。从硬件角度来讲，这些处理器仅仅是设计做整数运算的，浮点计算是由程序来实现的。对于这些微处理器，可以安装一个独立的数学计算协处理器以显著提高浮点运算速度。现在，大多数 80486 计算机已在 80486 芯片上配有浮点处理器。

Visual C++支持 3 种浮点数据格式，分别为 float、double 和 long double，如表 2.3 所示。数据的精度越高，需要的存储单元就越多。同样，精度越高，需要的处理时间也越长。

表 2.3 Visual C++中的浮点类型

类型名	长度（字节）	取值范围
float	4	-3.4×10^{-38}～3.4×10^{38}
double	8	-1.7×10^{-308}～1.7×10^{308}
long double	8	-1.7×10^{-308}～1.7×10^{308}

2.1.4 布尔型（bool）

bool 型，也称逻辑型，数据的取值只能是 false（假）或 true（真）。bool 型数据所占的字节数在不同的编译系统中有可能不一样。在 Visual C++ 6.0 编译环境中，bool 型数据占 1 字节。

2.1.5 空型（void）

空型（void）用于显示说明一个函数不返回任何值；还可以说明指向 void 类型的指针，说明以后，这个指针就可指向各种不同类型的数据对象。

2.2 常量和变量

在 Visual C++程序中，不同类型的数据既可以以常量的形式出现，也可以以变量的形式出现。

2.2.1 常量

常量是指在程序运行过程中，其值不能改变的量。C++支持 5 种类型的常量：浮点型、整型、字符型、布尔型和枚举型（将在 2.6 节介绍）。常量在程序中一般以自身的存在形式体现其值。常量具有类型属性，类型决定了各种常量在内存中占据存储空间的大小。

1. 整型常量

整型数据表示通常意义上的整数。整型常量可以用十进制、八进制或十六进制表示（这并不影响计算机内部采用的二进制表示法）。十进制常量一般占一个机器字长，是一个带正、负号的常数（默认情况下为正数），如+3，-7 等。八进制常量由数字 0 开头，其后由若干 0~7 的数字组成，如 0378，0123 等。十六进制常量以 0x 或 0X 开头，其后由若干 0~9 的数字及 A~F（或小写 a~f）的字母组成，如 0x173，0x3af。

一个整型常量常后缀一个 L（或 l），使其数据类型满足 long 或 unsigned long；可以为一个整型常量后缀一个 U（或 u），使其数据类型满足 unsigned 或 unsigned long；也可以同时后缀 U 和 L，使其数据类型满足 unsigned long。例如 128u，1024UL，1L，8Lu。

2. 浮点型常量

浮点数也称为实型数，只能以十进制形式表示。共有两种表示形式：小数表示法和指数表示法。

（1）小数表示法

使用这种表示形式时，实型常量分为整数部分和小数部分。其中的一部分可在实际使用时省略，如 10.2，.2，2.等。但整数和小数部分不能同时省略。

（2）指数表示法

也称科学计数法，指数部分以 E 或 e 开始，而且必须是整数。如果浮点数采用指数表示法，则 E 或 e 的两边都至少要有一位数。如以下数是合法的：1.2e20，-3.4e-2。

实数常量默认为 double 型，如果后缀 F（或 f），则为 float 型。

3. 字符型常量

（1）字符常量

用一对单引号括起的一个字符称为字符常量，如'A'、'b'等。需要注意的是，单引号只作为定界符，不是字符型常量的内容。在内存中，字符数据以 ASCII 码存储，如字符'a'的 ASCII 码为 97，可以作为整数参与运算。例如'a'+35 表示将'a'的 ASCII 码值 97 与整数 35 相加，结果为 132。字符常量包括两类：一类是可显字符，如字母、数字和一些符号'@'、'+'等；另一类是不可显字符常量，如 ASCII 码为 13 的字符表示回车。

（2）转义字符

转义字符是特殊的字符常量，表示时一般以转义字符'\'开始，后跟不同的字符表示不同的特殊字符。常用的特殊字符，如表 2.4 列示。

表 2.4　　常用的特殊字符

名　称	符　号
空字符（null）	\0
换行（newline）	\n
换页（formfeed）	\f
回车（carriage return）	\r
退格（bacdspace）	\b
响铃（bell）	\a
水平制表（horizontal tab）	\t

续表

名　　称	符　　号
垂直制表（vertical tab）	\v
反斜线（backslash）	\\
问号（question mark）	\?
单引号（single quote）	\'
双引号（double quote）	\"

通常，转义字符的后边还可以是一个无起首 0 的八进制或十六进制的整型常量，如'\101', '\x41'和 A 均表示字符常量 A。由于 ASCII 码的值为 0～255，转义字符后边的整型常量若为八进制数，则不得超过 3 位；若为十六进制数，则不得超过 2 位。

（3）字符串常量

字符串常量是由一对双引号括起来的零个或多个字符序列。例如""，"hello"，"Visual C++"，"A"等。

字符串可以写在多行上，不过在这种情况下必须用反斜线“\”表示下一行字符是这一行字符的延续。例如，

```
"a multi-line\
String literal signals its\
Continuation with a backslash"
```

字符串常量实际上是一个字符数组，组成数组的字符除显示给出的外，还包括字符结尾处标识字符串结束的符号'\0'，所以字符串"abc"实际上包含 4 个字符：'a'、'b'、'c'和'\0'。

需要注意的是'a'和"a"的区别，'a'是一个字符常量，在内存中占 1 字节的存储单元，而"a"是一个字符串常量，在内存中占 2 字节，除了存储'a'以外，还要存储字符串结尾符'\0'。

4. 布尔型常量

布尔型常量仅有两个：false（假）和 true（真）。

2.2.2　变量

变量是指在程序运行期间，其值可以改变的量。编译系统为程序中的每一个变量分配一个存储单元，用来存放变量的值。

在程序中，数据连同其存储单元被抽象为变量。每个变量都需要用一个名字来标识，这个名字称为变量名。同时，每个变量又具有一个特定的数据类型。不同类型的变量在内存中占有存储单元的个数不同。

1. 变量名命名

一个变量名是用标识符表示的，它的命名要遵守以下规则。

① 不能是 C++保留字。C++的保留字如表 2.5 所示。

② 第一个字符必须是字母或下划线，中间不能有空格。

③ 变量名除了使用 26 个英文大、小写字母和数字外，只能使用下划线。

④ 一般不要超过 31 个字符。

⑤ 变量名不要与 C++中的库函数名、类名和对象名相同。

例如，下列变量名是合法的变量名：

```
a123   c3b   file_1
```

C++中有一套只供语言专用的单词集，称为保留字集。如预先定义好的类型标识符都是保留

字。作为保留字的单词，不能再作为其他名字使用（包括变量名、函数名、类型名等）。表 2.5 所示为标准 C++语言所采用的保留字。

表 2.5　　　　　　　　　　　　C++的标准保留字

asm	auto	break	case	catch	char
class	const	Continue	default	delete	do
Double	else	Enum	extern	float	for
Friend	goto	If	inline	int	long
New	operator	Overload	private	protected	public
Register	return	Short	signed	sizeof	static
Struct	switch	This	template	throw	try
Typedef	union	Unsigned	virtual	void	volatile
while					

一般依据程序可读性，变量名在实际的应用中参照以下的命名原则。

① 一般只使用小写字母。

② 有助于记忆，也就是说它应适当表示该符号在程序中所起的作用。

③ 一个由多个单词构成的名字，常以下划线来分割各单词或将中间单词的第 1 个字母大写。例如，常采用 is_empty 和 isEmpty 来标识某一符号，而不采用 isempty。

2. 变量定义和说明

变量是用于存储数据的，每个变量必须属于某种数据类型。由于 C++是一种编译性语言，所以任何一个变量必须在使用前进行说明，以便编译器为它预留存储单元。

C++中，变量使用之前一定要定义或说明，变量定义的格式一般为：

[修饰符]类型 变量名；[//注释]

其中，类型指出变量所存放的数据的类型，如整型、浮点型、字符型等基本数据类型，也可以是其他的数据类型（如指针、数组、结构体、共用体、对象等，将在后边章节陆续介绍）；变量名是任意合法的变量名；注释指明该变量的含义和用途；修饰符进一步描述了变量的使用方式。修饰符和注释是任选的，可以没有。

多个同一类型的变量可以在一行中定义，中间用逗号隔开，也可以分别定义。

例如，

```
int a,b,c;          //定义 3 个整型变量 a,b,c
```

和

```
int a;              //定义整型变量 a
int b;              //定义整型变量 b
int c;              //定义整型变量 c
```

二者等价。

变量的类型被定义后，编译程序就可以给其分配相应类型的存储单元，并且可以在程序中给该变量赋相应类型允许的值。变量的类型还决定了该变量所能执行的操作。

C/C++中没有字符串类型，处理该类型时要使用指针或数组。

3. 变量初始化

变量在声明的同时可以给其赋值，称为变量的初始化。变量初始化一般采用两种方式。

第 1 种方式是在定义变量时就给变量赋一个初值，例如，

```
int a=3;
float b=3.4;
const int c=5;
```

注意

初始化不是在编译阶段完成的，而是在程序运行时对相应变量赋初值的，相当于有一个赋值语句。如

```
int a=3;
```

相当于

```
int a;
a=3;
```

第 2 种方式是先定义变量，然后通过赋值语句使变量初始化，例如，

```
int a;
a=3;
```

4. 变量的存储类型与作用域

前面学习了 C++中的不同数据类型，现在，讨论这些数据类型的存储分类符（storage classes）。存储分类符定义了变量在内存中的位置以及程序执行过程中变量的作用时间，即生命周期。

变量的存储类型可以通过声明来显式地（explicitly）定义，也可以通过上下文隐式地（implicitly）定义。缺省时，存储类型通过上下文声明，C++的存储类型由 4 个关键字描述，分别是 auto、static、extern 和 register。存储类型决定了两件事：第一，它控制哪些函数可以访问一个变量；第二，存储类型决定了变量在内存中的时间。4 种存储变量的意义如下。

① auto：采用堆栈方式分配内存空间，属于暂时性存储，其存储空间可以被若干变量多次覆盖使用。

② static：存放在通用寄存器中。

③ extern：在所有函数和程序段中都可引用。

④ register：在内存中是以固定地址存放的，在整个程序运行期间都有效。

（1）自动变量声明

关键字 auto 用来声明自动变量，被声明的变量可以省略标识符 auto。

```
auto int a;  //自动变量
char b;    //省略变量
```

C++中，自动变量的作用域仅仅是该变量所在的程序块或该程序块内部的程序块。变量的作用域指变量的值在程序内部的活动范围。下面是说明自动变量的作用域的例子。

```
#include <iostream.h>
void main()
{
    //i,j,k 是缺省的自动变量
    int i=1;
    int j=2;
    int k=3;
    cout<<"i in outer block is"<<i<<"\n";
    cout<<"j in outer block is"<<j<<"\n";
    cout<<"k in outer block is"<<k<<"\n";
    {//内部的程序块
        cout<<"i in inner block is"<<i<<"\n";
        cout<<"j in inner block is"<<j<<"\n";
        cout<<"k in inner block is"<<k<<"\n";
```

```
    }
    //外部的程序块
    cout<<"i back in outer block is"<<i<<"\n";
    cout<<"j back in outer block is"<<j<<"\n";
    cout<<"k back in outer block is"<<k<<"\n";
}//main()结束
```

编译运行该程序会得到如下输出结果。

```
i in outer block is 1
j in outer block is 2
k in outer block is 3
i in inner block is 1
j in inner block is 2
k in inner block is 3
i back in outer block is 1
j back in outer block is 2
k back in outer block is 3
```

（2）静态变量声明

用关键字 static 来表示静态变量。它和自动变量一样，也是局部变量，即只在它所处的函数、程序块或子程序块内部有效。然而与自动变量有重大区别的地方是，静态变量离开作用域时，它的值仍然保持不变，即程序又回到静态变量所在的函数时，程序处理的是上一次存储在静态变量中的值。

静态变量在没有明确的初始值时，会自动初始化为 0 或空（NULL）。下面是说明静态变量的作用域的例子。

```
#include <iostream.h>
//下面是函数原型
void sum(void)
void main()
{
      //j 声明为静态变量
      static int j;
      sum();
      cout<<"Inside main(),j is"<<j<"\n"
      sum();
      cout<<"Inside main(),j is"<<j<"\n"
}
void sum(void)
{
      static int j;
      j=j+1;
      cout<<"Inside sum() j is %d"<<j<"\n"
}
```

编译运行该程序会得到如下输出结果。

```
Inside sum() j is 1
Inside main(),j is 0
Inside sum() j is 2
Inside main(),j is 0
```

j 在主函数 main()和 sum()中均被声明为一个静态变量。在 sum()中，j 被加 1，然后进程返回到主函数 main()中，我们看到这时的 j 是 0，这是因为在主函数 main()中的变量 j 已经超出了函数 sum()的作用域，静态变量被赋值为 0。因此在主函数 main()中，0 作为 j 的值输出；接着，控制又回到 sum()，这时 j 保持着原先的值 1，现在 j 变为 2，但在主函数 main()中，j 的值仍然是 0。

（3）外部变量声明

用关键字 extern 来表示外部变量，它的作用域是全局的，而不是局部的。外部变量在函数的内外都能存在，并且对于同样文件内的所有函数均可用，这叫作文件作用域。

外部变量的值像静态变量一样可以保持，在没有明确的初始值时，外部变量也会自动初始化为 0 或为空（NULL）。下面是说明外部变量的作用域的例子。

```
#include <iostream.h>
//声明 i 是全程外部变量
int i;
//下面是函数原型
void function_1(void);
void function_2(void);
main()
{
      cout<<"i inside main() is"<<i<<"\n";
      function_1();
}
void function_1(void)
{
      i=i+1;
      cout<<"i inside function_1() is"<<i<<"\n";
      function_2();
}
void function_2(void);
{
      cout<<"i inside function_2() is"<<i<<"\n";
}
```

编译运行该程序会得到如下输出结果。

```
i inside main() is 0
i inside function_1() is 1
i inside function_2() is 2
```

在 main()中，i 的输出值是 0，因为 i 没有明确地初始化。在函数 function_1()中，i 的输出值是 1。i 在函数 function_1()中不必声明，因为 i 已经在主函数 main()的外部声明为全局变量了。在函数 function_29()中，i 的输出值又为 2，因为函数 function_1()中得到的 i 的值被保持下来了。

在函数内使用的外部变量可以用 extern 来声明。下面是对原始程序的修改，编译器一样会接受，输出结果不变。

```
void function_1(void)
{
     extern int i;
     …
}
void function_2(void);
{
     extern int i;
     …
}
```

必须遵守的规则是，一定要在引用外部变量的函数的外部和前面进行 extern 声明，并且必须放在同一个源代码文件内。

（4）寄存器变量声明

用关键字 register 来表示寄存器变量。当变量声明为寄存器变量时，就意味着请求编译器在有可用的寄存器时将这一变量存储在寄存器中。

寄存器变量也是局部变量，只在其作用域内有效。

寄存器变量的使用有利于缩减程序的大小，改进程序的性能，因为对寄存器操作比对内存中的变量操作要快。

下面是合法的寄存器变量声明。

```
register int a;   //寄存器变量声明
register int b;   //寄存器变量声明
```

2.3　输入输出

在 C++中把数据的 I/O 称为数据流，并提供了强大的“流”处理功能，以控制数据从一个位置流向另外一个位置。相对于内存，当数据从内存流向屏幕、打印机或硬盘时称为输出；当数据从键盘、硬盘流向内存时称为输入。C++用两个对象 cin 和 cout 实现标准的输入输出。

cin：它是 istream 类的对象，用来处理标准输入，即键盘输入。

cout：它是 ostream 类的对象，用来处理标准输出，即屏幕输出。

在 C++中用 istream 类和 ostream 类的派生类 iostream 控制输入输出，并提供了输入和输出操作符。

<<称为插入操作符，其作用是向 cout 流中插入字符。

>>称为提取操作符，其作用是从 cin 流中提取字符。

在此简单介绍一下屏幕的输入输出方法。

1. 使用提取符实现键盘输入

格式如下：

```
cin >> <表达式> >> <表达式>...;
```

这里提取符可连续使用，后跟表达式，表达式通常是获得输入值的变量或对象。

例如，

```
int a,b;
cin >>a >>b;
```

从键盘上输入数值时，两个值之间一般用空格分隔，也可以用 Tab 键或换行符分隔。

2. 使用插入操作符和 cout 实现屏幕输出

格式如下：

```
cout << <表达式> << <表达式>...;
```

与>>一样，插入操作符可连续使用，后跟表达式，在输出时系统自动计算表达式的值并插入到数据流中。

例如，

```
cout <<"Hello !"<<" How are you !"<<23*(2+77) ;
```

看下面例子：

例 2.1　实现屏幕输出的实例。

```
#include <iostream.h>
```

```
#include <string.h>
void main( )
{
   cout <<"The length of \"this is a string\" is :\t" <<strlen("this is a string")<<endl;
   cout <<"The size of \"this is a string\" is :\t"<<sizeof("this is a string")<<endl;
 }
```

执行该程序，输出如下结果：

```
        The length of "this is a string" is : 16
        The size of "this is a string" is : 17
```

3. 控制输出格式

C++的 iomanip.h 中定义了许多控制符，这些控制符可以直接插入到流中，控制数据的输出格式。控制符有两种：控制常量和控制函数，控制常量定义在 iostream.h 中，控制函数定义在 iomanip.h 中。常用控制符如表 2.6 所示。

表 2.6　　常用控制符

控制符	描　述	备注
dec	设置整数的基数为 10	常量控制符 iostream.h
hex	设置整数的基数为 16	
oct	设置整数的基数为 8	
setbase(n)	设置整数的基数为 *n*（*n* 为 16，10，8 之一）	函数控制符 iomainip.h
setfill(c)	设置填充字符 c，c 可以是字符常量或字符变量	
setprecision(n)	设置实数的精度为 *n* 位。在以一般十进制小数形式输出时，*n* 代表有效数字。在以 fixed（固定小数位数）形式和 scientific（指数）形式输出时，*n* 为小数位数	
setw(n)	设置字段宽度为 *n* 位	
setiosflags(ios::fixed)	设置浮点数以固定的小数位数显示	
setiosflags(ios::scientific)	设置浮点数以科学计数法（指数形式）显示	
setiosflags(ios::left)	输出数据左对齐	
setiosflags(ios::right)	输出数据右对齐	
setiosflags(ios::shipws)	忽略前导的空格	
setiosflags(ios::uppercase)	在以科学计数法输出 E 和十六进制输出字母 X 时，以大写表示	
setiosflags(ios::showpos)	输出正数时，给出“+”号	
resetiosflags	终止已设置的输出格式状态，在括号中应指定内容	

4. 实例

例 2.2　输出八进制和十六进制数。

常量 dec、hex 和 oct 用来控制必须按十进制、十六进制或八进制形式输出。

```
#include <iostream.h>
void main( )
{
  int  number=1234;
     cout <<"Decimal:"<<dec<<number<<endl
     <<"Hexadecimal:"<<hex<<number<<"  "<<number*number<<endl
     <<"Octal:"<<oct<<number<<"  "<<number*number<<endl;
```

```
}
```

结果为：

```
Decimal:1234
Hexadecimal:4d2 173c44
Octal:2322 5636104
```

注意

由于这三个标识符已经被定义为系统常量，因此不能再定义为其他变量使用。

例 2.3　设置值的输出宽度。

函数 setw(n)用来控制输出宽度。如果数据实际宽度大于设置宽度，将按实际宽度输出；如果设置宽度大于实际输出宽度，数据输出时将在前面补相应数量的空格。另外，该控制符只对一次输出起作用。

```
#include <iostream.h>
#include <iomanip.h>
void main( )
{
  int number=1234;
  cout <<setw(3)<<number<<setw(10)<<number*number<<endl;
}
```

输出结果为：

```
1234_ _ _1522756
```

例 2.4　设置填充字符。

setfill(c)函数用来设置填充的字符，默认情况下为空格。

```
#include <iostream.h>
#include <iomanip.h>
void main( )
{
  int number=1234;
  cout <<setfill('$')<<setw(6)<<number<<setw(8)<<number*number<<endl ;
}
```

输出$$1234$1522756。

例 2.5　设置对齐格式。

函数 setiosflags(ios::left)和 setiosflags(ios::right)用来控制输出左、右对齐格式。当数据实际宽度小于输出宽度时，该控制才起作用。默认情况下，数据输出是右对齐。

```
#include <iostream.h>
#include <iomanip.h>
void main( )
{
  int number=1234;
  cout <<setfill('$')<<setiosflags(ios::left)<<setw(6)<<number
  <<setw(8)<<number*number<<endl ;
}
```

输出 1234$$1522756$。

例 2.6　控制浮点数显示。

函数 setprecision(n)可用来控制输出流显示浮点数的数字个数（整数部分加小数部分）。C++默认的流输出数值的有效位是 6。当小数截短显示时，进行四舍五入处理。

函数 setiosflags(ios::fixed)用来控制符点数按纯小数方式显示，函数 setiosflags(ios::scientific)

用来控制符点数按科学计数法方式显示。系统默认为纯小数方式输出。

函数 setiosflags(ios::showpoint) 用来强制显示小数点和符号。

```
#include <iostream.h>
#include <iomanip.h>
void main( )
{
  float x=20.0/7; y=18.0/6;
  cout<<x<<endl;
  cout<<setiosflags(ios::scientific)<<x<<endl;
  cout<<setprecision(18)<<x<<endl;
  cout<<setiosflags(ios::fixed)<<x<<endl;
  cout<<setprecision(0)<<x<<endl;
  cout<<setprecision(6)<<y<<endl;
  cout<<setiosflags(ios::showpoint)<<y<<endl;
}
```

输出结果为：

```
2.85714     （默认 6 位,整数部分加小数部分）
2.857143e+000    （默认 6 位,指小数部分）
2.857142857142857e+000    （double 型最多 15 位）
2.85714285714286    （double 型有效位最多 15 位，整数部分加小数部分）
3    （无小数位）
3    （默认 0 不输出）
3.00000    （强制输出 0）
```

2.4　运算符和表达式

Visual C++程序是由数据、语句和表达式组成的。表达式是常量、变量、数值元素、函数等运算对象和运算符以及括号的有意义组合。运算符又叫操作符，是表示进行某种运算的符号。

在一个表达式中，运算符起着关键的作用。Visual C++提供了丰富的运算符，可以处理几乎所有的基本操作。按操作数的类型，运算符包括算术运算符、关系运算符、逻辑运算符、位运算符、赋值运算符、逗号运算符等。运算符按照操作数的个数，可分为单目运算（一元运算符，只需一个操作数），双目运算（二元运算符，需两个操作数），三目运算（三元运算符，需三个操作数）。

表达式按其所含运算符和运算对象的不同，可分为算术表达式、关系表达式、逻辑表达式、位表达式、赋值表达式、逗号表达式等。

2.4.1　算术运算符和算术表达式

算术运算符包括基本算术运算符和自增自减运算符。由算术运算符、操作数和括号构成的表达式称为算术表达式。其表达式的值是一个数值，表达式的类型由运算符和运算数确定。

1. 基本算术运算符

使用表 2.7 中的算术运算符来进行基本的算术运算。

表 2.7　算术运算符

符　号	用　法	含　义
+	a+b	加法
-	a-b	减法
*	A*b	乘法
/	a/b	除法
%	a%b	余数或求模
-	-a	一元求反
+	+a	一元求正

① +和-有两种含义：当用在两个操作数之间时，分别表示加法和减法运算；当用在一个操作数之前时，分别表示一元求正和一元求负操作。在 5-2 中，减号表示减法；在-5 中，减号表示一元求反或求负操作。

② 当两个整数相除时，结果（商）为一个整数。如

```
int a=3,b=2,c=0;
c=a/b;
```

执行结果 c 值为 1。

③ 求模运算符（%）用于计算两数相除后得到的余数，它只适用于对整型量求余数。在符号左侧的是被除数，右侧的是除数。余数的符号与被除数的符号相同，其值是一个小于除数或等于 0 的数。下面是一些合法与非法使用求模运算符的表达式。

```
3.14%3  //error: floating point operand
21%6   //ok: result is 3
21%7   //ok: result is 0
int i;
double f;
i%2   //ok: non-zero result indicates i is odd
i%f   //error: floating point operand
```

2. 自增自减运算符

使用表 2.8 中的算术运算符来进行自增自减运算。

表 2.8　自增自减运算符

符　号	用　法	含　义
++	++a 或 a++	前缀或后缀加 1 操作
--	--a 或 a--	前缀或后缀减 1 操作

一般语法表明有两种使用++和--运算符的方式。

① 前缀方式，即运算符在运算量的左边，则运算量的值在其传送给表达式之前先做加 1 或减 1 操作。这就是所谓的“先增值（加 1）后引用”或“先减值（减 1）后引用”。

② 后缀方式，即运算符在运算量的右边，则运算量的值在传送给表达式之后才改变（做加 1 或减 1 操作）。这就是“先引用后增值（加 1）”或“先引用后减值（减 1）”。

如果++或--是一个语句中的唯一运算符，则使用前缀形式和后缀形式的运算符实际上没有区别。

如果把++或--引用到表达式中时，使用前缀方式和后缀方式产生的结果是有很大区别的。

```
int i=5 ,x, y;
x=++i;  //相当于 x=i=i+1
y=i;
```

执行结果为：x 的值是 6，i 的值是 6，y 的值是 6。

```
int i=5,x,y;
x=i++;  //相当于 x=i;i=i+1
y=i;
```

执行结果为：x 的值是 5，i 的值是 6，y 的值是 6。

增量和减量运算符的结合方向是“从右到左”，它的运算对象只能是整型变量而不能是常量或表达式。例如，5++或(x+y)++都是不合法的。

3. 算术表达式

由算术运算符和位操作运算符组成的表达式。其表达式的值是一个数值，表达式的类型由运算符和运算数确定。例如，a+3*(b/2)就是一个算术表达式。

2.4.2 关系运算符和关系表达式

1. 关系运算符

关系运算符用于比较两个数据的大小，共有 6 种运算符，如表 2.9 所示。

表 2.9 关系运算符

符　　号	用　　法	含　　义
<	a<b	小于
<=	a<=b	小于等于
>	a>b	大于
>=	a>=b	大于等于
==	a==b	等于
!=	a!=b	不等于

① 六个关系运算符中，后两个关系运算符（==、!=）的优先级要比前四个关系运算符的优先级低，而且它们都低于算术运算符的优先级，但高于赋值运算符的优先级。

② 关系运算符的结合方向是从左向右。如 a+b<c+d 应理解为（a+b）<（c+d）。

③ 关系运算符是双目运算符，其两边的操作数可以是任何基本数据类型。如果参与运算的两个数据类型不一致，则先进行类型转换，再进行关系运算。如'a'>70 的运算顺序是先将字符'a'转换成其 ASCII 值 97，再与整型常量 70 进行比较。

④ 在比较两个实数是否相等时，往往会出现判断错误，这是由实数在计算机中的存储方式和计算误差引起的。例如，有两个实数变量 g 和 f，经过一系列的运算后，设它们的值在理论上都应当是 5.0。然而由于计算的误差，它们的实际值可能分别是 4.999 999 和 5.000 001，从而使得关系运算 g==f 的结果是 0。因此，在判断两个实数是否相等时，应当判断它们之差的绝对值是否小于一个给定的极小的数，例如，对于上例，以下运算

```
fabs(g-f)<1e-5
```

的值将为 1。其中，fabs()是 C++中求实数绝对值的系统函数。

2. 关系表达式

用关系运算符将两个表达式组建起来的式子，称为关系表达式，主要用来测试条件是否成立。下面的关系表达式都是合法的。

```
x<=y, c>a+b, (a=10)<-(b-3), (a=-10)>=(b!=3), 'x'>'y'
```

由于 Visual C++中没有提供逻辑型数据，所以关系表达式的结果是一个整型数，但两个操作数满足关系运算符所要求的比较关系时，其结果为 1，相当于逻辑真；否则为 0，相当于逻辑假。正因为如此，关系运算的结果可以用在算术运算中，如

```
i=(3<5)+8;
```

则 i 的值为 9。

2.4.3　逻辑运算符和逻辑表达式

1. 逻辑运算符

逻辑运算符是用来表示两个操作数的逻辑关系的。Visual C++有 3 个逻辑运算符，如表 2.10 所示。

表 2.10　逻辑运算符

符号	用法	含　义
&&	a&&b	逻辑与。当 a、b 都为真时，a&&b 为真（1），否则为假（0）
||	a||b	逻辑或。当 a、b 有一个为真或都为真时，a||b 为真（1），否则为假（0）
!	!a	当 a 为假（0）时，!a 为真（1），否则为假（0）

说明

① &&和||是双目运算符，结合方向为由左至右；而! 是一元运算符，结合方向为由右至左。
② &&和||运算符的优先级低于关系运算符，而! 运算符的优先级高于关系运算符。
③ 逻辑运算符的操作数可以是任何基本数据类型的数据。

2. 逻辑表达式

由逻辑运算符将表达式组建起来的式子叫逻辑表达式。其中的表达式可以是逻辑表达式、算术表达式、关系表达式、赋值表达式等。逻辑表达式值的类型为逻辑型，一般地，“真”用 1 表示，“假”用 0 表示。例如，!a&&b||c 就是一个逻辑表达式。

在逻辑表达式的计算过程中，并不是所有的逻辑运算符都要执行，只有在必须执行下一个逻辑运算符才能求出该表达式的解时，才执行该运算符。例如，

① a&&b&&c：只有当 a 为真（为非 0 值）时，才需要判别 b 的值；只有 a 和 b 都为真时，才需要判别 c 的值。只要 a 为假，就不必判别 b 和 c（此时整个表达式已确定为假）的值；若 a 为真，b 为假，则不必判别 c 的值。

② a||b||c：如果 a 为真（非 0），就不必判别 b 和 c 的值；若 a 为假，才判别 b 的值；若 a 和 b 都为假，才判别 c 的值。

熟练掌握 Visual C++的关系运算符和逻辑运算符后，就可以巧妙地用一个逻辑表达式来表示较为复杂的条件。

例如，判别某年 year 是否是闰年。闰年的条件是符合下面两个条件之一：

① 能被 4 整除，但不能被 100 整除；

② 能被 4 整除，又能被 400 整除。

可用下面的逻辑表达式来表示：

```
(year%4==0&&year%100!=0)||(year%4==0&&year%400=0)
```

但 year 取某一整数值时，若上述表达式的值为 1（真），则 year 为闰年，否则不是闰年。

2.4.4　赋值运算符和赋值表达式

Visual C++除了使用“=”赋值运算符外，还提供了另外 5 种算术赋值运算符，其使程序更加精

炼。Visual C++的全部算术赋值运算符，如表 2.11 所示，Visual C++还支持其他类型的赋值运算符。

表 2.11 算术赋值运算符

符号	用法	含　义
=	a=b=5	把 5 赋给 b，然后把表达式 b=5 的值赋给 a
+=	a+=b	先计算 a+b，然后把结果赋给 a
-=	a-=b	先计算 a-b，然后把结果赋给 a
*=	a*=b	先计算 a*b，然后把结果赋给 a
/=	a/=b	先计算 a/b，然后把结果赋给 a
%=	a%=b	先计算 a%b，然后把结果赋给 a

所有带赋值运算符的表达式称为赋值表达式。如 n=n+5 就是一个赋值表达式。赋值表达式的作用就是将赋值号右边表达式的值赋给赋值号左边的对象。赋值表达式的类型为赋值号左边对象的类型，其结果值为赋值号左边对象被赋值后的值，运算的结合性为自右向左。下面是合法的赋值表达式的例子。

a=5　　　　　　　表达式值为 5。

a=b=c=5　　　　　表达式值为 5，a，b，c 均为 5。这个表达式从右向左运算，在 c 被更新为 5 后，表达式 c=5 的值为 5，接着 b 的值被更新为 5，最后 a 被赋值为 5。

a=(b=4)+(c=6)　　表达式值为 10，a 为 10，b 为 4，c 为 6。

a=(b=10)/(c=2)　　表达式值为 5，a 为 5，b 为 10，c 为 2。

c=b*=a+2　　　　　相当于 c=b=b*(a+2)。

2.4.5 逗号运算符和逗号表达式

逗号“,”既是一个 C++的分隔符，又是一个 C++的运算符。作为运算符，它叫作逗号运算符。用逗号运算符组建起来的表达式称为逗号表达式。逗号运算符的运算符对象是任意表达式，当然也包括逗号表达式。逗号表达式的一般形式为：

表达式 1，表达式 2，…，表达式 *n*

逗号表达式自左向右地计算各个分表达式的值，而整个逗号表达式的值为其最右端那个分表达式（表达式 *n*）的值。例如，

b+4,6+7　的值是 13；

a=4*5,a*3 的值是 60，而 a 的值是 20。

其实，逗号表达式无非是把若干个表达式“串联”起来。在许多情况下，使用逗号表达式的目的只是想得到各个表达式的值，而并非一定需要得到和使用整个逗号表达式的值。例如下面的语言实现了对 5 个变量分别赋初值：

```
int a=1,b=2,c=0,d=3,e=5;
```

另外，逗号运算符可用在 if 条件表达式或 for 循环语句中控制两个变量。

```
for(i=0,j=0;i<10;i++,j++){…}
if(a==0,b==1){…}
```

2.4.6 sizeof 运算符

sizeof 运算符用于计算某种类型的对象在内存中所占的字节数。sizeof 运算符有两种使用形式。

sizeof(类型名)

或

```
sizeof(表达式)
```

下面的例子说明 sizeof 所能接受的类型标识符是很多的。

```
#include<stream.h>
#include<IntStack>
main()
{
cout<<"int:\t\t"<<sizeof(int);
cout<<"\n int*::\t\t"<< sizeof (int *);
cout<<"\n int&:\t\t"<<sizeof (int&);
cout<<"\n int[3]:\t"<<sizeof(int[3]);
cout<<"\n\n"; //to separate output
cout<<"IntStack :\t"<<sizeof(IntStack);
cout<<"IntStack *:\t"<<sizeof(IntStack *);
cout<<"IntStack &:\t"<<sizeof(IntStack &);
cout<<"IntStack[3]:\t"<<sizeof(IntStack[3]);
cout<<"\n";
}
```

编译执行后的结果为：

```
int:                4
int *               4
int &               4
int[3]              12
IntStack:           12
IntStack *:         4
IntStack&:          4
IntStack[3]:        36
```

2.5　数据类型的转换

在设计 C++语言程序时，在表达式中经常会遇到不同类型的运算量之间的运算问题，如单精度型变量和整型变量相加，整型、单精度型、双精度型数据进行混合运算等。遇到这些情况时，C++提供了两种类型转换方式把运算量转换成相同的数据类型，然后进行运算。这两种数据类型转换分别是自动数据类型转换和强制数据类型转换。

2.5.1　自动数据类型转换

自动数据类型转换也称为隐式类型转换，简称自动转换或隐式转换。隐式类型转换是由编译器自动完成的类型转换。当编译器遇到不同类型的数据参与同一运算时，会自动将它们转换为相同类型后再进行运算，赋值时会把所赋值的类型转换为与被赋值变量类型一样。隐式类型转换按从低到高的顺序进行。一般算术转换是在表达式的运算过程中自动进行的。

2.5.2　强制数据类型转换

虽然隐式转换有一定的优越性，但是，由于程序员无法控制表达式的类型，进而可能影响表达式最终结果的精度。例如，

```
int i;
float f;
i=5;
f=i/4+20.3
```

```
cout<<f<<endl;
```

其输出结果是 21.3,而不是预计的 21.55。这是因为编译器在处理赋值运算符右边的表达式时，按照运算符的优先级，先进行 i/4 的计算。由于算术运算符“/”两个操作数的数据类型一致，没有必要进行类型转换，从而计算的结果为一整型数，其值为 1，导致最终的计算结果少了 0.25。

为了解决类似的问题以及提高程序设计的灵活性，C++语言提供了强制类型转换手段，也称为显式类型转换。显式类型转换是由程序员显式指出的类型转换，转换形式有两种：

```
类型名(表达式)
(类型名)表达式
```

这里的“类型名”是任何合法的 C++数据类型，例如 float、int 等。通过类型的显式转换可以将“表达式”转换成适当的类型。

例如，

```
double f=3.6;
int n=(int)f;
```

这样 n 为 3。

2.6 构造数据类型

2.6.1 结构体

在实际的处理对象中，有许多信息是由多个不同类型的数据组合在一起进行描述的，而且这些不同类型的数据互相联系组成了一个有机的整体。此时，就要用到一种新的构造类型数据——结构体（structure），简称结构。结构体的使用为处理复杂的数据结构（如动态数据结构等）提供了有效的手段，而且，它们为函数间传递不同类型的数据提供了方便。

结构体是用户自定义的新数据类型。在结构体中可以包含若干个不同数据类型和不同意义的数据项（当然也可以相同），从而使这些数据项组合起来反映某一个信息。结构体相当于 COBOL 和 PASCAL 等高级语言中的“记录”。

例如，可以定义一个职工 worker 结构体，在这个结构体中包括职工编号、姓名、性别、年龄、工资、家庭住址、联系电话。这样就可以用一个结构体数据类型的变量来存放某个职工的所有相关信息。并且，用户自定义的数据类型 worker 也可以与 int、double 等基本数据类型一样，用来作为定义其他变量的数据类型。

1. 结构体的定义

定义一个结构体类型数据的一般形式为：

```
struct  结构体名
{
数据类型        成员名 1;
数据类型        成员名 2;
…
数据类型        成员名 n;
};
```

在大括号中的内容也称为“成员表列”或“域表”。其中，每个成员名的命名规则与变量名相同；数据类型可以是基本变量类型和数组类型，也可以是指针变量类型，或者是一个结构体类型；

用分号“;”作为结束符。整个结构的定义也用分号作为结束符。

例如，定义一个职工 worker 结构体如下：

```
struct worker
{
        long number;
        char name[20];
        char sex;              //sex 是成员名
        int age;
        float salary;
        char address[80];
        char phone[20];
};          //注意分号不要省略
int  sex=10;                   //sex 是变量名
```

结构体类型中的成员名可以与程序中的变量名相同，二者并不代表同一对象，编译程序可以自动对它们进行区分。

最后，总结一下结构体类型的特点：

① 结构体类型是用户自行构造的。

② 它由若干不同的基本数据类型的数据构成。

③ 它属于 C++语言的一种数据类型，与整型、实型相当。因此，定义它时不分配空间，只有用它定义变量时才分配空间。

2. 结构体类型变量的定义方法

结构体只是用户自定义的一种数据类型，因此要通过定义结构体类型的变量来使用这种类型。通常有三种形式来定义一个结构体类型变量，分别说明如下。

（1）先定义结构体类型再定义变量名

这是 C++语言中定义结构体类型变量最常见的方式，一般语法格式如下：

```
struct 结构体名
{
            成员表列;
};
struct 结构体名 变量名;
```

例如，定义几个职工变量：

```
struct worker
{
        long number;
        char name[20];
        char sex;
        int age;
        float salary;
        char address[80];
        char phone[20];
};
struct worker worker1,worker2;
```

“struct worker”代表类型名，不能分开写为：

struct worker1,worker2;　//错误，没有指明是哪种结构体类型

或

worker worker1,worker2;　//错误，没有 struct 关键字，系统不认为 worker 是结构体类型。

为了使用上的方便，程序员通常用一个符号常量代表一个结构体类型，即在程序开头加上下列语句：

```
#define WORKER struct worker;
```

这样在程序中，WORKER 与 struct worker 完全等效。

例如，

```
WORKER
{   long number;
    char name[20];
    char sex;
    int age;
    float salary;
    char address[80];
    char phone[20];  };
WORKER worker1,worker2;
```

此时，可以直接用 WORKER 定义 worker1、worker2 两个变量，而不必再写关键字 struct。如果程序规模比较大，往往将对结构体类型的定义集中写入到一个头文件（以.h 为后缀）中。哪个源文件需用到此结构体类型，就可用#include 命令将该文件包含到本文件中。这样做便于程序的修改和使用。

（2）在定义类型的同时定义变量

这种形式的定义的一般形式为：

```
struct 结构体名
{
     成员表列;
     }变量名;
```

例如，

```
struct worker
{     long number;
      char name[20];
      char sex;
      int age;
      float salary;
      char address[80];
      char phone[20];
} worker1,worker2;
```

此例与前例作用相同，都定义了两个变量 worker1、worker2，它们是结构体类型 struct worker。

（3）直接定义结构类型变量

其一般形式为：

```
struct            //没有结构体名
{
        成员表列
}变量名;
```

例如，

```
struct
{
      long number;
      char name[20];
      char sex;
      int age;
```

```
        float salary;
        char address[80];
        char phone[20];
    } worker1,worker2;
```

一个结构体变量占用内存的实际大小，可以利用 sizeof 运算求出。它的运算表达式为：

```
sizeof(运算量)        //求出给定的运算量占用内存空间的字节数
```

其中运算量可以是变量、数组或结构体变量，也可以是数据类型的名称。

例如，

```
sizeof(struct worker)
sizeof(worker1)
```

3. 结构体变量的使用形式和初始化

（1）结构体变量的使用形式

在定义了结构体变量以后，就可以使用这个变量了。结构体变量是不同数据类型的若干数据的集合体。在程序中使用结构体变量时，一般情况下不能把它作为一个整体参加数据处理，而参加各种运算和操作的是结构体变量的各个成员项数据。

结构体变量的成员用以下一般形式表示：

结构体变量名.成员名

例如，上例给出的结构体变量 worker1 具有下列七个成员：

```
    worker1.number;worker1.name;worker1.sex;worker1.age;worker1.salary;worker1.address;
worker1.phone
```

在定义了结构体变量后，就可以用不同的赋值方法对结构体变量的每个成员赋值了。例如，

```
strcpy(worker1.name,"Zhang San");
worker1.age=26;
strcpy(worker1.phone, "1234567");
worker1.sex='m';
…
```

除此之外，还可以引用结构体变量成员的地址以及成员中的元素。例如，引用结构体变量成员的首地址&worker1.name；引用结构体变量成员的第二个字符 worker1.name[1]；引用结构体变量的首地址&worker1。

在使用结构体类型变量时有以下几点需要加以注意。

① 不能将一个结构体类型变量作为一个整体加以引用，而只能对结构体类型变量中的各个成员分别引用。

例如，对上面定义的结构体类型变量 wan，下列引用都是错误的：

```
cout<<wan;
cin>>wan;
```

但是可以如下引用：

```
cout<<wan.name;
cin>>wan.name;
```

② 如果成员本身又属一个结构体类型，则要用若干个成员运算符，一级一级地找到最低的一级成员。只能对最低级的成员进行赋值或存取以及运算。例如，对上面定义的结构体类型变量 worker1，可以这样访问各成员：

```
worker1.age
worker1.name
worker1.birthday. year
worker1.birthday. month
worker1.birthday. day
```

不能用 worker1.birthday 来访问 worker1 变量中的成员 birthday，因为 birthday 本身是一个结构体变量。

③ 对成员变量可以像普通变量一样进行各种运算（根据其类型决定可以进行的运算）。例如，

```
worker2.age=worker1.age;
sum=worker1.age+worker2.age;
worker1.age++;
```

④ 在数组中，数组是不能彼此赋值的，而结构体类型变量可以相互赋值。

在 C++程序中，同一结构体类型的结构体变量之间允许相互赋值，而不同结构体类型的结构体变量之间不允许相互赋值（即使两者包含有同样的成员）。

（2）结构体变量的初始化

与其他类型变量一样，也可以给结构体的每个成员赋初值，这称为结构体的初始化。有两种初始化形式。一种是在定义结构体变量时进行初始化，一般语法格式如下：

```
struct  结构体名 变量名={初始数据表};
```

另一种是在定义结构体类型时进行结构体变量的初始化，一般语法格式如下：

```
struct  结构体名
{
      成员表列;
}变量名={初始数据表};
```

例如，前述 student 结构体类型的结构体变量 wan 在说明时可以初始化如下：

```
struct student wan={"Wan Jun",'m',20, "SuZhou Road No.100"};
```

它所实现的功能，与下列分别对结构体变量的每个成员赋值所实现的功能相同。

```
strcpy(wan.name, "Wan Jun");
wan.sex='m';
wan.age=20;
wan.addr="SuZhou Road No.100";
```

与数组的初始化特性相同，结构体的初始化仅限于外部的和 static 型结构体。也就是说，在函数内部对结构体进行初始化时，必须指定该结构体为 static 型。对于默认存储类型的 auto 型结构体，不能在函数内部对它们进行初始化。

4. 结构体应用举例

把家庭定义成包含一个丈夫、一个妻子、一个或多个孩子，表 2.12 所示为这一数据的记录。把这些数据输出。

表 2.12　　几个家庭的数据记录

Husband	Wife	Children
John	Kathy	2
Kenneth	Sylvia	3
Peter	Joyce	1

```
#include <iostream.h>
void main()
{
      struct family
      {
            char husband[10];
            char wife[10];
            int children;
```

```
    };
    struct family Gerard={"John","Kathy",2};
    struct family Cole={"Kenneth","Sylvia",3};
    struct family Chen={"Peter","Joyce",1};
    Gerard. Children=0;
    Cole. Children=2;
    Chen. Children=4;
    cout<<"Gerard  Children: "<< Gerard. Children<<"\n";
    cout<<"Cole   Children: "<< Cole. Children<<"\n";
    cout<<"Chen   Children: "<< Chen. Children<<"\n";
}
```

该程序的输出结果是：

```
Gerard  Children:0
Cole   Children:2
Chen   Children:4
```

2.6.2　共用体

在 C++语言中，不同数据类型的数据可以使用共同的存储区域，这种数据构造类型称为共用体，简称共用，又称联合体。共用体在定义、说明和使用形式上与结构体相似。两者本质上的不同仅在于使用内存的方式上。

1. 共用体的定义

定义一个共用体类型的一般形式为：

```
union 共用体名
{
    成员表列;
};
```

例如，

```
union gy
{
        int i;
        char c;
        float f;
};
```

就定义了一个共用体类型 union gy。它由三个成员组成，这三个成员在内存中使用共同的存储空间。由于共用体中各成员的数据长度往往不同，所以共用体变量在存储时总是按其成员中数据长度最大的成员占用内存空间。如上述共用体类型 union gy 的变量占用 4 字节的内存。

在这一点上，共用体与结构体不同，结构体类型变量在存储时总是按各成员的数据长度之和占用内存空间。

例如，定义了一个结构体类型：

```
struct gy
{
        int i;
        char c;
        float f;
};
```

则结构体类型 struct gy 的变量占用的内存为 2+1+4=7 字节。

2. 定义共用体类型变量的方法

定义共用体类型变量的方法与定义结构体类型变量的方法相似，也有三种方法。

（1）在定义共用体类型的同时定义共用体变量

```
union 共用体名
     {
         成员表列;
     }变量表列;
```

例如，

```
union gy
{
       int i;
        char c;
        float f;
}a,b,c;
```

（2）将共用体类型定义与共用体变量定义分开

```
union gy
{
     inti;
     char c;
     float f;
};
union gy a,b,c;
```

（3）直接定义共用体变量

```
union
{
    inti;
    char c;
    float f;
}a,b,c;
```

上面几种方法都是定义了一个共用体类型，又定义了几个共用体类型变量 a、b、c。

3. 共用体变量的使用形式

由于共用体变量的各个成员使用共同的内存区域，所以共用体变量的内存空间在某个时刻只能保持某个成员的数据。由此可知，在程序中参加运算的必然是共用体变量的某个成员,而不能直接使用共用体变量。共用体变量成员的表现形式与结构体相同，它们也使用访问成员运算符“.”和“->”表示。

例如，前面定义了 a、b、c 为共用体类型变量，下面的使用形式是正确的：

```
a.i  引用共用体变量中的整型变量 i;
a.c  引用共用体变量中的字符型变量 c;
a.f  引用共用体变量中的实型变量 f。
```

不能只引用共用体类型变量，例如，cout<<a 是错误的。a 的存储区有好几种类型，分别占不同长度的存储区，仅写共用体类型变量名 a 难以使系统确定究竟输出的是哪一个成员的值。应该写成 cout<<a.i 或者 cout<<a.c 等。

在使用共用体类型变量的数据时要注意的是，在共用体类型变量中起作用的成员是最后一次存放的成员，在存入一个新的成员后，原有的成员就失去作用了。如有以下赋值语句：

```
a.i=1;
a.c='a';
a.f=1.5;
```

在完成以上 3 个赋值运算以后，a.f 是有效的，a.i 和 a.c 已经无意义了。

在程序中经常使用结构体与共用体相互嵌套的形式，即共用体类型的成员可以是结构体类型，或者结构体类型的成员是共用体类型。

4. 共用体应用举例

通过执行下面的程序，证明 3 个字符串共用同一个内存空间。

```
#include <iostream.h>
#include <string.h>
void main()
{
      union some_strings
      {
          char command line[80];
          char error_message[80];
          char help_text[80];
      } strs;
      strcpy(strs.error_message,"Press1,2or 3.");
      cout<<strs.error_message<<endl<<strs.command_line<<endl
      cout<<strs.help_text<<endl
      cout<<"Press Enter to continue. "<<endl;
      cin.get();
}
```

2.6.3 枚举

枚举类型是一种用户自定义数据类型。在声明枚举类型时，需要把常量的值一一列举出来，形式如下：

```
enum    枚举类型名 { 常量值 1 ，常量值 2 ，…，常量值 n};
```

例如，声明一个名为 color 的枚举类型：

```
enum color {Red, Green, Blue, White, Black };
```

比如一个铅笔盒中有一支笔，但在打开之前你并不知道它是什么笔，可能是铅笔，也可能是钢笔，这里有两种可能，那么就可以定义一个枚举类型来表示！

enum box { pencil, pen }; //这里定义了一个枚举类型的变量，叫 box；这个枚举变量内含有两个元素，也称枚举元素，这里是 pencil 和 pen，分别表示铅笔和钢笔。

这里要说一下，如果想定义两个具有同样特性的枚举类型的变量，那么可以用如下的两种方式进行定义！

```
enum box{pencil, pen };
enum box box2;  //或者简写成 box box2;
```

再有一种就是在声明的时候同时定义。

```
enum {pencil, pen }box,box2; //在声明的同时进行定义!
```

对枚举变量中的枚举元素，系统是按照常量来处理的，故叫枚举常量，它们是不能进行普通的算术赋值的。(pencil=1;)这样的写法是错误的，但是可以在声明的时候进行赋值操作！

```
enum box{pencil=1,pen=2};
```

但是这里要特别注意的一点是，如果不进行元素赋值操作，那么元素将会被系统自动从 0 开始自动递增地进行赋值操作。说到自动赋值，如果只定义了第一个，那么系统将对下一个元素进行前一个元素的值加 1 操作，例如，

```
enum box{pencil=3,pen};//这里 pen 就是 4，系统将自动进行 pen=4 的定义赋值操作!
```

下面通过两个完整的例子进行讲解。

例 2.7 枚举程序举例。

```
#include <iostream>
```

```
using namespace std;
void main(void)
{
   enum egg {a,b,c};
   enum egg test; //在这里可以简写成egg test;
   test = c; /*对枚举变量test进行赋予元素操作。这里之所以叫赋元素操作而不叫赋值操作，就是为了让大家明白枚举变量是不能直接赋予算术值的，例如(test=1;)这样的操作都是不被编译器所接受的，正确的方式是先进行强制类型转换，例如(test = (enum egg) 0;)! */
   if (test==c)
   {
           cout <<"枚举变量判断:test枚举对应的枚举元素是c" << endl;
   }
   if (test==2)
   {
           cout <<"枚举变量判断:test枚举元素的值是2" << endl;
   }
   cout << a << "|" << b << "|" << test <<endl;
   test = (enum egg) 0; //强制类型转换
   cout << "枚举变量test值改变为:" << test <<endl;
   cin.get();
}
```

枚举变量中的枚举元素（或者叫枚举常量）在特殊情况下是会被自动提升为算术类型的!

```
#include <iostream>
using namespace std;
void main(void)
{
    enum test {a,b};
    int c=1+b; //自动提升为算术类型
    cout << c <<endl;
    cin.get();
}
```

例2.8 枚举程序举例。

```
#include<iostream.h>//定义枚举类型、声明枚举变量、枚举变量的关系运算源程序
void main()
{
     //定义枚举类型，并指定其枚举元素的值
     enum color {
          RED=3,
          YELLOW=6,
          BLUE=9
     };
     //声明枚举变量a和b,并为枚举变量a赋初值
     enum color a=RED;
     color b;        //合法，与C语言不同
     // 输出枚举常量
     cout<<"RED="<<RED<<endl;//运行结果：RED=3
     cout<<"YELLOW="<<YELLOW<<endl;//运行结果：YELLOW=6
     cout<<"BLUE="<<BLUE<<endl;//运行结果：BLUE=9
     //枚举变量的赋值和输出
     b=a;
```

```
    a=BLUE;
    cout<<"a="<<a<<endl;//运行结果：a=9
    cout<<"b="<<b<<endl;//运行结果：b=3
    //a=100;   错误！
    //a=6       也错误！
    //枚举变量的关系运算
    b=BLUE;                          // 枚举变量的赋值运算
    cout<<"a<b="<<(a<b)<<endl;//运行结果：a<b=0
}
```

习 题 二

一、选择题

1. 结构体变量 S 实际所占内存的大小为（　　）字节。
   A. sizeof(S)　　B. strlen(S)
   C. 结构体中最长成员的长度　　D. 结构体中最短成员的长度
2. 设 x 和 y 均为 bool 量，则 x&&y 为真的条件是（　　）。
   A. 它们均为真 B. 其中一个为真　　C. 它们均为假　　D. 其中一个为假
3. 按照标识符的要求，（　　）符号不能组成标识符。
   A. 组建符　　B. 下划线　　C. 大、小写字母　　D. 数字字符
4. C++中条件表达式的值为（　　）。
   A. −1 或者+1　　B. $-2^{31}\sim2^{31}-1$
   C. 0 或者 1　　D. $0\sim2^{31}-1$
5. 现在有以下语句：

```
struct MyBitType
 {   char a[3];
     int  b[3];
     float c[2];
   };//int 占 4 字节
 int sz=sizeof(MyBitType);
```

则执行后，变量 sz 的值为（　　）。
   A. 16　　B. 8　　C. 27　　D. 31
6. 在下列成对的表达式中，运算结果类型相同的一对是（　　）。
   A. 7.0 / 2.0 和 7.0 / 2　　B. 5 / 2.0 和 5 / 2
   C. 7.0 / 2 和 7 / 2　　D. 8 / 2 和 6.0 / 2.0
7. 设 x 和 y 均为 bool 量，则 x||y 为假的条件是（　　）。
   A. 它们均为真　　B、其中一个为真
   C. 它们均为假　　D. 其中一个为假
8. 下列各运算符中，（　　）可以作用于浮点数。
   A. ++　　B. %　　C. >>　　D. &
9. 设有定义 int i;double j = 5;，则 10+i+j 值的数据类型是（　　）。
   A. int　　B. double　　C. float　　D. 不确定

二、填空题

1. 假设 int a=1,b=2;，则表达式(++a/b)*b--的值为________。

2. C++程序的源文件扩展名为________。

3. 逻辑表达式 x>3&&x<10 的相反表达式为________。

4. 执行“cout<<char('F'-2)<<endl;”语句后得到的输出结果为________。

5. 设有 double p;，为变量 p 声明一个引用名称 rp，则定义语句为________。

6. 已知'A'～'Z'的 ASCII 码为 65～90，执行“char ch=14*5+2；cout<<ch<<endl;”语句序列后得到的输出结果为________。

7. 变量分为全局和局部两种。________变量没有赋初值时，其值是不确定的。

8. 如果要把 PI 声明为值为 3.14 159、类型为双精度实数的符号常量，则声明语句是______。

三、判断题

1. C++中使用了新的注释符（//），C 语言中注释符（／*…*／）不能在 C++中使用。(　　)

2. C++中，如果条件表达式值为-1，则表示逻辑为假。(　　)

3. C++中不允许使用宏定义的方法定义符号常量，只能用关键字 const 来定义符号常量。(　　)

4. 为了减轻使用者的负担，与 C 语言相比较，C++中减少了一些运算符。(　　)

5. 类型定义是用来定义一些 C++中所没有的新的类型。(　　)

6. C++程序中，每条语句结束时都加一个分号（；)。(　　)

7. C++的程序中，对变量一定要先说明再使用，说明只要在使用之前就可以。(　　)

8. 运算符的优先级和结合性可以确定表达式的计算顺序。(　　)

9. 在编写 C++程序时，一定要注意采用人们习惯使用的书写格式，否则将会降低其可读性。(　　)

10. C++中数组元素的下标是从 0 开始的，数组元素是连续存储在内存单元中的。(　　)

11. C++中标识符内的字母大、小写是没有区别的。(　　)

第3章 控制结构

程序控制语句控制了整个程序执行的流程。从某种意义上讲，程序控制语句是任何一种算法语言的精髓。不同的程序执行控制方式确定了一种语言的风格。C++语言提供了灵活丰富的程序控制语句，这也是C++语言倍受欢迎的原因之一。本章将重点讨论能够控制程序执行的三种流程控制结构，即顺序结构、选择结构和循环结构，以及组成这些结构的语句：表达式语句、复合语句、选择语句和循环语句等。

3.1 顺序结构

所谓顺序结构，顾名思义，就是指按照语句在程序中的先后次序一条一条顺次执行程序的结构。顺序控制语句是一类简单的语句，包括表达式语句、空语句、复合语句等。

顺序结构的流程图如图3.1（a）所示，其执行顺序是先执行a操作，再执行b操作，两者是顺序执行的关系。图3.1（b）所示为顺序结构的N-S结构化流程图。

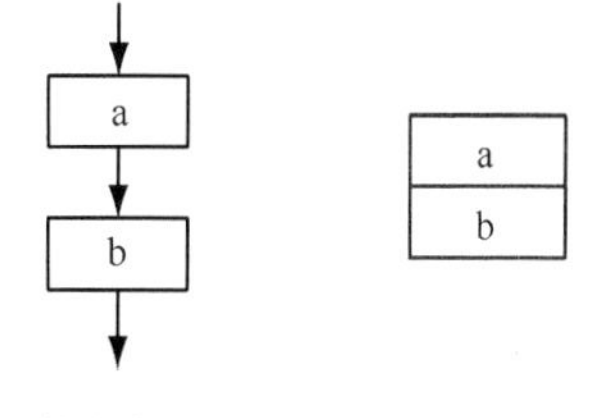

(a)传统流程图　　(b) N-S结构化流程图

图3.1　顺序结构流程图

1. 表达式语句

表达式语句是由一个表达式和一个分号构成的一条语句。例如：

```
int a=3,b=5,x=6,y=8;
x=a+5;
a>b?a+b:a=b;
y=fun(a,b);
```

这些都是表达式语句。

表达式语句主要是用来计算出表达式的值和确定表达式功能的。许多算术操作和逻辑操作都需要用表达式语句来实现。在C++程序中，赋值也需要用一种赋值表达式语句来实现。表达式语句是在C++程序中使用较多的一种语句。

2. 空语句

空语句是只有一个分号而没有表达式的语句。它不产生任何操作运算，而只是作为一种形式上的语句，填充在控制结构之中。这些填充处需要一条语句，但又不做任何操作。

空语句是最简单的表达式语句。例如，

```
;
for(;;);
```

3. 复合语句

复合语句是由两条或两条以上的语句组成，并用一对花括号{}括起来的语句序列。复合语句是相对于简单语句而言的，简单语句一般指的是一条语句。

复合语句在语法上相当于一条语句，一般说来，在可以出现一条语句的地方都可以出现复合语句。花括号是 C++语言中的一个表达符号，左括号表明了复合语句的起始位置，右括号表明了复合语句结束，它的作用就像单条语句中的分号一样。因此，右花括号后不再需要分号。例如，

```
{
    z=x+y;
    t=z/100;
    cout<<t<<endl;
}
```

复合语句出现在函数体内，可以并行形式出现多个复合语句，也可以嵌套形式出现多个复合语句。复合语句可以作为条件语句的 if 体、else 体，也可作为循环语句的循环体，这些内容将在本章后面讲述。

3.2 选择结构

选择结构的流程图如图 3.2（a）所示。

在选择结构中，当条件 P 成立（P 为真）时，执行 a；否则执行 b。这种选择只能执行 a 和 b 中之一；a 和 b 可以是一组操作，只有一个入口点和一个出口点。图 3.2（b）所示为选择结构的 N-S 结构化流程图。

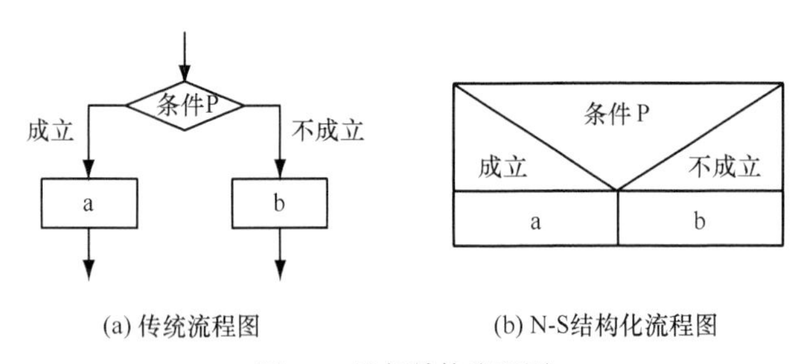

图 3.2　选择结构流程图

由图 3.2 看出，选择结构是根据指定的条件进行判断，然后根据判断的结果在两条分支中选择一条路径执行。选择结构也可以有多条分支路径，这时就要在多条分支中选取其中的一条路径执行。因而 C++提供了 if 语句和 switch 语句。

3.2.1　if 语句

1. if 结构

if 结构的 N-S 图如图 3.3 所示，它由一个条件表达式以及后面的一个或一组语句组成。

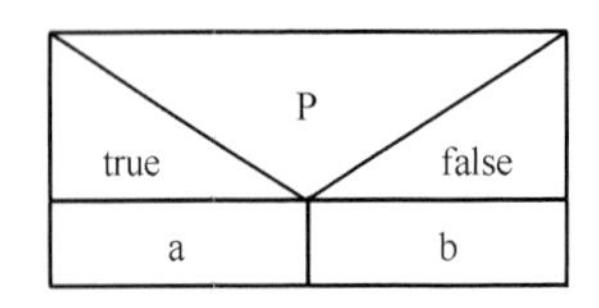

图 3.3　if 结构的 N-S 图

if 语句的一般语法格式如下：

```
if （表达式）
    语句;
```

或

```
if （表达式）
{
    语句组;
}
```

if 语句首先测试条件表达式的值。如果条件表达式不为零（或 true，真），则执行其后的语句或语句组（复合语句）。如果条件表达式为零（或 false，假），不执行其后的语句或语句组，程序转向后继语句。

if 语句中的条件表达式可以是任意一个以整数为结果的表达式。它可以是整型常量、变量，结果为整数的算术表达式、关系表达式和逻辑表达式。

例 3.1　求一个数的绝对值。

```
#include <iostream.h>
void main()
{
        double x;
        cin>>x;
        if(x<0)
        x=-x;
        cout<<"|x|="<<x<<endl;
        return;
}
```

例 3.2　已知 3 个数 a、b、c，按升序对这 3 个数排序。

```
#include <iostream.h>
void main()
{
        double a,b,c,t;
        cout<<"Enter a, b, c=";
        cin>>a>>b>>c;
        if (a>b)
               { t=a;  a=b;  b=c;}
        if (a>c)
               { t=a;  a=c;  c=t;}
        if (b>c)
               { t=b;  b=c;  c=t;}
        cout<<a<<b<<c<<endl;
        return;
}
```

在使用 if 语句时，一个常见的错误是在条件为真时，有多条语句要被执行而没有使用复合语句的形式。这是个非常难以诊断的程序错误，因为它从程序文本上看很像是正确的。例如，例 3.2 中，

```
if (a>b)
t=a;a=b;b=c;
```

与程序员的意思不一致。a=b;b=c;并没有作为 if 语句的一部分，而是在 if 语句执行后无条件地执行。

2. if…else 结构

有时程序必须在两种结果之间做出判断。为此，应该使用 if…else 形式。if…else 结构的 N-S

图如图 3.4 所示。

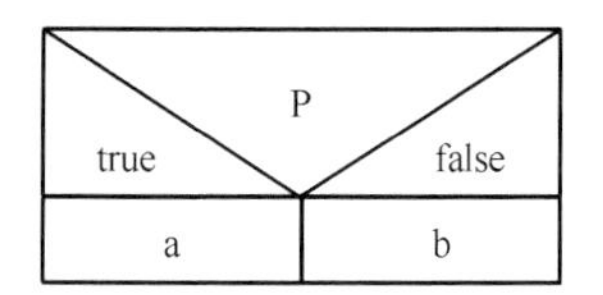

图 3.4　if…else 结构的 N-S 图

if…else 语句的一般语法格式如下：

```
if (表达式)
    语句 1;
else
    语句 2;
```

或

```
if(表达式)
{
    语句组 1;
}
else
{
    语句组 2;
}
```

如果条件表达式成立（值为真），即其值为非零，则执行语句 1（或语句组 1）；如果条件表达式不成立（值为假），即表达式值为零，则执行语句 2（或语句组 2）。

例如，

```
if (error_code)
       cout<<"Error#"<<error_code<<endl;
else
       cout<<"Operation completed successfully. "<<endl;
```

如果 error_code 不为 0，则显示出错信息。如果 error_code 为 0，语句的 else 部分被执行并显示成功信息。

例 3.3　输入一个年份，判断是否是闰年。

分析：闰年的年份可以被 4 整除而不能被 100 整除，或者能被 400 整除。因此，首先输入年份存放到变量 year 中。如果表达式((year%4==0&&year%100!=0)||(year%400==0))的值为 true，则为闰年；否则就不是闰年。

```
#include <iostream.h>
void main(void)
{
      int year;
      bool IsLeapYear;
      cout<<"Enter the year: "
      cin>>year;
      IsLeapYear=((year%4==0&&year%100!=0)||(year%400==0));
      if  (IsLeapYear)
          cout<<year<<"is a leap year"<<endl;
      else
          cout<<year<<"is not a leap year"<<endl;
}
```

例 3.4　二次方程求根程序。

```
#include <iostream.h>
#include <math.h>
int main()
{
      double a,b,c,delta;
      cout<<"Enter factors a,b,c: ";
      cin>>a>>b>>c;
```

```
        delta=b*b-4*a*c;
        if (delta<0)
              cout<<"No solution!\n";
        else
        {
              delta=sqrt(delta);
              double x1=(-b+delta)/(2*a);
              double x2=(-b-delta)/(2*a);
              cout<<"x1="<<x1<<'\t'<<"x2="<<x2<<endl;
        }
        return 0;
}
```

本例中，else 分支中使用了复合语句。

程序中的 sqrt()是一个 C++语言的库函数，用以求某个数的平方根。它要求用一个 double 型的数据作其参数，并返回一个 double 的值。

3. if 语句的嵌套

由于 if 语句的语句段要求是一条 C++语句，而 if 语句本身就是一条合法的 C++语句，所以可以将 if 语句用作 if 语句的语句段。这就是所谓的 if 语句的嵌套。

（1）嵌套的 if 语句

嵌套的 if 语句的一般语法形式：

```
if (表达式 1)
  if (表达式 2) 语句 1;
  else 语句 2;
else
  if (表达式 3) 语句 3;
  else 语句 4;
```

例 3.5　从键盘输入两个整数，编程比较大小，输出显示相等、大于、小于。

```
#include <iostream.h>
void main()
{
   int x,y
   cout<<"Input x.y: ";
   cin>>x>>y;
   if (x!=y)
       if (x>y)
           cout<<"x>y\n"
       else
           cout<<"x<y\n";
   else
       cout<<"x=y\n";
}
```

但使用 if...else 语句作为一个 if 语句的语句部分时，else 属于哪个 if 呢？例如，

```
if (表达式 1)
    if (表达式 2)
        语句 1;
    else
        语句 2;
```

else 部分属于第一个 if，还是属于第二个 if 呢？回答是关键词 else 总是和最近的 if 配对。因此表达式 2 决定选择执行语句 1 或语句 2，而表达式 1 决定是否执行 if...else 语句。

（2）else if 结构

如果 if 语句的嵌套都是发生在 else 分支中，就可以引用 if...else if 语句，这是一种多选一的结构。它的一般语法形式：

```
if （表达式 1） 语句 1;
else if （表达式 2） 语句 2;
else if （表达式 3） 语句 3;
…
else if （表达式 n） 语句 n;
else 语句 n+1;
```

其中，语句 1 到语句 n+1 都可以是用花括号括起来的复合语句。if...else if 结构的执行过程如图 3.5 所示。

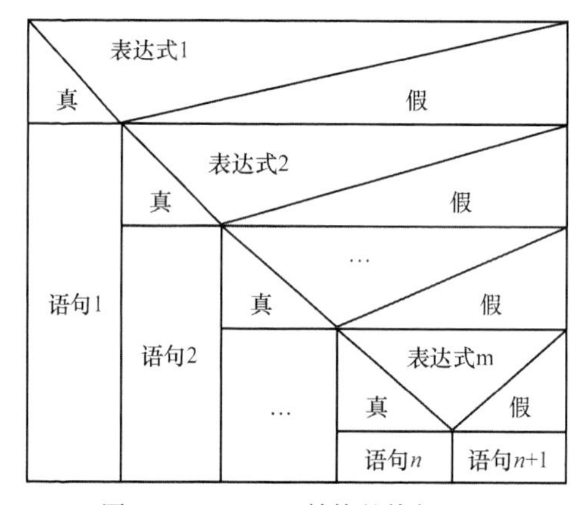

图 3.5　if...else if 结构的执行过程

例 3.6　按学生成绩小于 60 分、60～69 分、70～79 分、80～89 分、90 分以上统计，并求平均成绩。

```
#include <iostream.h>
void main()
{
      int i, score, sum,number;
      int co_below60,co60,co70,co80,co90;
      float ave;
      co90=co80=co70=co60=co_below60=0;
      cout<<"Please input the number of student=";
      cin>>number;
      for( i=1; i<=number; i++)
      {
           cout<<"Input score=";
           cin>>score;
           sum+=score;   //等价于 sum=sum+score;
           if (score>=90)
                 co90++;
           else if  (score>=80)
                 co80++;
           else if  (score>=70)
                 co70++;
           else if  (score>=60)
                 co60++;
```

```
            else co_below60++;
            }
            ave=(float)sum/(float)number;
            cout<<"There are"<<co90<<"student score larger than 90"<<endl;
            cout<<"There are"<<co80<<"student score larger than 80"<<endl;
            cout<<"There are"<<co70<<"student score larger than 70"<<endl;
            cout<<"There are"<<co60<<"student score larger than 60"<<endl;
            cout<<"There are"<<co_below60<<"student score less than 60"<<endl;
            cout<<"The average is"<<ave<<endl;
}
```

3.2.2　switch 语句

学会了写很长的一组 if...else if 语句来测试多个条件，但是很长一列 if...else if 语句容易引起混淆而且难读懂，一个较好的解决办法是使用更为简单的 switch 语句。switch 语句是一种“多选一”的结构。

switch 语句结合关键词 case 一起使用，比较一个值与其他多种情形的 case 值，并执行其中 case 值等于 switch 值的一个语句或一组语句。在很多情形下，使用 switch 语句比使用一系列的 if...else if 语句效率高。switch 语句的一般语法格式是：

```
switch (表达式)
{
    case 常量表达式 1: 语句 1; break;
    case 常量表达式 2: 语句 2; break;
    …
    case 常量表达式 n: 语句 n; break;
    default:语句 n+1;
}
```

switch 语句的执行过程为：若某个 case 后边常量表达式的值与 switch 语句中表达式的值相等，则执行该 case 后边的所有语句，直到遇见 break 语句为止。若表达式的值与任何一个常量表达式的值都不相等，那么，若存在 default 分支，则执行该分支后边的所有语句，直到遇见 break 语句为止，否则什么都不执行。

由 switch 语句的执行过程可以看出，若某一分支要求执行的不止是一条语句，则所要求执行的多条语句不必写成复合语句的形式。

default 分支可以放在 switch 语句中的任何位置，以满足不同的需要。

例 3.7　输入一个 0～6 的整数，转换成星期输出。

分析：本题需要根据输入的数字决定输出的信息。由于数字 0~6 分别对应于 Sunday，Monday，…七种情况，因此需要运用多重分支结构。但是每次判断的都是星期数，所以选用 switch 语句最为适宜。

```
 #include <iostream.h>
void main()
{
    int day
    cin>>day;
    switch(day)
    {
```

```
            case 0: cout<<"Sunday"<<endl; break;
            case 1:cout<<"Monday"<<endl; break;
            case 2:cout<<"Tuesday"<<endl; break;
            case 3:cout<<"Wednesday"<<endl; break;
            case 4:cout<<"Thursday"<<endl; break;
            case 5:cout<<"Friday"<<endl; break;
            case 6:cout<<"Saturday"<<endl; break;
            default:cout<<"Day out of range Sunday…Saturday"<<endl;
        }
}
```

多个 case 可以共用一组执行语句，如

```
…
switch (character)
{
     case 'A':
     case 'B':
     case 'C':cout<<"A,B,C"<<endl;break;
     …
}
```

或写成

```
switch(character)
{
     case 'A': case 'B': case 'C':
     cout<<"A,B,C"<<end;break;
}
```

3.3 循环结构

在一个程序中，常常需要在给定条件成立的情况下重复地执行某些操作，这就要用到循环控制结构。循环结构有两种。

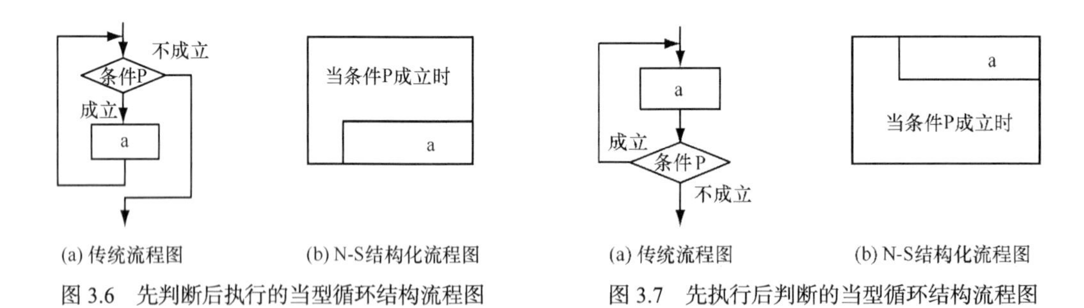

(a) 传统流程图　　(b) N-S结构化流程图

图 3.6　先判断后执行的当型循环结构流程图

(a) 传统流程图　　(b) N-S结构化流程图

图 3.7　先执行后判断的当型循环结构流程图

（1）当型循环结构，如图 3.6 与图 3.7 所示。在当型循环结构中，当 P 条件成立（为真）时，反复执行 a 操作，直到 P 为假时才停止循环。

（2）直到型循环结构，如图 3.8 所示。在直到型循环结构中，先执行 a 操作，然后判断 P 是否为假，再执行 a，如此反复，直到 P 为真时停止循环。

C++语言为实现这一结构提供了 3 种循环语句：while 语句、do…while 语句和 for 语句。这 3 种循环语句各自有其特点，可根据需要和习惯进行选择，它们之间可以相互替代。在循环语句中，重复执行的操作叫作循环体。循环体可以是单条语句、复合语句，甚至是空语句。循环语句的特

点是根据给定的条件来判断是否执行循环体，因此，条件和循环体是循环语句必备的内容。

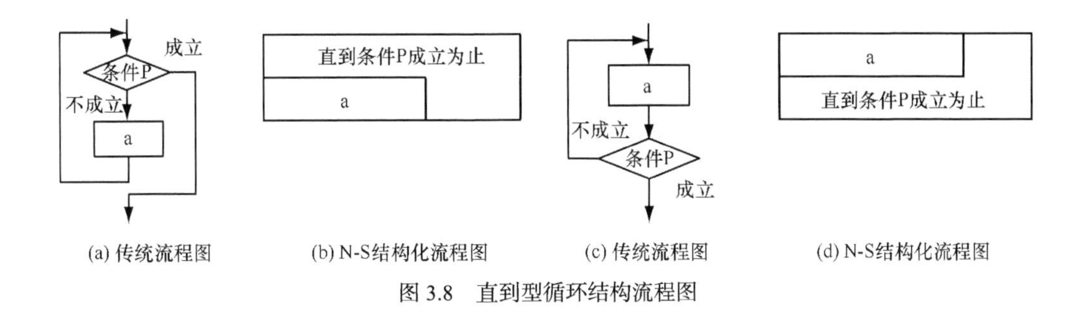

(a) 传统流程图　(b) N-S结构化流程图　(c) 传统流程图　(d) N-S结构化流程图

图 3.8　直到型循环结构流程图

3.3.1　while 语句

while 语句用来实现“当型”循环结构，其一般语法格式是：

```
while （表达式） 循环体；
```

其中表达式可以是关系表达式、逻辑表达式和算术表达式等；而语句可以是单个语句，也可以是复合语句。

该语句的执行过程为：首先对表达式求值进行判断，若判断结果为假（false，0），则跳过循环体，执行 while 结构后面的语句。若判断结果为真（true，非 0），则进入循环体，执行其中的语句序列。执行完一次循环体语句后，修改循环变量，再对条件表达式进行判断；若判断结果为真，则再执行一次循环体语句……依次类推，直到判断结果为假时，退出 while 循环语句，转而执行后面的语句，即“先判断后执行”。如果在第一次计算表达式的值时就得到了假值，则循环体一次也不执行。

while 循环由 4 个部分组成：循环变量初始化，判断条件，循环体，改变循环变量的值。

例如，计算 sum=1+2+3+…+10 的 while 循环结构如下：

```
sum=0;
i=1;                    //循环变量初始化
while (i<=10)           //判断条件
{                       //循环体
  sum=sum+i;
  i++;                  //改变循环变量的值
}
```

① 如果循环体包含一个以上的语句，则应该用花括号括起来，以复合语句形式出现。

② 应仔细定义循环变量的初始值和判断条件的边界值。

③ 对表达式的计算总是比循环体的执行多一次。这是因为最后一次判断条件为假时就不执行循环体。

④ 当循环体不实现任何功能时，要使用空语句作为循环体，表示为：

```
while （条件表达式）；
```

⑤ 循环体中，改变循环变量的值是很重要的。如果循环变量的值恒定不变，或者当条件表达式为一常数时，将会导致无限循环（也称死循环）。若要退出一个无限循环，必须在循环体内用 break 等语句退出。

例 3.8 编程求出自然数 51 到 100 之和。

```
#include <iostream.h>
void main()
{
       int i=51,sum=0;
       while(i<=100)
       {
          sum+=i;
          i++;
       }
       cout<<"sum="<<sum<<endl;
}
```

例 3.9 while 循环特别适用于处理字符串和其他指针类型。

```
f(const char *st)
{
      int len=0;
      const char *tp=st; //compute length of st
      while(*tp++)++len; //now copy st
      char *s=new char[len+1];
      while(*s++=*st++)
        ;   //null statement
      …   //rest of function
}
```

例 3.10 while 语句有很多用途，其中一个用途就是处理从键盘输入的数据。在很多程序中，程序不断提示用户循环地执行程序，直到输入一个指定的值才结束循环。本例给出一个程序，用于对从键盘上输入的任意多个数求和。while 语句用于不断地提示、输入和处理输入的数值，直到输入一个结束值为止。

```
#include <iostream.h>
void main()
{
     float input_value=1;
     float sum=0;
     cout<<"Accepts any number of values as input";
     cout<<"and sums the values. "<<endl<<endl;
     cout<<"Enter 0.0 to quit program. "<<endl<<endl;
     while(input_value!=0.0)
     {
         cout<<"Enter value (0.0 to quit): ";
         cin>>input_value;
         cin.ignore(1); //Ignore trailing Enter key;
         sum+=input_value;
         cout<<"Total so far: "<<sum<<endl;
     }
     cout <<"The sum of all values entered is: "<<sum<<endl<<endl;
     cout<<"Press Enter to continue. ";
     cin.get();
}
```

3.3.2　do…while 语句

do…while 语句是用来实现“当型”循环结构，其一般语法格式是：

```
do
  循环体
while (表达式);
```

该语句的执行过程为当流程到达 do 后，立即执行循环体语句，然后对表达式进行判断。若表达式的值为真（非 0），则重复执行循环体语句，否则退出，即“先执行后判断”方式。

do…while 语句与 while 语句功能相似。

例如，计算 sum=1+2+3+…+10 的 do…while 循环结构如下：

```
sum=0;
i=1;                        //循环变量初始化
do   {                      //循环体
      sum=sum+i;
      i++;                  //改变循环变量的值
   } while (i<=10);         //判断条件
```

与 while 语句不同的是，while 语句有可能一次都不执行循环体，而 do…while 循环至少执行一次，因为直到程序到达循环体的尾部遇到 while 时，才知道继续条件是什么。

do…while 结构与 while 结构中都具有一个 while 语句，很容易混淆。为明显区分它们，do…while 循环体即使是一个单语句，习惯上也使用花括号包围起来，并且 while(表达式)直接写在花括号“}”的后面。这样的书写格式可以与 while 结构清楚地区分开来。

例如，

```
do   {
   sum+=i++;
}  while (i<=100);
```

例 3.11　用 do…while 循环语句编程求出自然数 51 至 100 之和。

```
#include <iostream.h>
main()
{
     int i=51, sum=0;
     do
     {
           sum+=i;
           i++;
     }while(i<=100);
     cout<<"sum="<<sum<<endl;
}
```

例 3.12　由于终止条件测试放在循环的尾部，所以循环体的语句至少执行一次。对于例 3.10 的求和问题，do…while 语句比 while 语句更合适。通过使用 do…while 语句来代替 while 语句，不需要进入循环之前把 input_value 初始化成一个已知值，第一个输入语句把值赋给 input_value，下面的程序使用了 do…while 循环语句。

```
#include <iostream.h>
void main()
{
      float input_value=1;
      float sum=0;
      cout<<"Accepts any number of values as input";
      cout<<"and sums the values. "<<endl<<endl;
```

```
        cout<<"Enter 0.0 to quit program. "<<endl<<endl;
        do
        {
            cout<<"Enter value (0.0 to quit): ";
            cin>>input_value;
            cin.ignore(1);  //Ignore trailing Enter key;
            sum+=input_value;
            cout<<"Total so far: "<<sum<<endl;
        }while(input_value!=0.0);
        cout <<"The sum of all values entered is: "<<sum<<endl<<endl;
        cout<<"Press Enter to continue. ";
        cin.get();
    }
```

3.3.3 for 语句

C++语言中 for 语句的使用最为灵活，不仅可以用于循环次数已经确定的情况，而且可以用于循环次数不确定而只给出循环结束条件的情况，它完全可以代替 while 循环语句。for 语句的基本语法格式为：

```
for (表达式 1; 表达式 2; 表达式 3)
    循环体;
```

其中，表达式 1 可以称为初始化表达式，一般用于对循环变量进行初始化或赋初值；表达式 2 可以称为条件表达式，当它的判断条件为真时，就执行循环体语句，否则终止循环，退出 for 结构；表达式 3 可以称为修正表达式，一般用于在每次循环体执行之后，对循环变量进行修改操作；循环体是当表达式 2 为真时执行的一组语句序列。

具体来说，for 语句的执行过程如下：

① 先求解表达式 1；

② 求解表达式 2，若为 0（假），则结束循环，并转到⑤；

③ 若表达式 2 为非 0（真），则执行循环体，然后求解表达式 3；

④ 转回②；

⑤ 执行 for 语句下面的一个语句。

for 语句的执行过程如图 3.9 所示。

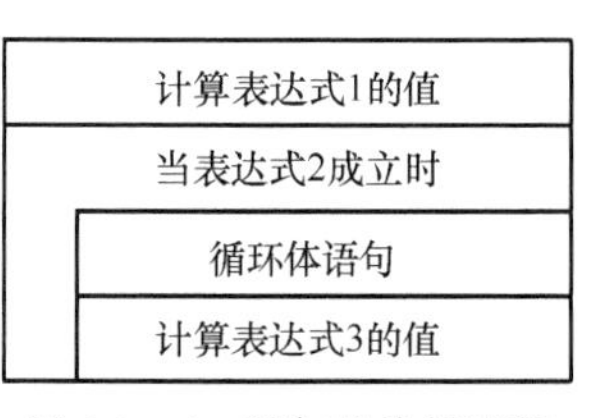

图 3.9　for 语句的执行流程

在程序中，for 循环的基本用法为：先说明一个整型或字符型变量作为循环变量；然后在初始化部分为循环变量置一初值，在循环条件部分用一关系表达式给出当循环变量的值在何范围时继续循环，在增量部分用一赋值表达式给出循环变量的变化量；最后，给出循环体。

例如，计算 sum=1+2+3+…+10 的 for 循环结构如下：

```
sum=0;
for (i=1;i<=10;i++)    //初始化，判断条件，修改方式，步长都在顶部描述
{
        sum+=i;          //循环体相对简洁
}
```

由此例可见，for 语句将循环体所用的控制都放在循环顶部统一表示，显得更直观。

说明

① for 语句中的表达式 1 可以省略，但应在 for 语句之前给循环变量赋初值。如编程求出自然数 51 至 100 之和。

```
#include <instream.h>
```

```
void main()
{
      int i=51, sum=0;
      for (;i<=100;i++)
          sum+=i;
      cout<<"sum="<<sum<<endl;
}
```

执行 for 语句时，跳过计算表达式 1，判断 i 是否小于等于 100，其他不变。

注意：当省略表达式 1 时，其后的分号不能省略

② 如果省略表达式 2，即不判断循环条件，那么循环将无终止地循环下去，即死循环。在这种情况下，也认为表达式 2 始终为真（非 0 值）。如

```
for(j=1;;j++) sum+=j ;
```

相当于：

```
j=1;
while(1)
{
   sum+=j;
   j++;
}
```

③ 表达式 3 也可以省略，但必须在循环体中设法改变循环变量的值，以保证循环能正常结束。如编程求出自然数 51 至 100 之和。

```
#include <instream.h>
void main()
{ int sum=0;
   for (int i=51;i=100;)
        sum+=i++;
   cout<<"sum="<<sum<<endl;
}
```

注意：省略表达式 3 时，其前面的分号不能省略。

④ 可以同时省略表达式 1 和表达式 3，仅剩下表达式 2（只给循环条件）。如编程求出自然数 51 至 100 之和。

```
#include <instream.h>
void main()
{
    int i=51, sum=0;
    for(;i<=100;)
    {   sum+=i;
        i++;
    }
    cout<<"sum="<<sum<<endl;
}
```

等价于：

```
while (i<=100)
{
  sum+=i;
  i++;
}
```

在这种情况下，for 语句完全等价于 while 语句。由此可见，for 语句的功能要比 while 语句的功能强，即 for 语句除了可以给出循环条件外，还可以给循环变量赋初值，使循环变量自动增值等。

⑤ for 语句中的所有表达式都可以省略，即不设初值、不判断条件（表达式 2 永远为真）、循环变量不增值。无休止地执行循环体，即死循环。如

```
for(;;)语句;
```

相当于

```
while(1)语句;
```

⑥ 表达式 1 和表达式 3 可以是一个简单的表达式，也可以是逗号表达式，还可以是与循环变量无关的其他表达式。

```
#include <iostream.h>
void main()
{
     for(int  i=1,sum=0;i<=100;sum+=i,i++)
     ;
     cout<<"sum="<<sum<<endl;
}
```

表达式 1 和表达式 2 都是逗号表达式，循环体是一个空语句。因此求和操作放在表达式 3 了。

例 3.13 编程求出 51 到 100 之间的所有素数。素数是一种只能被 1 和本身整除的自然数。求素数的方法很多，这里使用一种效率不高但算法简单的方法。

```
#include <iostream.h>
const int MIN=51;
const int MAX=100;
void main()
{
      int i,j,n=0;
      for (i= MIN;i< MAX;i++)
      {
            for(j=2;j<i;j++)
               if(i%j==0)
                    break;
              if(j==i)
              {
               if(n%6==0)
                  cout<<endl;
              n++;
              cout<<"<<i;
              }
      }
      cout<<endl;
}
```

3.3.4 break 和 continue 语句

1. break 语句

break 语句的格式：

```
break;
```

其中，break 是关键字。

该语句在程序中可用于下述两种情况：

① 在 switch 语句中，break 用来使流程跳出 switch 语句，继续执行 switch 后的语句。

② 在循环语句中，break 用来从最近的封闭循环体内跳出。例如，下面的代码在执行了 break 之后，继续执行“a+=1;”处的语句，而不是跳出所有的循环。

```
for ( ; ; )
{    …
     for ( ; ; )
     {
         …
         if (i==1)
              break;
         …
      }
      a+=1;        //break 跳至此处
      …
}
```

例 3.14　编程求出从键盘上输入的若干个正数之和，遇到负数时终止输入求和，输入数不超过 10 个。

```
#include <iostream.h>
void main()
{
   const int M=10;
   int num,sum=0;
   cout<<"Input number: ";
   for (int i=0;i<M;i++)
   {
      cin>>num;
      if(num<0)
         break;
      sum+=num;
  }
   cout<<"sum="<<sum<<endl;
}
```

该程序的 for 循环语句的循环体内的 if 语句出现了 break 语句，当输入的数为负数时，满足 if 条件，执行 break 语句，退出 for 循环，然后将求和的结果输出显示。

2. continue 语句

continue 语句的格式：

```
continue;
```

其中，continue 是关键字。

continue 语句的作用是结束当前正在执行的这一次循环（for、while、do…while），接着执行下一次循环，即跳过循环体中尚未执行的语句，接着进行下一次是否执行循环的判定。

在 for 循环中，continue 用来转去执行表达式 2。

在 while 循环和 do…while 循环中，continue 用来转去执行对表达式的判断。

例 3.15　输出 1～100 之间的不能被 7 整除的数。

```
for (int i=1; i<=100; i++)
{
    if (i%7==0)
       continue;
    cout << i << endl;
}
```

当 i 被 7 整除时，执行 continue 语句，结束本次循环，即跳过 cout 语句，转去判断 i<=100 是否成立。只有 i 不能被 7 整除时，才执行 cout 函数，输出 i。

例 3.16　编程求出从键盘上输入的 10 个数中所有的正数之和，负数不进行求和计算，并输出其结果。

```
#include <iostream.h>
void main()
{
  const int M=10;
  int num,sum=0;
  cout<<"Input number: ";
  for(int i=0;i<M;i++)
  {
     cin>>num;
     if (num<0)
         continue;
     sum+=num;
}
     cout<<"sum="<<sum<<endl;
}
```

continue语句和break语句的区别是，continue语句只结束本次循环，而不是终止整个循环的执行；而break语句则是结束整个循环，不再进行条件判断。对于for语句，其两者的差别如图3.10所示。

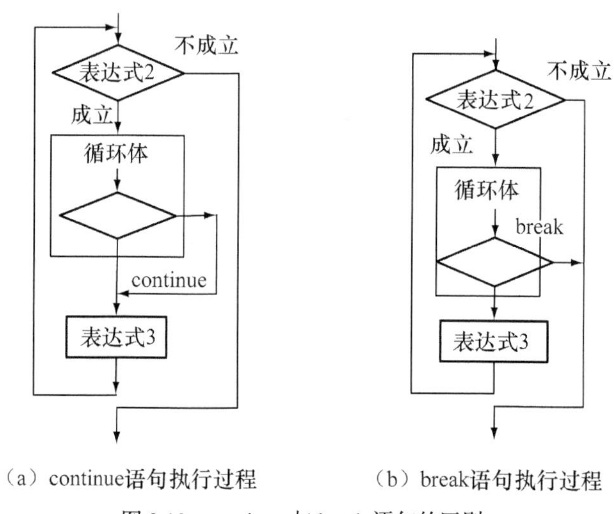

图3.10　continue与break语句的区别

3.4　程序设计举例

例3.17　打印九九表。

```
#include <iostream.h>
#include <iomanip.h>
int main()
{
    int i, j;
    for (i=1;i<10;i++)
       cout<<setw(4)<<i;
    cout<<endl<<endl;
```

```
    for(i=1;i<10;i++)
    {
        for(j=1;j<10;j++)
              cout<<setw(4)<<(i*j);
          cout<<endl;
    }
      return (0);
}
```

程序里，setw()是 C++语言 I/O 流类 ios 的一个预定义的输出操作符。

习 题 三

一、选择题

1. 下列关于条件语句的描述中，(　　) 是错误的。
   A. if 语句中只有一个 else 子句
   B. if 语句中可以有多个 else if 子句
   C. if 语句中 if 体内不能是开关语句
   D. if 语句的 if 体中可以是循环语句
2. 下列关于开关语句的描述中，(　　) 是正确的。
   A. 开关语句中 default 子句可以没有，也可有一个
   B. 开关语句中每个语句序列中必须有 break 语句
   C. 开关语句中 default 子句只能放在最后
   D. 开关语句中 case 子句后面的表达式可以是整型表达式
3. C++语言的跳转语句中，对于 break 和 continue 说法正确的是（　　）。
   A. break 语句只应用于循环体中
   B. continue 语句只应用于循环体中
   C. break 是无条件跳转语句，continue 不是
   D. break 和 continue 的跳转范围不够明确，容易产生问题
4. 下列 do…while 循环的循环次数为（　　）。

```
int i=5;
do{cout<<i--<<endl;
i--;
}while(i!=0);
```

A. 0　　B. 1　　C. 5　　D. 无限

5. 下列 for 循环的循环体次数为（　　）。

```
for (int i(0), j(10); i=j=10; i++,j--)
```

A. 0　　B. 1　　C. 10　　D. 无限

二、填空题

1. 下面程序的输出结果为___。

```
#include <iostream.h>
void main()
{
    int num=2,i=6;
    do
    {
```

```
        i--;
        num++;
    }while(--i);
    cout<<num<<endl;
}
```

2. `int n=0;`

```
while(n=1)n++;
```

while 循环执行次数是___。

3. 下列程序段的输出结果是___。

```
for(i=0,j=10,k=0;i<=j;i++,j-=3,k=i+j);cout<<k;
```

三、判断题

1. 循环是可以嵌套的，一个循环体内可以包含另一种循环语句。(　　)
2. break 语句可以出现在各种循环体中。(　　)
3. for 循环是只有可以确定的循环次数时才可使用，否则不能用 for 循环。(　　)
4. 只有 for 循环的循环体可以是空语句，其他循环的循环体不能用空语句。(　　)
5. 在 for 循环中，是先执行循环体再判断循环条件。(　　)
6. continue 语句只能出现在循环体中。(　　)
7. 在多重循环中，内重循环的循环变量引用的次数比外重的多。(　　)
8. 当循环体为空语句时，说明该循环不做任何工作，只起延时作用。(　　)

四、写出程序运行结果

1.

```
#include <iostream.h>
void main()
{
    cout<<"BeiJing"<<"  ";
    cout<<"ShangHai"<<"\n";
    cout<<"TianJin"<<endl;
}
```

2.

```
#include <iostream.h>
void main()
{
    int a,b;
    cout<<"Input a,b: ";
    cin>>a>>b;
    cout<<"a="<<a<<","<<"b="<<b<<endl;
    cout<<"a-b="<<a-b<<"\n";
}
```

假定，输入如下两个数据：8、5。

3.

```
#include <iostream.h>
void main()
{
    char c='m';
    int d=5;
    cout<<"d="<<d<<";";
    cout<<"c="<<c<<"\n";
}
```

4.

```
#include<iostream.h>
void main()
{
  int i=1;
```

```
    do
    {
        i++;
        cout<<++i<<endl;
        if(i==7) break;
    }while(i==3);
    cout<<"ok! \n";
}
```

5.
```
#include<iostream.h>
void main()
{
    int x=5;
    do
    {
        switch(x%2)
        {
            case 1: x--;
                    break;
            case 0: x++;
                    break;
        }
        x--;
        cout<<x<<endl;
    }while(x>0);
}
```

第4章 数　组

在C++程序设计语言中，数组是一种非常重要的数据类型，它是由固定数目的元素组成的数据结构，同一数组的所有元素的类型都相同。在计算机中，一个数组在内存中占有一片连续的存储区域，数组名就是这块存储区域的首地址。在程序中用数组名标识这一组数据，而下标指明数组元素的序号，数组元素是通过下标进行访问的。数组可以是一维的，也可以是多维的，许多重要应用的数据结构都是基于数组的。

4.1 一维数组

4.1.1 一维数组的定义

数组在使用时，必须先定义，即定义数组的名称、类型、大小、维数。一维数组的定义形式为：

```
类型 数组名[常量表达式];
```

例如，int a[5];

表示定义了一个一维数组，数组名为a，它包含5个元素，每个元素都是整型的。注意，数组元素的序号从0开始，因此数组a所包含的5个元素是a[0]，a[1]，a[2]，a[3]，a[4]，而不包含a[5]，即a[5]不属于该数组的空间范围。数组的内存排列见图4.1。其中，假设数组被分配在1000开始的内存区域，则数组名a的值为1000，也就是数组第一个元素a[0]的存放地址，故&a[0]为1000。在C++中，每个整型数据在内存占4字节，故a[1]的地址为1004，即&a[1]为1004，&a[i]的地址为1000+i*4。有关地址、指针等概念将在第6章介绍。

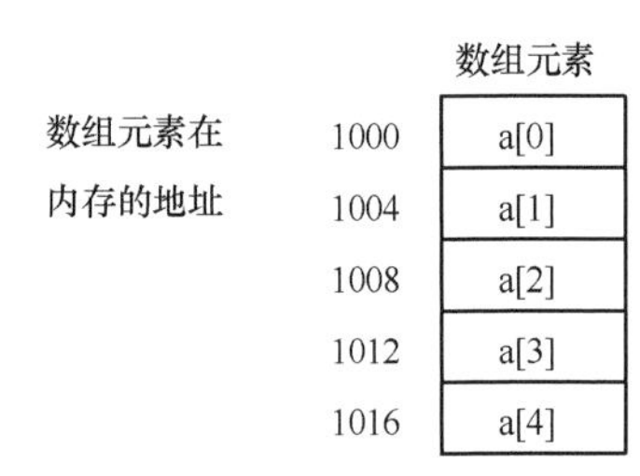

图4.1　数组的内存排列

① 类型标识符可以是int、char、long、float、double等。

② 数组定义的方括号中，常量表达式指明了数组的大小，即数组中元素个数。它可以包含枚举常量和符号常量，不可以是变量，即C++不允许对数组大小做动态定义。

如以下数组定义语句：

```
const int s=15;
int a[s];                  // s是常量符号，是具有15个元素的整型数组
float d[5]                 //具有5个元素的实型数组
```

如下定义语句则错误：

```
int s=10;
int a[s];              //s是变量，C++中不允许用变量定义数组的大小
```

4.1.2 一维数组元素的引用

一般而言，数组除了作为函数参数或对字符数组进行某些操作时可整体引用（以数组名的形式单独出现）外，其他情况下必须以元素的方式引用。C++语言中提供了三种方式引用数组元素：下标方式、地址方式和指针方式。本节只介绍第一种方式，后两种方式将在第6章介绍。

数组在定义后即可引用。其引用形式为：

```
数组名[下标]
```

例如，

```
a[1]=5;
a[3]=a[1];
```

下标为整型常数或整型表达式，下标以0为起始数，最大值为元素个数减一。例如a[2+1]，a[i+j]等（i和j为整型变量）。在引用时注意下标的值不要超过数组的范围。在C++语言中，当数组下标越界时，编译器并不指出“下标越界”的错误，例如a数组的长度为5，下标值应控制在0～4范围内。如引用a[5]，编译时不指出“下标越界”错误，而是把a[4]下面一个单元的内容作为a[5]的引用，会导致程序结果错误，同时还可能破坏数组以外的其他变量的值，造成严重后果。

4.1.3 一维数组的初始化

在定义数组的同时，为数组元素赋初值，称为数组的初始化。

形式为：

```
数据类型 数组名[常量表达式]={常数1, 常数2, …, 常数n};
```

例如，

```
int a[5]={2,4,6,8,10};        // a[0]～a[4]元素依次为{}内对应的值
int a[]={1,2,3,4,5};          // 未指明数组长度，由初值个数决定数组长度为5
```

初始化值的个数可以少于数组元素个数。当初始化值的个数少于数组元素个数时，前面的按序初始化相应的值，后面的初始化为0（全局或静态数组）或为不确定值（局部数组）。

以下对数组赋值的语句是不允许的：

① `int a[5];`

```
   a ={2,4,6,8,10};          // 赋值语句中不允许对数组名赋值
```

② `int c[3]={1,2,3,4};        // 常量个数超过数组定义的长度`

4.1.4 一维数组的输入输出

使用数组元素的下标和循环语句来完成数组元素的输入输出。

假定有定义：`int a[5];`。

（1）数组元素的输入

```
for(i=0;i<5;i++) cin>>a[i];
```

程序运行时，各数组元素之间以空格、回车或Tab制表符作为分隔符，系统直到接受满n个数值输入结束，否则一直等待用户输入。

（2）数组元素的输出

```
for(i=0;i<5;i++) cout<<a[i];
```

程序运行时，各数值之间无分隔符，并在一行上输出；若要规定每个元素的宽度，可以通过setw()函数；若要分行显示，则要加 endl 换行控制符。

4.2 二维数组

如果说一维数组对应一个线性表的话，那么二维数组就相当于一个矩阵，需要用行、列两个下标来描述。多维数组用多个下标来描述。在程序设计中，最常用的就是一维数组和二维数组。

4.2.1 二维数组的定义

二维数组的定义形式：

```
数据类型  数组名[常量表达式 1][常量表达式 2];
```

其中，常量表达式 1 表示二维数组的行数，常量表达式 2 表示二维数组的列数，行、列下标都从 0 开始，其最大下标均比常量表达式的值小 1。如

```
int  a[2][4];
```

表示定义了一个名为 a 的二维数组。它有 2 行 4 列，每个数组元素都是整型数据。应当记住，每一维的下标从 0 算起。因此该数组中的元素如下：

```
a[0][0]  a[0][1]  a[0][2]  a[0][3]
a[1][0]  a[1][1]  a[1][2]  a[1][3]
```

二维数组是“按行”在内存中连续存放的，即先存放第一行，然后存第二行，数组 a 的内存表示如图 4.2 所示。或者说，第一个下标先不变化，先变换第二个下标（a[0][0]，a[0][1]，a[0][2]，a[0][3]），待第二个下标变到最大值时，才改变第一个下标，第二个下标又从 0 开始变化（a[1][0]，a[1][1]，a[1][2]，a[1][3]）。二维数组元素个数为数组的行数×列数。对于上面的数组 a，元素个数为 2×4=8。

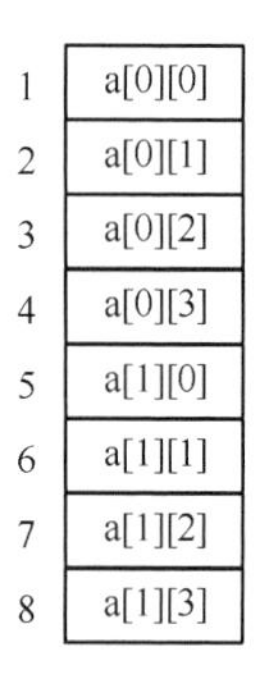

图 4.2 2×4 数组排列的内存表示

通过二维数组各元素在内存的排列顺序可以计算出一个数组元素在数组中的序号，公式如下：

序号=当前行号×列数+当前列号+1

对于一个 $m \times n$ 二维数组 a，其第 i 行第 j 列元素 a[i][j]在数组中的位置为 $i \times n+j+1$。例如，定义 int a[2][4]后，元素 a[1][2]的序号为 1×4+2+1=7。掌握数组在内存的序号的计算，对数组的初始化、函数中数组参数的调用等很有用。

4.2.2 二维数组元素的引用

数组必须“先定义后引用”。引用二维数组的形式为：

数组名[下标][下标]

例如，a[0][2]

表示引用二维数组 a 中第 0 行第 2 列的元素。

不要写成 a[0，2]的形式，每个下标都应分别用方括号括起来。引用数组元素时务必注意每一维的下标都不超过定义时下标的范围。如同在一维数组中指出的一样，这虽然不会出现编译错误，但它并不代表数组中的某个元素，而是代表数组以外的某个单元。

4.2.3 二维数组的初始化

① 按行给所有元素赋初值，即每一行的数据放于一个花括号内并且用逗号分隔。例如，

```
int a[2][3]={{1, 2, 3}, {4, 5, 6}};
```

数组中元素的排列方式如图 4.3 所示。

$$\begin{pmatrix} 1 & 2 & 3 \\ 4 & 5 & 6 \end{pmatrix}$$

图 4.3 某数组中元素的排列方式

② 按在内存的排列顺序对所有元素赋初值。例如，

```
int a[2][3]={1, 2, 3, 4, 5, 6};
```

在定义数组时，如果给出了全部元素的初值，则可省略第一维的下标，即

```
int a[][3]={1, 2, 3, 4, 5, 6};
```

③ 按行给部分元素赋初值，在静态存储类型 static 中省略的元素初值自动被赋为 0。例如，

```
int a[2][3]={{1},{3,4}};
```

数组中元素的排列方式如图 4.4 所示。

$$\begin{pmatrix} 1 & 0 & 0 \\ 3 & 4 & 0 \end{pmatrix}$$

图 4.4 某数组中元素的排列方式

4.2.4 二维数组的输入输出

在二维数组中，为了直观地输入或显示数组的逻辑形式，可通过二重循环有效地控制输入和输出。

例 4.1 输入两个矩阵 A，B 的值，求 C=A+B，并显示结果。

$$A=\begin{pmatrix} 2 & 13 & 7 \\ 23 & 5 & 9 \\ 6 & 44 & 18 \end{pmatrix} \qquad B=\begin{pmatrix} 42 & 51 & 15 \\ 12 & 4 & 9 \\ 56 & 2 & 17 \end{pmatrix}$$

分析：

① 数据的输入/输出问题。矩阵各元素的输入可通过空格和回车符控制，内循环不换行，出内循环输出 endl 换行控制符。

② 矩阵相加，实质就是对应位置的元素相加。

程序如下：

```
#include<iostream.h>
#include<iomanip.h>
void main()
{
  int a[3][3],b[3][3],c[3][3],i,j;
  cout<<"输入A矩阵"<<endl;
  for(i=0;i<3;i++)
        for(j=0;j<3;j++)
           cin>>a[i][j];
           cout<<"输入B矩阵："<<endl;
           for(i=0;i<3;i++)
            for(j=0;j<3;j++)
                cin>>b[i][j];
           for(i=0;i<3;i++)
               for(j=0;j<3;j++)
                 c[i][j]=a[i][j]+b[i][j];
           cout<<"输出C=A+B矩阵的结果"<<endl;
           for(i=0;i<3;i++)
               {
                 for(j=0;j<3;j++)
                      cout<<setw(5)<<c[i][j];
                 cout<<endl;
               }
}
```

4.3 字符数组和字符串

字符串是计算机程序中经常处理的数据。字符串是由一对双引号作为定界符的若干个有效字符串的序列，存储时系统自动在最后加入一个结束标记'\0'。C++ 程序语言没有专门的字符串变量，但提供了字符数组和字符指针处理字符串。

4.3.1 字符数组的定义

用于存放字符数据的数组就是字符数组。一维字符数组可以存放若干个字符，也可以存放一个字符串。对于存放一组相关的字符串，则通过二维字符数组实现。例如，

char s[10];

表示定义了一个字符型数组，它最多可以放 10 个字符，最多可放由 9 个字符组成的字符串。字符数组中放的是字符还是字符串，两者最大的区别是字符串有"\0"结束标记。

4.3.2 字符数组的初始化

在定义一个字符数组时可以给它指定初值，有两种初始化方法。

（1）逐个给数组中各个元素指定初值字符

例如，

```
char c[12]={'C','o','m','p','u','t','e','r'};
```

存储：

C	o	m	p	u	t	e	r				

在对全部元素指定了初值的情况下，字符数组的大小可以不必定义，即

```
char c[ ]={'C','o','m','p','u','t','e','r'};
```

存储：

C	o	m	p	u	t	e	r

（2）利用字符串初始化字符数组。例如

```
char c[12]={ "Computer"};
```

也可省略字符串常量外面的花括号，如

```
char c[12]= "Computer";
```

存储：

C	o	m	p	u	t	e	r	\0			

或

```
char c[ ]= "Computer";
```

存储：

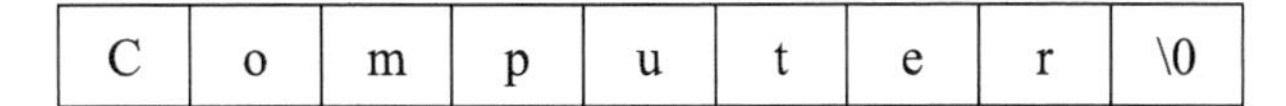

C	o	m	p	u	t	e	r	\0

单个字符用单撇号括起来，而字符串用双撇号括起来。在指定字符串初值的情况下，将字符串中各个字符逐个顺次地赋给字符数组中各元素。但有一点要注意，由于"Computer"是一个字符串，根据上面介绍的用'\0'作为字符串结束标志的方法，系统将自动在最后一个字符的后面加入一个"\0"字符。

在没有规定数组大小的情况下，怎么知道数组的大小呢？sizeof 操作解决了该问题。

例如，下面的代码用 sizeof 确定数组的大小。

```
#include <iostream.h>
void main()
{    static int a[]={2,4,6,8,10};
     for (int i=0;i<sizeof(a)/sizeof(int);i++)
     cout<<a[i]<<" ";
     cout<<endl;
}
```

运行结果为：

2 4 6 8 10

sizeof 操作使 for 循环自动调整次数。如果要从初始化 a 数组的集合中增删元素，只需重新编译即可，其他内容无须变动。

每个数组所占的存储量都可用 sizeof 操作来确定。sizeof 返回指定项的字节数。sizeof 常用于数组，使代码可以在 16 位机器和 32 位机器之间移植。

对于字符串的初始化，要注意数组实际分配的空间大小是字符串中字符个数加上末尾的'\0'结束符。

例如，下面的代码验证了字符串初始化字符数组时字符数组的实际长度。

```
#include <iostream.h>
#include <string.h>
void main()
```

```
{char ch[]="How are you";
     cout<<"size of array:" <<sizeof(ch)<<endl;
     cout<<"size of string:"<<strlen("How are you")<<endl;
}
```

运行结果为：

```
size of array:12
size of string:11
```

4.3.3 字符数组的输入输出

用于存储字符串的字符数组，其元素可以通过下标运算符访问，这与一般字符数组和其他任何类型的数组是相同的。除此之外，还可以对它进行整体输入输出操作和相关的函数操作。如假定 a[10]为一个字符数组，若存放的是若干个字符，则

```
for (i=0;i<10,i++)
cin>>a[i];
```

通过循环来逐一读入字符；

```
for (i=0;i<10,i++)
cout<<a[i];
```

通过循环来逐一读出字符。

若存放的是字符串，则

① `cin>>a;`或 `gets(a);`

② `cout<<a;`或 `puts(a);  //将整个串输出`

是允许的，即允许在提取或插入操作符后面使用一个字符数组名实现向数组中输入字符串或输出数组中保存的字符串的目的。

使用 cin 时，要求用户从键盘输入一个不含空格的字符串，用空格、Tab 或回车键作为字符串输入的结束符，系统就把该字符串存入字符数组 a 中，当然，在整个字符串的后面将自动存入一个结束符'\0'。

gets 和 puts 函数是 C 语言系统提供的库函数，使用时要在程序开头加一条编译预处理命令 #include <sdtio.h>。gets 输入时只有回车符是输入结束符。

注意

输入的字符串的长度要小于数组 a 的长度，这样才能够把输入的字符串有效地存储起来，否则会出现程序设计的一个逻辑错误，可能导致程序运行出错。另外，输入的字符串不需要另加双引号定界符，只要输入字符串本身即可，假如输入了双引号，则被视为一般字符。

对于字符和字符串处理的不同方式，可通过下面两个程序段来说明。

例：定义一个字符数组，顺次放入 26 个小写英文字母并显示，程序如下：

```
#include<iostream.h>
void main()
{    char s1[26];
     int i;
     for(i=0;i<26;i++) s1[i]='a'+i;
     for(i=0;i<26;i++)cout<<s1[i];
     cout<<endl;
}
```

例：统计输入的字符串长度，程序如下：

```
#include<iostream.h>
#include<stdio.h>
void main()
{   char s2[100];
    int i=0;
    gets(s2);    //输入字符串可有空格
    while(s2[i]!='\0') i++;
    cout<<s2<<"的长度为"<<i<<endl;
}
```

对于处理一组相关的字符串，则利用二维数组。例如，

```
char s[5][10]={"Li Li","Zhang Wei","Wang Mei"," Sun Lei","Hao Yan"};
```

s 数组的内容如图 4.5 所示。

i 是行号

	s[i][0]	s[i][1]	s[i][2]	s[i][3]	s[i][4]	s[i][5]	s[i][6]	s[i][7]	s[i][8]	s[i][9]
s[0]	L	i		L	i	\0				
s[1]	Z	h	a	n	g		W	e	i	\0
s[2]	W	a	n	g		M	e	i	\0	
s[3]	S	u	n		L	e	i	\0		
s[4]	H	a	o		Y	a	n	\0		

图 4.5 s 数组的内容

对于二维字符数组，用两个坐标表示数组中的一个字符，如 s[1][0]表示第一行第 0 列的"Z"字符；也可用一个下标表示数组的一行，即一个字符串，如 s[1]表示第一行的"Zhang Wei"字符串。s[1]是这个字符串的首地址，有关概念将在第 6 章介绍。

4.3.4 常用的字符串处理函数

C++系统专门为处理字符串提供了一些预定义函数供编者使用，这些函数的原形被保存在 string.h 头文件中。当用户在程序文件开头使用#include 命令把该头文件引入之后，就可以在后面的每个函数中调用这些预定义的字符串函数，对字符串做相应的处理了。

C++系统提供的字符串的预定义函数有很多，从 C++库函数资料中可以得到全部说明。下面简要介绍其中几个主要的字符串函数。

1. 求字符串长度

函数形式：strlen(str)

函数功能：求字符串的长度，不包括结束符。

例如，假定一个字符数组 a[5]的内容为""，b[10]的内容为"Z"，c[15]的内容为" StringLength"，则 strlen(a)，strlen(b)和 strlen(c)的值分别为 0，1 和 12。

2. 字符串拷贝

函数形式：strcpy (str1,str2)

函数功能：把第二个参数所指字符串拷贝（赋值）到第一个参数所指的存储空间中，然后返回 str1 的值。

看如下程序段：

```
char a[10],b[10]="copy";
strcpy(a,b);
cout<<a<<" "<<b<<" ";
cout<<strlen(a)<<" "<<strlen(b)<<endl;
```

程序段的输出结果为：

```
copy copy 4 4
```

3. 字符串组建

函数形式：strcat (str1,str2)

函数功能：把第二个参数所指字符串拷贝到第一个参数所指字符串之后的存储空间中，或者说，把 str2 所指字符串组建到 str1 所指的字符串之后。该函数返回 str1 的值。

使用该函数时，要确保 str1 所指字符串之后有足够的存储空间用于存储 str2。调用此函数之后，第一个参数所指字符串的长度等于两个实参所指字符串的长度之和。

例如程序段：

```
char a[20]="abcdefg";   //字符串长度为 7
char b[]="AAAAAAAAAA";  //字符串长度为 10
strcat(a," ");          //组建一个空格到 a 串之后
strcat(a,b);            //把 b 串组建到 a 串之后
cout<<a<<" "<<strlen(a)<<endl;
```

输出结果为：

```
Abcdefg AAAAAAAAAA 18
```

4. 字符串比较

函数形式：strcmp (str1,str2)

函数功能：比较 str1 所指字符串与 str2 所指字符串的大小。若 str1 串大于 str2 串，则返回一个大于 0 的值，在 C++ 6.0 中返回 1；若 str1 串等于 str2 串，则返回值为 0；若 str1 串小于 str2 串，则返回一个小于 0 的值，在 C++ 6.0 中返回-1。比较时，需要从两个串的第一个字符起，依次向后比较。

例如，假定字符数组 a，b 和 c 的值分别为字符串"1234"，"4321"，"1324"，则

```
strcmp(a,"1234");       //结果为 0
strcmp(a,b);            //结果为-1
strcmp(a,c);            //结果为-1
strcmp("A","a");        //结果为-1
strcmp("英文","汉字");   //结果为 1
```

5. 将大写字母转换成小写字母

函数形式：strlwr (str)

函数功能：将字符串中的大写字母转换成小写字母。例如，

```
char s[]="abCdEFg";
cout<<strlwr(s);        //结果为 abcdefg
```

6. 将小写字母转换成大写字母

函数形式：strupr (str)

函数功能：将字符串中的小写字母转换成大写字母。例如，

```
char s[]="abCdEFg";
cout<<strupr(s);        //结果为 ABCDEFG
```

4.4 应用举例

在程序设计中，数组是最常用的数据结构。离开数组，程序的编制会很麻烦，也难以发挥计算机的特长。循环和数组结合使用，可简化编程工作量，但必须掌握数组下标和循环控制变量之间的关系，这是学习中的难点；熟练掌握数组的使用，是学习程序设计的重要组成部分。

本章重点掌握一维、二维、字符数组的概念、定义、引用和基本操作以及常用算法。下面通过一些综合应用例子，巩固所学知识。

例 4.2 求一个班 40 个学生的平均成绩，然后统计高于平均分的人数。

程序如下：

```
#include<iostream.h>
#include<stdlib.h>
void main()
{
  int mark[100],i,overn=0;
```

```
    double sum=0,aver;
    for(i=0;i<40;i++)
    {
         mark[i]=rand()%101;  //随机产生 0~100 之间的数
         sum+=mark[i];
    }
    for (i=0;i<40;i++)
    {
         if(i%10==0) cout<<endl;
         cout<<mark[i]<<"  ";
  }
  cout<<endl;
  aver=sum/40;            //求平均分
  for(i=0;i<40;i++)
  if(mark[i]>aver) overn++;
  cout<<"平均分为："<<aver<<"高于平均分的人数为："<<overn<<endl;
  }
```

例 4.3　已知有序数组 a[10]，插入数值 14，使其仍为有序数组。

分析：首先查找待插入数据 14 在数组中的位置 k，其次从最后一个元素开始直到下标为 k 的元素依次后移一个位置，最后第 k 个位置空出，将 14 插入。

程序如下：

```
#include <iostream.h>
#include <math.h>
void main()
{
     int a[10],i,k,x=14;
     for(i=0;i<9;i++)                    //通过程序自动生成有 9 个元素的、有规律的数组
         a[i]=3*i+2;
     for(k=0;k<9;k++)                    //找 x 在数组中的位置
         if(a[k]>x) break;               //找到插入位置的下标 k
     for(i=8;i>=k;i--)                   //从最后元素开始依次后移，腾出位置 k
         a[i+1]=a[i];
     a[k]=x;                             //插入 x
     for(i=0;i<10;i++)
         cout<<a[i]<<" ";
     cout<<endl;
}
```

例 4.4　任意输入 10 个数，排序后输出。

（1）选择排序法

选择排序法基本思想：每次在若干个无序数中找出最小数（按递增排序），并放在相应的位置。以 n 个数为例，实现步骤如下：

① 从 n 个数中找出最小数的下标，最小数与第一个数交换位置；通过这一趟排序，第一个数位置已确定好。

② 除已排序的数外，其余的数再按步骤①的方法选出次小的数，与未排序的数中的第一个数交换位置。

③ 重复步骤②，最后构成递增序列。

由此可见，选择排序需要二重循环，内循环确定最小数下标，并确定其最终位置，外循环次数由待排序数的个数决定，n 个数则需要 n-1 次外循环。

程序如下：

```
#include<iostream.h>
 void main()
 {
   int a[10],i,j,min,temp;
   for(i=0;i<10;i++)
    cin>>a[i];
   for(i=0;i<9;i++)          //有10个数，进行9趟比较
   {
      min=i;                        //第i趟比较时，初始假定第i个元素下标最小
      for(j=i+1;j<10;j++)       //在数组i～n个元素中选最小元素下标
           if (a[j]<a[min]) min=j;
      temp=a[i];              //选出的最小元素与第i个元素交换
      a[i]=a[min];
      a[min]=temp;
     }
     cout<<"排序后：";
     for(i=0;i<10;i++)
          cout<<a[i]<<" ";
     cout<<endl;
 }
```

程序运行结果为：

```
12 31 6 34 59 33 4 18 5 22
排序后：4 5 6 12 18 22 31 33 34 59
```

（2）冒泡排序法

基本思想：

① 从第一个元素开始，对数组中两两相邻元素比较，为逆序则交换；一趟比较后，最大元素成为数组中的最后一个元素，放入a[n-1]位置，即最大元素位置确定了。

② 对剩下元素a[0]～a[n-2]进行与①一样的操作，次大元素放入a[n-2]位置，完成第二趟排序；依次类推，进行n-1趟排序后，所有数都有序排列。

程序如下：

```
#include<iostream.h>
 void main()
 { int a[10],i,j,min,temp;
   for(i=0;i<10;i++)
    cin>>a[i];
   for(i=0;i<9;i++)            //n个数进行n-1趟比较
   {  for(j=0;j<=9-i-1;j++)      //相邻元素比较
     if (a[j]>a[j+1])
    { temp=a[j];
      a[j]=a[j+1];
      a[j+1]=temp;
    }
    }
    cout<<"排序后：";
 for(i=0;i<10;i++)
     cout<<a[i]<<" ";
      }
```

程序运行结果与例4.4相同。

例 4.5 矩阵转置。

分析：矩阵转置实际就是以主对角线为轴线，元素的行列位置调换，即 a[i][j]与 a[j][i]交换。

程序如下：

```
#include<iostream.h>
#include<stdlib.h>
 void main()
 {  int a[4][4],i,j,temp;
   for(i=0;i<4;i++)
   for(j=0;j<4;j++)
        a[i][j]=rand()%50;
cout<<"原矩阵"<<endl;
   for(i=0;i<4;i++)
   { for(j=0;j<4;j++)
         cout<<a[i][j]<<" ";
     cout<<endl;
   }
   for(i=0;i<4;i++)
   for(j=0;j<i;j++)
   { temp=a[i][j];
     a[i][j]=a[j][i];
     a[j][i]=temp;
   }
cout<<"转置后矩阵"<<endl;
for(i=0;i<4;i++)
{    for(j=0;j<4;j++)
          cout<<a[i][j]<<" ";
     cout<<endl;
 }
}
```

例 4.6 初始化二维数组，并按行求元素之和、按列求元素之和和按对角线求元素之和。

```
#include<iostream.h>
const int Rows=4;
const int Cols=4;
void main()
{
  int row,col,sum;
  int matrix[Rows][Cols]={
    {1,2,3,4},
    {5,6,7,8},
    {9,10,11,12},
    {13,14,15,16}};
//输出该二维数组
 for(row=0;row<Rows;row++)
 {  for(col=0;col<Cols;col++)
   { cout.width (5);
    cout<<matrix[row][col]<<" ";
   }
  cout<<endl;
 }
 //按行计算元素之和
 for(row=0;row<Rows;row++)
 { sum=0;
    for(col=0;col<Cols;col++)
```

```
        sum+=matrix[row][col];
    cout<<"Sum of the "<<row<<" row:"<<sum<<endl;
 }
 //按列计算元素之和
 for(col=0;col<Cols;col++)
 { sum=0;
   for(row=0;row<Rows;row++)
      sum+=matrix[row][col];
   cout<<"Sum of the "<<col<<" col:"<<sum<<endl;
 }
 //计算主对角线元素之和
 sum=0;
 for(row=0;row<Rows;row++)
    sum+=matrix[row][row];
 cout<<"Sum of the main diagonal:"<<sum<<endl;
 //计算反对角线元素之和
 sum=0;
 for(row=0;row<Rows;row++)
    sum+=matrix[row][Rows-1-row];
cout<<"Sum of the oppsite diagonal:"<<sum<<endl;
}
```

例 4.7 字符符串处理函数应用。

程序如下：

```
#include<iostream.h>
#include<string.h>
void main()
{ char s1[80],s2[80];
   strcpy(s1,"C++ ");
   strcpy(s2,"is power programming.");
   cout<<"lengths:"<<strlen(s1);
   cout<<" "<<strlen(s2)<<endl;
   if(!strcmp(s1,s2))
        cout<<"The string are equal\n";
   else
       cout<<"not equal\n";
   strcat(s1,s2);
   cout<<s1<<endl;
   strcpy(s2,s1);
   cout<<s1<<"and"<<s2<<endl;
   if(!strcmp(s1,s2))
      cout<<"s1 and s2 are now the same.\n";
   if(strstr(s1,"Java")= =NULL)
      cout<<"Not found!"<<endl;
}
```

程序运行结果:

```
lengths:4 21
not equal
c++ is power programming.
C++ is power programming.and C++ is power grogramming.
s1 and s2 are now the same.
Not found!
```

习 题 四

一、选择题

1. 下面数组定义语句正确的是（ ）。

A. int a[3,4];　　B. int n=3,m=4, int a[n][m];

C. int a[3][4];　　D. int a(3)(4);

2. 以下不能对二维数组初始化的语句是（ ）。

A. int a[][3]={{1}，{2}};

B. int a[2][3]={2，4，6，8，10，12};

C. int a[2][3]={1};

D. int a(2)(3)={1，3，5，7，9};

3. 要比较两个字符数组 a、b 中字符串是否相等，下面语句正确的是（ ）。

A. a= =b　　B. strcmp(a,b)= =0

C. strcpy(a,b)　　D. strlwr(a,b)

4. 使用字符数组 str 具有初值'World'不正确的是（ ）。

A. char str[]={'W','o','r','l','d'};　　B. char str[5]={'W','o','r','l','d'};

C. char str[]="World";　　D. char str[5]="World";

二、填空题

1. 元素类型为 double 的二维数组 a[4][6]占________字节的存储空间，元素类型为 char 的二维数组 a[10][30]占__________字节的存储空间。

2. 假定对数组 a[]初始化的数据为{1,3,5,7,9,11,13}，则 a[2]和 a[5]的初始值分别为________和________。

3. 假定对二维数组 a[3][4]进行初始化的数据为{{3,5,6},{2,8},{7}}，则 a[0][0]，a[1][1]和 a[2][3]分别被初始化为________，______和______。

4. 存储字符'a'和字符串"a"分别占________和________字节。

5. strlen("apple")的值为_________，strcmp("a","A")的值为_________。

6. 下面程序的输出结果是______________。

```
#include<iostream.h>
#include<string.h>
void main()
{    int j;
     int m[3][2]={10,20,30,40,50,60};
     for(j=0;j<2;j++)
            cout<<m[2-j][j]<<endl;
}
```

7. 下面程序的输出结果是______________。

```
#include<iostream.h>
      #include<string.h>
      void main()
      {  int i;
         int y[2][3]={12,4,6,8,10,12};
         for(i=0;i<2;i++)
                cout<<y[1-i][i+1]<<endl;
```

```
}
```

8. 若分别输入 100 和 8，则以下程序的输出结果是______________。

```
#include<iostream.h>
void main()
{  char b[17]="0123456789ABCDEF";
    int i=0,h,n,c[10];
    long int m;
    cin>>m>>h;
    do
    {
    c[i++]=m%h;
    }while((m=m/h)!=0);
    for(--i;i>=0;--i)
    {  n=c[i];cout<<b[n];
    }
}
```

三、程序填空

1. 利用一维数组显示 Fibonacci 数列的前 20 项，每行显示 5 个数，每个数宽度为 5 位，即 0，1，1，2，3，5，8，13，…。

```
#include<iostream.h>
________________
void main()
{    int i;
     int x[20]=__________;
     for(i=2;i<20;i++)
          ________________;
     for(i=0;i<20;i++)
     {
         if(i%5==0)cout<<endl;
         cout<<_______________;
     }
   cout<<endl;
}
```

2. 编写一个程序，先输入一个字符串，然后输入一个字符，再分别统计出字符串中大于、等于、小于该字符的个数。

```
#include<iostream.h>
const N=30;//假定输入的字符串长度小于30
void main()
{
  char a[N],ch;
  int c1,c2,c3,i=0;
  c1=c2=c3=0;
  cout<<"输入一个字符串：";
  a__________;
  cout<<"输入一个字符";
  cin>>ch;
  while(______)
  {
     if(a[i]<ch) c1++;
    else if(a[i]= =ch) _________;
    else c3++;
    i++;
```

```
    }
    cout<<"小于"<<ch<<"的字符数为："<<c1<<endl;
    cout<<"等于"<<ch<<"的字符数为："<<c2<<endl;
    cout<<"大于"<<ch<<"的字符数为："<<c3<<endl;
}
```

四、编写程序

1. 统计某个字符串中某个字符出现的次数，并将该字符从字符串中删除。

2. 利用随机数生成2个4×4矩阵A、B，前者数据在30～40，后者数据在100～200。

要求：

（1）求两个矩阵的乘积，结果放入C矩阵。

（2）以下三角形式显示A矩阵，以上三角形式显示B矩阵。

（3）求A矩阵两对角线元素的和。

3. 求二维数组中最大（最小）元素及下标。

第5章 函数

函数是一个可以独立完成某个功能的语句块。C++程序其实就是由一系列函数组成的，main函数就是其中一个。在C++中，函数分为标准函数（又称为预定义函数）和用户自定义函数。

在程序设计语言中引入函数主要有两个作用：一是把一个复杂的程序分解为若干个功能相对独立的小模块，以便管理和阅读；二是将程序中那些仅因为数据的不同却要重复编写的代码独立出来编成函数，避免代码的雷同，从而提高程序开发的效率。

本章主要介绍自定义函数的编写、函数的调用方法、函数的作用域等内容。

5.1 标准函数

标准函数是系统已实现的通过函数库形式提供的函数，如数学函数 sqrt()、abs()等。在编写程序时，我们可以直接使用标准函数，而不用重新定义它们。在C++中，所有的标准函数都被放在不同的函数库中，并有一个与之对应的头文件。例如，头文件 iostream.h 中包含了 I/O 函数，头文件 math.h 中包含了常用数学函数，头文件 string.h 中包含了字符串处理函数等。如果要在程序中使用标准函数，必须使用 include 处理命令将包含该函数的头文件包含到程序中。例如，若要使用字符串函数 strcpy，则程序中应包含：#include<string.h>。

5.2 函数的定义

函数和变量一样，也应遵循先定义后使用的原则。

定义函数的格式：

```
<返回值类型> <函数名>([形参表])
{函数体}
```

说明

① <返回值类型>为系统或用户已定义的一种数据类型。它是函数执行过程中通过 return 语句返回值的类型，又称为该函数的类型，缺省类型为 int 型。当一个函数不需要通过 return 语句返回一个值时，称为无返回值函数或无类型函数，此时需要使用保留字 void 作为类型名。

② <函数名>是用户为函数所起的名字。它是一个标识符，应符合 C++标识符的一般命名规则。

③ 形参表，包含有任意多个（含 0 个，即没有）参数说明项。当多于一个时，其

前后两个参数说明项之间必须用逗号分开。每个参数说明项由一种已经定义的数据类型和一个变量标识符组成。该变量标识符称为该函数的形式参数，简称形参；形参前面的数据类型称为该形参的类型。若一个函数的形参表被省略，表明该函数是无参函数，但圆括号不能省略。

形参可以为任意一种数据类型，包括基本类型、指针类型、数组类型、引用类型等。一个函数的返回值可以是除数组类型外的任何类型。

④ 函数体，是一条复合语句。它以左花括号开始，到右花括号结束，中间为一条或若干条C++语句，它定义了函数执行的具体操作。

例 5.1 编写一个函数，求两个数中较大的数。

函数实现如下：

```
int max(int x,int y)
{
   int z ;
   if(x>y) z=x;else z=y;
   return z;
}
```

在该函数定义中，函数名为max，函数类型为int，函数参数为x，y，且都为int型。在函数体中只有一个返回语句（return），用于返回函数的执行结果。

在C++中，return是一个关键字。当函数执行到return语句时，函数将立即终止执行，并将程序的控制权返回给调用函数。因此，如果执行到main函数中的return语句，则整个程序将终止。函数返回语句return有两种形式：

```
return<表达式>;
return;
```

return语句的第一种形式用于带有返回值的函数。其中，程序首先计算出表达式的值，然后将该值返回，表达式值的类型必须与函数定义时的函数返回值类型一致。

5.3 函数的调用

当一个函数已被定义后，就可以在其他函数中使用，如同使用标准函数。C++中函数调用的一般形式为：

```
<函数名> (实参列表)
```

其中实参可以是常量、变量或表达式，也可以是对象。实参的个数由形参决定，实参是用来在调用函数时给形参初始化的。因此要求在调用函数时，实参与形参的类型、个数、次序要一致。

函数调用的一般过程：

① 计算实参表中各表达式的值；

② 将表达式的值依次赋给同类型的各形参；

③ 控制转移到函数体，执行函数体；

④ 若遇到return语句，则将表达式的值作为函数值送回调用函数，或执行到函数体末端时，将控制转回到调用函数，继续执行主调函数中的后继语句。

函数的调用流程如图5.1所示。

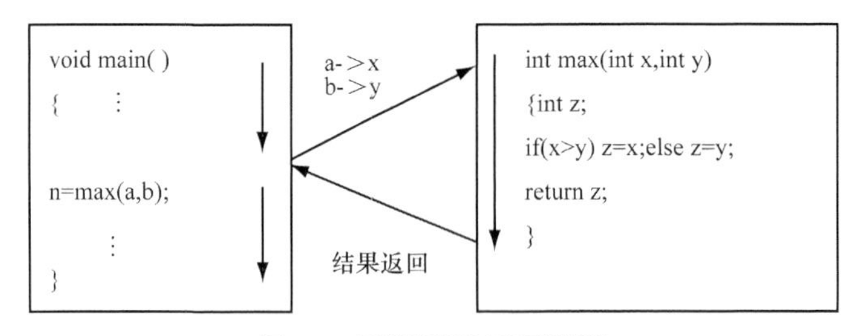

图 5.1　函数调用过程示意图

例 5.2　通过函数调用，求正整数 m、n 的最大公约数和最小公倍数。

分析：求公约数可用辗转相除的欧几里得算法。已知两数 m 和 n，使得 $m>n$，m 除以 n 得余数 r；若 r=0，则 n 为最大公约数，算法结束，否则令 n->m，r->n，重新求新的 r，直到 r 为 0。最小公倍数由 $m\times n$ 被最大公约数除得到。

程序如下：

```
#include<iostream.h>
int gcd(int m ,int n)
{ int r,t;
  if(n>m)       //使 m 为较大的数
  {
    t=m;m=n;n=t;
  }
  while(r=m%n)
  {
    m=n;n=r;
  }
  return n;
}
int sct(int m,int n)
{ return m*n/gcd(m,n);  //表达式中嵌套调用了 gcd 函数
}
void main()
{  int  m,n;
   cout<<"请输入两个数：";
   cin>>m>>n;
   cout<<"最大公约数为："<<gcd(m,n)<<endl;
   cout<<"最小公倍数为："<<sct(m,n)<<endl;
}
```

程序运行结果：

请输入两个数：25 60

最大公约数为：25

最小公倍数为：300

5.4　函数的原型

在 C++中，任何函数在使用之前，必须已经知道它。因此在 main 函数中调用 max 函数，则逻辑上 max 函数的定义应放在 main 函数之前。但实际上，在 C++中，程序员通常都将 main 函数放在程序的最前面，因此程序总是从 main 函数开始执行。这样组织程序就会出现问题，因为编译

程序将认为 main 函数所调用的函数没有定义。此外，对于大型软件来说，一个程序通常由多个文件组成，如果一个文件中的函数要调用另一个文件中的函数，也会出现这类问题。在 C++中，使用函数原型来解决这类问题。

在 C++中，函数在使用前要预先声明。这种声明在标准 C++中称为函数原型（function prototype）。函数原型给出了函数名、返回类型以及在调用函数时必须提供的参数个数和类型。函数原型的语法为：

```
<返回类型>  <函数名>(形参列表)；
```

其中，各部分的含义与函数定义相同。由于它是说明语句，没有函数体，所以需以分号结束。函数说明有两种形式：

① 直接使用函数定义的头部，并在后面加上一个分号。

如函数 max 的函数原型为：

```
int max(int m , int n);
```

② 在函数原型说明中省略形参列表中的形参变量名，仅给出函数名、函数类型、参数个数及次序。

如函数 max 的函数原型还可以为：

```
int max ( int , int );
```

注意

在 C++中，在调用任何函数之前，必须确保它已有原型说明。函数原型说明通常在程序文件的头部，以使得该文件中所有函数都能调用它们。实际上，标准函数的原型说明放在了相应的头文件中，这也是在调用标准函数时必须包含相应的头文件的原因之一。

在了解了函数定义、函数调用和函数原型之后，就可以写出一个完整的 C++程序，并可将其编译和运行了。

例 5.3　从输入的 10 个数中找出最大的数。

程序如下：

```
#include <iostream.h>
int max(int ,int);    //函数说明
int main()            //主函数
{     int num;
      int maxnum;
      cout<<"enter 10 integre numbers:";
      cin>>num;
      maxnum=num;
      for (int i=1;i<10;i++)
      {    cin>>num;
           maxnum=max(maxnum,num);    //函数调用
      }
    cout<<"the maximal number is"<<maxnum<<endl;
    return 0;
}
int max(int m,int n)   //自定义函数
{  return m>n? m:n;
}
```

程序运行结果：

```
enter 10 integre numbers: 10 16 12 15 6 23 109 1 88 100
the maximal number is 109
```

本程序首先读入一个数，并将其保存到 num 和 maxnum 中，然后在循环中依次读入下一个数，并与当前所保存的最大值进行比较，得到新的最大值。当循环结束时，变量 maxnum 存放的为所读入的最大值。

5.5 函数参数

参数是函数间进行数据交换的主要方式。C++中，函数之间传递参数有传值和传地址两种传递方式。此外，C++还提供了默认参数机制，可以简化复杂函数的调用。本章主要介绍传值和默认参数机制，传地址将在第 6 章介绍。

5.5.1 参数的传递方式

传值是将实参值的副本传递（拷贝）给被调用函数的形参。它是 C++默认的参数传递方式。传值的过程：调用函数时，系统为形参分配新的存储单元，将实参的值赋给形参后，被调函数中的操作在形参的存储单元中进行，当函数调用结束时，释放形参所占用的存储单元。被调用函数通过返回值影响调用函数。

传值调用的特点：形参的改变不影响实参的值。

例 5.4 m 是一个 3 位的正整数，将满足 m、m^2、m^3 均为回文数的正整数输出。所谓回文数，是指顺读与倒读数字相同，如 5、151、12321。

分析：将正整数的每位数字取出，构造一个逆序的正整数。若该数与原来的数相同，即为回文数。

程序如下：

```
#include <iostream.h>
#include <iomanip.h>
bool palindrome(int x);    //函数声明
 void main()
{  cout<<"m"<<setw(15)<<"m*m"<<setw(15)<<"m*m*m"<<endl;
   for(int m=100;m<1000;m++)
     if(palindrome(m) && palindrome(m*m) && palindrome(m*m*m))
         cout<<m<<setw(15)<<m*m<<setw(15)<<m*m*m<<endl;
}
bool palindrome(int x)
{    int m=x,n=0,k;
     while(x!=0)
       {  k=x%10;n=n*10+k;x/=10;
        }
      return m==n;
}
```

程序运行结果：

```
m          m*m            m*m*m
101         10201           1030301
111         12321           1367631
```

主函数中每调用函数 palindrome 一次，系统要重新为形参分配一个存储单元，将实参的值传给形参，操作结束将结果返回，释放形参所占用的内存单元。函数体中对形参 x 的改变并不影响实参的值。可见，传值调用的优点是减少函数间的关系。

5.5.2 默认参数

在 C++中，可以为参数指定默认值。在函数调用时，如果没有指定与形参对应的实参，则自动使用默认值。默认参数可以简化复杂函数的调用。

默认参数通常在函数名第一次出现在程序中的时候，如在函数原型中，指定默认参数值。指定默认参数的方式从语法上看与变量初始化相似。例如，

```
void  myfunc(int x=1, int y=2);
```

如果一个函数中有多个参数，则默认参数应从右至左逐个定义。例如下面的函数原型就是无效的。

```
void  f(int a=1,int b);
void  g(int a,int b=1,int c);
```

对上面的 myfunc( )函数，可以用下列两种方式调用。

```
myfunc(2,3);   //显示地给出形参 x，y 的值
myfunc(2);      // 将 2 传递给形参 x，形参 y 使用默认值 2
```

例 5.5　默认参数的用法。

程序如下：

```
#include <iostream.h>
void myfunc(int x=1,int y=2);
void main( )
{ myfunc(2,3);
  myfunc(2);
  myfunc( );
}
void myfunc(int x,int y)
{ cout<<"x:"<<x<<"\t y:"<<y<<endl;
}
```

程序运行结果:

```
x:2   y:3
x:2   y:2
x:2   y:1
```

C++中引入默认参数，使得程序员能够处理更为复杂的问题。如果应用了默认参数，程序员只需记住针对确切情形有意义的参数，不需要指定常见情况下使用的参数。

5.6　递归函数

5.6.1 递归函数

如果一个函数在其函数体内直接或间接地调用了自己，该函数称为递归函数。递归是解决某些复杂问题的十分有效的方法。递归适用于以下场合。

① 数据的定义形式按递归定义。

如 Fibonacci 数列的定义：

$$\begin{cases} f(n)=f(n-1)+f(n-2), & \text{当}n>1\text{时}, \\ f(0)=1, & \text{当}n=0\text{时}, \\ f(1)=2, & \text{当}n=1\text{时。} \end{cases}$$

又如整数的阶乘的定义：

$$\begin{cases} n! = n*(n-1)!, & \text{当}n > 0\text{时}, \\ 0! = 1, & \text{当}n = 0\text{时}。 \end{cases}$$

② 数据之间的关系（数据结构）按递归定义，如树的遍历、图的搜索等。

③ 问题的解法按递归算法实现。

例 5.6 用递归函数编写计算 $n!$。

根据 $n!$ 的定义：$n!=n*(n-1)!$，写成如下形式：

$$\text{fac}(n)=\begin{cases} 1, & \text{当}n = 1\text{时}, \\ n\text{fac}(n-1), & \text{当}n > 1\text{时}。 \end{cases}$$

程序如下：

```
#include <iostream.h>
long fac(int n)
{  if (n==1)
      return 1;
   else
   return (n*fac(n-1));  //递归调用
}
void main()
   { int n;
     cin>>n;
     cout<<n<<"的阶乘是:"<<fac(n)<<endl;
}
```

5.6.2 递归调用的执行过程

递归调用过程分为递推过程和回归过程两部分。在递归处理中，用先进后出的栈结构来实现。栈中存放形参、局部变量、调用结束时的返回地址。调用过程每调用一次自身，把当前参数压栈，直到达到递归终止条件为止；接着回归过程不断从栈中弹出当前的参数，直到栈空返回到最初调用处为止。

例 5.6 的执行过程如图 5.2 所示。

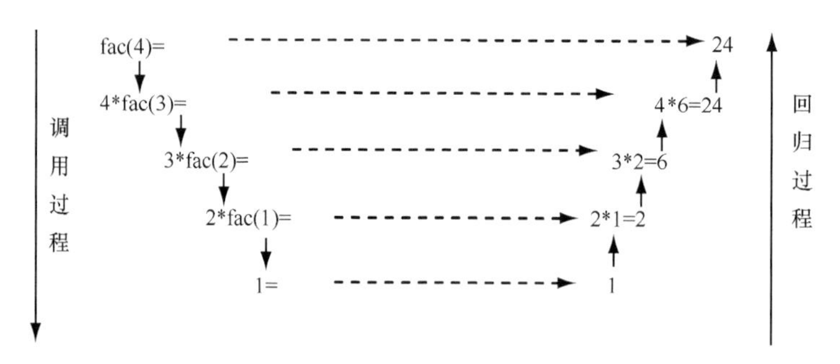

图 5.2 递归函数 n!的执行过程

思考：根据递归的处理过程，若 fac 函数中无语句 if(n= =1) return 1;，程序运行结果将如何？由此可见，任何有意义的递归必须具有：

① 递归结束条件及结束时的值；

② 能用递归形式表示，并且递归向结束条件发展。

例 5.7 利用递归方法求 Fibonacci 数列$\{f_n\}$的前 n 项，其中，$f_0=0, f_1=1$，$f_i=f_{i-1}+f_{i-2}$，$i=2,3,\cdots,n$。

写成递归函数形式为

$$f(i)=\begin{cases}0, & i=0,\\1, & i=1,\\f(i-1)+f(i-2), & i\geqslant 2\end{cases}$$

程序如下：

```
#include<iostream.h>
long f(int n)
{
  if(n==0) return 0;
  if(n==1) return 1;
  return(f(n-1)+f(n-2));
}
void main()
{
 int i,n;
 cin>>n;
 for(i=0;i<n;i++)
     cout<<"f("<<i<<")="<<f(i)<<endl;
}
```

例 5.8 间接递归。

程序如下：

```
int fn1(int m)
{  int i;
   i=fn2(m+1);
   …
}
int fn2(int n)
{  int j;
   j=fn1(n-1);
   …
}
```

在这个例子中，fn1 函数调用了 fn2 函数，反过来，fn2 函数又调用了 fn1，二者相互循环调用，这是一种间接递归。

5.7 变量的作用域和存储类

在编写程序时，用户总希望程序里所用到的变量能在同一函数或不同函数里互不干扰或能共享。如何合理地使用变量？前提是需要对变量的属性有清楚的了解。

变量的描述包含以下内容：数据类型、存储类型、作用域与生存周期。前两项通过变量定义显示描述，后两项通过其显示描述及其所在的位置（在函数内外）来确定。变量的作用域与生存周期均是变量的重要属性。

5.7.1 变量的作用域

我们通过一个例子来说明什么是变量的作用域与生存周期。

例 5.9 统计一个正整数的位数。

程序如下：

```
#include<iostream.h>
int digit(long n)
{ int k=0;
  while(n!=0){n/=10;k+=1;}
  return k;
}
void main()
{ long x;
  cin>>x;
  cout<<digit(x)<<endl;
}
```

在 digit()函数内定义的形参 n 以及变量 k，只能在该函数内部使用。变量可以被使用的有效范围就是变量的作用域。调用 digit()函数，形参 n 及变量 k 开始存在，直至函数调用结束释放。变量存在的时间就是它们的生存周期。

变量的作用域是一个空间概念，由定义变量的位置确定；变量的生存周期是一个时间概念，由变量的存储类别决定。

变量的作用域有四种类别：全局作用域、文件作用域、函数作用域和块作用域。具有全局作用域的变量称为全局变量，具有块作用域的变量称为局部变量。

（1）全局作用域

当一个变量在一个程序文件的所有函数之外（并且通常在所有函数定义之前）定义时，该变量具有全局作用域，即该变量在整个程序（包括所有文件）中都有效，都是可见的、可以访问的。当一个全局变量不是在本程序文件中定义时，若要在本程序文件中使用，则必须在本文件开始进行声明，声明格式为：

```
extern<类型名> <变量名>,<变量名>,…;
```

它与变量定义语句格式相似，区别是：不能对变量进行初始化，并且在整个语句前加上 extern 保留字。

当用户定义一个全局变量时，若没有初始化，则编译时会自动把它初始化为 0。

（2）文件作用域

当一个变量定义语句出现在一个程序文件中的所有函数定义之外，并且该语句前带有 static 保留字时，该语句定义的所有变量都具有文件作用域，即在定义它的整个文件中有效，但在其他文件中无效、不可见。

（3）函数作用域

在每个函数中使用的语句标号具有函数作用域，即它在本函数中有效，供本函数中的 goto 语句使用。由于语句标号不是变量，应该说函数作用域是不属于变量的一种作用域。

（4）块作用域

当一个变量在一个函数体内定义时，称它具有块作用域。其作用域范围是从定义点开始，直到该块结束（所在复合语句的右花括号）为止。

具有块作用域的变量称为局部变量。若局部变量没有初始化，则系统也不会对它初始化，它的初值是不确定的。对于在函数体中使用的变量定义语句，若在其前面加上 static 保留字，则称所定义的变量为静态局部变量；若静态局部变量没有初始化，则编译时会被自动初始化为 0。

对于非静态局部变量，每次执行到它的定义语句时，都会为它分配对应的存储空间，并对带有初值表达式的变量进行初始化；而对于静态局部变量，只是在整个程序执行过程中第一次执行到它时才为其分配对应的存储空间，并进行初始化。

任一函数定义中的形参都具有块作用域，当离开函数体后，它就不存在了，函数调用时为它分配的空间也就被系统自动收回了，当然，引用参数对应的存储空间不会被收回。由于每个形参具有块作用域，所以它也是局部变量。

例 5.10 变量作用域示例。

程序主文件：

```
#include<iostream.h>
int f1(int n);                  //函数 f1 的原型声明
int f2(int n);                  //函数 f2 的原型声明
int AA=5;                       //定义全局变量 AA
extern const int BB=8;          //定义全局常量 BB
static int CC=12;               //定义文件域变量 CC
const int DD=23;                //定义文件域常量 DD
void main()
{  int x=15;                    //x 的作用域为主函数体
   cout<< "x*x="<<f1(x)<<endl;
   cout<<"mainfile:AA,BB="<<AA<<','<<BB<<endl;
   cout<<"mainFile:CC,DD="<<CC<<','<<DD<<endl;
   cout<<f2(16)<<endl;
  }
  int f2(int n)                 //n 的作用域为 f2 函数体
  {  int x=10                   //x 的作用域为 f2 函数体
     cout<<"f2:x="<<x<<endl;
     return n*x;
  }
```

程序次文件：

```
#include<iostream.h>
int f1(int n);                  //函数 f1 的原型声明
extern int AA;                  //全局变量 AA 的声明
extern const int BB;            //全局常量 BB 的声明，其定义在主文件中
static int CC=120;              //定义文件域变量 CC，只在次文件中有效
const int DD=230;               //定义文件域常量 DD
int f1(int n)
{  cout<<"attachFile:AA,BB="<<AA<<','<<BB<<endl;
   cout<<"attachFile:CC,DD="<<CC<<','<<DD<<endl;
   return n*n;
}
```

程序运行结果：

```
attachFile: AA, BB=5, 8
attachFile: CC, DD=120, 230
x*x=225
mainfile: AA, BB=5, 8
mainfile: CC, DD=12, 23
f2:x=10
160
```

此程序包含两个程序文件，定义有各种类型的变量和常量，其中 AA 为全局变量，BB 为全局常量，CC 为各自的文件域变量，DD 为各自的文件域常量，主函数中的 x 为作用于主函数的局部变量，f2 函数中的 x 为作用于该函数的局部变量，f1 和 f2 函数中的各自参数表中的形参 n 是作

用于各自函数的局部变量。为了在程序次文件中能够使用程序主文件中定义的全局变量 AA 和全局常量 BB， 必须在该文件开始对它们进行声明。

5.7.2 变量的存储类

C++中变量的存储类型分为如下几种类型：

auto——函数内部的局部变量（auto 可省略不写）。

static——静态存储分配，又分为内部静态和外部静态。

extern——全局变量（用于外部变量说明）。

1. 自动变量

自动变量（自动局部变量）是在函数体内部或分程序（可理解为带有定义和说明的复合语句）内部定义的变量。用于说明自动变量的关键字 auto 可以省略。

作用域：具有块作用域，即从自动变量定义开始处到其所在函数或分程序结束。

生存周期：自动变量随函数的调用而分配存储单元，开始它的生存周期；一旦该函数体或分程序结束，它就自动释放存储单元。

可见，自动变量的作用域和生存周期是一致的，即只在它的作用域内存在。

初始化：自动变量在每次被调用时都被重新分配存储单元，其存储位置随着程序的运行而变化，所以，未初始化的自动变量的值是随机值。因此，自动变量在每次使用前，必须明确地赋初值。

例 5.11 自动变量示例。

程序如下：

```
#include<iostream.h>
int f(int x)               //x 的作用域开始
{ x++;
  int y=10;                //y 的作用域开始
  y++;
  return x*y;
}                          //x,y 的作用域结束
void main()
{ int k=3;                 //k 的作用域开始
  cout<<f(k)<<endl;        //输出 44
  cout<<f(k+1)<<endl;      //输出 55
}                          //k 的作用域结束
```

说明

① 自动变量再次调用时，重新分配存储单元及初始化。

② 形参可以看成是函数的自动变量，作用域仅限于相应函数内。

③ 不同函数可使用同名变量，它们所占存储单元不同，只能在各自的函数内使用，彼此互不干扰。

④ 内外层不同分程序定义的变量可以同名。

例 5.12 自动变量示例。

程序如下：

```
#include<iostream.h>
void main()
{ int x=10;                              //外层 x 作用域开始
  int y=20;
  cout<<"x,y="<<x<<','<<y<<endl;         //输出 10, 20
```

```
  { int x=30;                               //内层 x 作用域开始
    y=y+x;
    cout<<"x,y="<<x<<','<<y<<endl;          //输出 30, 50
  }                                         //内层 x 作用域结束
  cout<<"x,y="<<x<<','<<y<<endl;            //输出 10, 50
}                                           //外层 x 作用域结束
```

对于作用域不同的变量，系统为它们分配不同的存储单元。在 C++中，当一个作用域包含另一个作用域时，在里层作用域内可以定义与外层作用域同名的对象，此时在外层定义的同名对象，在内层将被新定义的同名对象屏蔽掉，使之不可见。如在此程序中的一条复合语句内重新定义了变量 x，则外层变量 x 在此复合语句内暂时被屏蔽掉，当离开这条复合语句之后，外层变量 x 则有效。为了提高程序的可读性，建议在一个函数内尽量不要定义同名变量。

若被隐藏的是全局变量，可用:: 来引用该全局变量。:: 叫作用域区分符，指明一个函数属于哪个类或一个数据属于哪个类。:: 不跟类名，表示全局数据或全局函数。

例如，

```
int s=0;
void f()
{ float s=3.0;
    ::s=1;    // 全局变量 s
    s=2.0;    // 指 float s
}
```

2. 内部静态变量

局部变量除了定义为 auto 型外，还可以用关键字 static 将局部变量定义为内部静态变量，即静态局部变量。在编译时系统为其分配固定的存储单元，并在程序执行过程中始终存在，直到整个程序运行结束。

作用域：从变量定义处开始，到其所在函数结束。

生存周期：整个程序的运行期，即不管在函数内还是函数外，它总存在，但作用域外不能访问。

初始化：只在编译时初始化一次，以后调用不再重新初始化。未初始化的静态局部变量的值是 0 或'\0'。

例 5.13 计算用户输入数字之和，当输入-1 时程序结束。

程序如下：

```
#include <iostream.h>
 int getSum(int num);     //函数声明
 void main()
{ int num;
    cout<<"input a number:";
    cin>>num;
    while(num>=-1)
     {  if(num==-1)
        {
        cout<<"finished!\n";
        break;
        }
     else
        {
        cout<<"sum is:"<<getSum(num)<<endl;
        cout<<"continue to input number:";
```

```
        cin>>num;
      }
    }
  }
  int getSum(int num)
  { static int sum;     //静态局部变量，再次调用使用原值
    sum+=num;
    return sum;
  }
```

在函数 getSum()中，局部变量 sum 被声明为 static，并且初始化为 0。该函数用来计算并显示用户输入数字的和。由于 sum 是静态变量，因此它会在函数调用过程中始终保持原值，即使函数调用结束，其空间也不会被释放，下次再调用时，上次运行结果仍然保留。

3. 外部静态变量

在函数外部定义的变量前加上"static"关键字，便成了外部静态变量。编译时系统为其分配固定的存储单元。

作用域：具有文件作用域，可把它看成定义它的文件的"私有"变量，只有其所在文件上的函数可以访问该外部静态变量，而其他文件上的函数一律不得直接访问该变量，除非通过外部静态变量所在文件上的各种函数来对它进行操作。这是一种实现数据隐藏的方式。

生存周期：整个程序运行期，程序运行结束，变量的生存周期随即终止。

初始化：只在编译时初始化一次，以后调用不再重新初始化。未初始化的外部静态变量的值是 0 或'\0'。

4. 全局变量

全局变量又称外部变量，是在函数外定义的变量。在 C++中，程序可以分别放在几个原文件上，每个文件作为一个编译单位分别编译。外部变量只需在某一个文件上定义一次，其他文件要引用此变量时，应用 extern 加以说明。（外部变量定义时不必加 extern 关键字。）

作用域：从定义处开始到它所在的原文件末尾。在其作用域内，外部变量可以被任何函数使用或修改。

生存周期：外部变量在程序执行过程中占固定的存储单元，所以，在整个程序的运行期总是存在。

初始化：未初始化的外部变量的值是 0 或'\0'。

例 5.14 外部变量示例。

程序如下：

```
#include <iostream.h>
int m=15;                          //外部变量 m 作用域开始
void f1(int n )
{ n=3*n;
   m=m/3;
}
int n;                             //外部变量 n 作用域开始
void f2( )
{ n=5;
  m++;
  n++;
}
void main()
{ int n=2;
  f1(n);                           //该实参为局部变量 n
```

```
  f2( );
  cout<<"m="<<m<<"n="<<n<<endl;  //输出m=6 n=2
}                               //外部变量m、n作用域结束
```

如果外部变量不是在文件的开头定义的，则其作用域只限于定义处到文件结束。定义点之前的函数或其他文件要引用该外部变量，必须使用 extern 加以说明。

例 5.15 外部变量示例。

程序如下：

```
文件t1.cpp
//t1.cpp
#include <iostream.h>
extern int sum;             //全局变量sum的声明
void f1( );                 //函数声明
void main( )
 { …
   f1( )
   cout<<sum<<endl;
   …
  }
文件t2.cpp
//t2.cpp
int sum=0;                  //全局变量sum定义
void fun( )
{  ...
   sum=5;
   ...
}
```

上面程序段分别放在两个不同的文件 t1.cpp 和 t2.cpp 上。在文件 t1.cpp 中，函数 main 用到了在文件 t2.cpp 中定义的外部变量 sum，因此，文件必须对外部变量 sum 用 extern 加以说明。extern 关键字可以让编译程序知道全局变量的名称与类型，但并不给变量分配存储空间，外部变量只在定义时分配存储空间。

在同一文件中，若前面的函数要引用在其后面定义的外部（在函数之外）变量时，也应用 extern 加以说明。

例 5.16 外部变量示例。

程序如下：

```
#include <iostream.h>
extern int sum;             //外部变量声明，将sum作用域扩展到该位置
void f1( );
void main( )
{   …
   f1( )
   cout<<sum<<endl;
   …
}
int sum=0;
void fun( )
{   …
```

```
    sum=5;
     …
}
```

5.8 编译预处理

编译预处理是在编译前对源程序进行的一些加工。预处理由编译系统中的预处理程序按源程序中的预处理命令进行。预处理程序也称预处理器，它包含在编译器中。预处理程序首先读源文件。预处理的输出是“翻译单元”，它是存放在内存中的临时文件。编译器接受预处理的输出，并把源代码转化成包含机器语言指令的目标文件。

预处理程序均以“#”开头，末尾不加分号。它可以出现在程序中的任何位置，其作用域是自出现点到所在源程序的末尾。这里我们介绍三类预处理指令：#define ，#include，#if。

5.8.1 宏定义

在 C++中，允许用户用标识符表示一个字符串，这个标识符称为宏。宏定义指令是用# define 命令指定的预处理。若用一个宏表示一个常量，则该宏称为符号常量。在编译预处理时，程序中所有出现的宏都用它所表示的字符串来替换。

定义符号常量的形式为：

```
#define 宏名  宏体
```

说明

① 习惯上符号常量名大写，以区别于变量。
② 行末一般不加分号；若加以分号，则把分号也看作字符串的一部分。
③ 程序中不能对符号常量进行赋值。

例如，

```
#define  PI  3.1415926
#define  RADUS 3.0
void double circum( )
{ return(2.0*PI*RADUS);
}
```

经过预处理后将形成如下的源文件：

```
void double circum( )
{ return(2.0*3.1415926*3.0);
}
```

使用宏替换的好处：提高了程序的可读性，易修改。

#define 建立常量已被 C++的 const 定义语句所代替，见 2.2 节。

#define 还可以定义带参数的宏，但已被 C++的 inline 内嵌函数所代替。

5.8.2 文件包含

在 C++中，扩展名为.h 的文件（如 stdio.h、iostream.h 等）称为头文件，它们包含大量的符号常量定义、函数说明等。编程时若需要使用这些文件，就用文件包含命令把它们插入到源程序文件中。

文件包含命令是以“include”开始的预处理命令。其主要功能是将指定文件的内容插入到文件包含命令所在的地方，取代该命令，从而把指定的文件和当前的源程序文件连成一个源文件。它有两种格式：

1. #include<文件名>

这种格式用于嵌入 C++提供的头文件。这些头文件一般存于 C++系统目录中的 include 子目录下。C++预处理器遇到这条指令后，就到 include 子目录下搜索给出的文件，并把它嵌入到当前文件中。这种方式是标准方式。

2. #include“文件名”

预处理器遇到这种格式的包含指令后，首先在当前文件所在目录中进行搜索，如果找不到，再按标准方式进行搜索。这种方式适合于规定用户自己建立的头文件。

文件包含命令是很有用的。一个大的程序可能分成多个模块，由多个程序员编写。有些公用的内容可以单独组成一个文件，使用时就用文件包含命令包含该文件，节省了编程时间，提高了效率。

注意

① 文件包含命令放在源程序的开头较好，因为被包含文件的内容被插入到该文件包含命令所在的位置。

② 一条文件包含命令只能包含一个文件。若想包含多个文件，就需要多条命令。

5.8.3 条件编译

条件编译的指令有：# if，# else，# elif，# endif，# ifdef，# ifndef 和#undef。

条件编译的一个有效使用是协调多个头文件。

例如，符号 NULL 在 6 个不同的头文件中都有定义：locate.h，stddef.h，stdio.h，stdlib.h，string.h 和 time.h。一个源文件可能包含其中的几个头文件，这样会使得编译给出“一个符号重复定义多次”的错误。这时需要在每个头文件中使用条件编译指令：

```
#ifndef NULL
#define NULL((void*)0)
#endif
```

上面的代码能够保证符号 NULL 在程序中只有一次定义。而当再次遇到头文件时，一切定义的企图都被#ifndef 挡驾了。

使用#undef 可以取消符号定义，这样可以根据需要打开和关闭符号。

5.9 应用举例

本章介绍的内容比较多，主要要搞清楚以下几个概念。

① 函数是构成 C++程序的基本单位。编写程序的作用是将一个复杂问题分解成若干个简单的小问题，便于“分而治之”，这种方法在编写较大规模程序时非常有用。

② 函数调用时，主调函数和被调函数之间将产生参数传递。传值调用是一种单向的数据传递，形参不能将操作结果返回给实参，是默认的参数传递方式。若调用函数时，需要改变实参或者返回多个值，就应采用传地址方式。

③ 一般情况下，通过参数调用函数时，要保证实参与形参的对应性，即个数相同、类型一致。若函数采用默认参数，则没有指定与形参相对应的实参时就会自动使用默认值。

④ 递归是解决某些复杂问题的有效方法。变量的作用域与存储类型有关，自动变量的作用域

是局部的，全局变量的作用域是整个程序，内部静态变量的作用域是定义它的函数，外部静态变量的作用域是定义它的文件。

下面通过一些例子，巩固前面所学的知识。

例 5.17 编写求 $m \sim n$ 之间所有素数的函数，要求每行显示 5 个素数。

分析：素数又称为质数，就是除 1 和它本身外没有其他约数的整数。判断一个数 m 是否为素数的方法就是：对 j=2，3，…$\sqrt{m}$ 之间的整数逐个判别 m 能否被 j 整除，只要有一个能整除，m 就不是素数。

程序如下：

```
#include<iostream.h>
#include<math.h>
#include<iomanip.h>
void prime(int m,int n)
{ int i,j,t,k=0;
  for(i=m;i<=n;i++)     //i 表示 m~n 之间的数
  {  //对每个 i 判断其是否为素数
      t=int(sqrt(i));
      for(j=2;j<=t;j++)
          if(i%j==0) break;   //i 被 j 整除，i 不是素数，退出循环
          if(j==t+1)          //内部循环正常结束，i 没被 j 整除，i 是素数
          {  cout<<setw(5)<<i;
             k++;
             if(k%5==0) cout<<endl; //每行输出 5 个
          }
      }
}
void main()
{
int m,n;
cout<<"请输入两个数";
cin>>m>>n;
cout<<"这两个数之间的素数有："<<endl;
prime(m,n);        //函数调用
}
```

例 5.18 编写一个函数，输出如图 5.3 所示的图形。

分析：这是上、下两个由“*”字符构成的三角形图形，只是构成三角形的行数不同，所以可对输出由 n 行构成的三角形独立来编写一个函数。形参代表行数，该函数无返回值，定义为 void 类型。

图 5.3 打印图形

程序如下：

```
#include<iostream.h>
#include<iomanip.h>
void tx(int n)
{ int i,j;
  for(i=0;i<n;i++)
  { cout.width (10-i);      //控制每行输出的起始位置
     for(j=0;j<2*i+1;j++)
            cout<<"*";
            cout<<endl;
  }
```

```
}
void main()
{     tx(4);
      tx(6);
}
```

习 题 五

一、选择题

1. 在函数说明时，下列选项中（　　）是不必要的。

   A. 函数的类型　　B. 函数参数类型和名字

   C. 函数名字　　D. 返回值表达式

2. 决定C++语言中函数的返回值类型的是（　　）。

   A. return语句中的表达式类型

   B. 调用该函数时系统随机产生的类型

   C. 调用该函数时的主调用函数类型

   D. 在定义该函数时所指定的数据类型

3. 当一个函数无返回值时，定义它时函数的类型应是（　　）。

   A. void　　B. 任意

   C. int　　D. 无

4. 以下关于函数的返回值类型与返回值表达式的类型的描述中，（　　）是错误的。

   A. 函数返回值的类型是在定义函数时确定的，在函数调用时是不能改变的

   B. 函数返回值的类型就是返回值表达式的类型

   C. 函数返回值表达式类型与函数返回值类型不同时，表达式类型应转换成函数返回值类型

   D. 函数返回值类型决定了下列返回值表达式的类型

5. 在一个被调用函数中，下列关于return语句使用的描述中，（　　）是错误的。

   A. 被调用函数中可以不用return语句

   B. 被调用函数中可以使用多个return语句

   C. 被调用函数中如果有返回值，就一定要有return语句

   D. 被调用函数中，一个return语句可返回多个值给调用函数

6. 有一个int型变量，在程序中使用频率很高，最好定义它为（　　）。

   A. register　　B. auto　　C. extern　　D. static

7. 在C++中，下列关于设置参数默认值的描述中，（　　）是正确的。

   A. 不允许设置参数的默认值

   B. 参数默认值只能在定义函数时设置

   C. 设置参数默认值时，应该是先设置右边的再设置左边的

   D. 设置参数默认值时，全部参数都应该设置

8. 在传值调用中，要求（　　）。

   A. 形参和实参类型任意，个数相等

   B. 实参和形参类型都完全一致，个数相等

   C. 实参和形参对应的类型一致，个数相等

   D. 实参和形参对应的类型一致，个数任意

9. 在 C++中，函数原型不能标识（　　）。
   A. 函数的返回类型　　B. 函数参数的个数
   C. 函数参数类型　　D. 函数的功能
10. 使用地址作为实参传给形参，下列说法中正确的是（　　）。
   A. 实参是形参的备份　　B. 实参与形参无联系
   C. 形参是实参的备份　　D. 实参与形参是同一对象
11. 在函数定义中的形参属于（　　）。
   A. 全局变量　　B. 局部变量
   C. 静态变量　　D. 寄存器变量
12. （　　）是引用调用。
   A. 形参是指针，实参是地址值　　B. 形参和实参都是变量
   C. 形参是数组名，实参是数组名　　D. 形参是引用，实参是变量
13. 下列标识符中，（　　）不是局部变量。
   A. register 类　　B. 外部 static 类
   C. auto 类　　D. 函数形参
14. 在下面的函数声明中，存在语法错误的是(　　)。
   A. BC(int a, int);　　B. BC(int，int);
   C. BC(int，int=5);　　D. BC(int x,int y);
15. 下列标识符中，(　　)不是局部变量。
   A. register 类　　B. 外部 static 类
   C. auto 类　　D. 函数形参

二、判断题

1. 如果一个函数没有返回值，定义时需要用 void 说明。(　　)
2. 函数形参的作用域是该函数的函数体。(　　)
3. 编译系统所提供的系统函数都被定义在它所对应的头文件中。(　　)
4. 所有的函数在定义它的程序中都是可见的。(　　)
5. 在 C++中，传地址调用将被引用调用所代替。(　　)
6. 在 C++中，定义函数时必须给出函数的类型。(　　)
7. 调用系统函数时，要先将该系统函数的原型说明所在的头文件包含进去。(　　)
8. for 循环中，循环变量的作用域是该循环的循环体内。(　　)
9. 在 C++中，所有函数在调用前都要说明。(　　)
10. 在设置了参数默认值后，调用函数的对应实参就必须省略。(　　)
11. 在 C++中，说明函数时要用函数原型，即定义函数时的函数头部分。(　　)

三、写出程序运行结果

1.
```
#include <iostream.h>
void swap(int &,int &);
void main()
{
  int a=5,b=8;
  cout<<"a="<<a<<","<<"b="<<b<<endl;
  swap(a,b);
  cout<<"a="<<a<<","<<"b="<<b<<endl;
}
```

```
void swap(int &x,int &y)
{
  int temp;
  temp=x;
  x=y;
  y=temp;
}
```

2. #include <iostream.h>

```
int fac(int a);
void main()
{
  int s=0;
  for(int i(1);i<=5;i++)
     s+=fac(i);
  cout<<"5!+4!+3!+2!+1!="<<s<<endl;
}
int fac(int a)
{
  static int b=1;
  b*=a;
  return b;
}
```

3. #include <iostream.h>

```
int add(int x,int y=8);
void main()
{
     int a=5;
     cout<<"sun1="<<add(a)<<endl;
     cout<<"sun2="<<add(add(a))<<endl;
     cout<<"sun3="<<add(add(add(a)))<<endl;
}
int add(int x,int y)
{
     return x+y;
}
```

4. #include <iostream.h>

```
void f(int n)
{
       int x=5;
       static int y(10);
       if(n>0)
       {
              ++x;
              ++y;
              cout<<x<<","<<y<<endl;
        }
}
void main()
{
        int m=1;
        f(m);
```

```
}
```

5.
```
#include <iostream.h>
int add(int a,int b);
void main()
{
      extern int x,y;
      cout<<add(x,y)<<endl;
}
int x=20,y=5;
int add(int a,int b)
{
int s=a+b;
return s;
}
```

四、编程题

1. 从键盘上输入 10 个 int 型数，去掉重复的，将剩余的由大到小排序输出。

2. 编一个程序验证哥德巴赫猜想：任何一个充分大的偶数（大于等于 6）总可以表示成两个素数之和。要求编写一个求素数的 prime()函数，它有一个 int 型参数，当参数值为素数时返回 1，否则返回 0。

3. 使用递归调用方法将一个 n 位整数转换成字符串。

第6章 指　　针

C++语言拥有在运行时获得变量地址和操纵地址的能力，这种用来操纵地址的特殊类型的变量就是指针。指针用于数组、作为函数参数、内存访问和堆内存操作。指针对于成功地进行C++语言程序设计至关重要。指针功能最强，但又最危险。学习本章后，要求能够使用指针，能够用指针给函数传递参数，理解指针、数组和字符串之间的紧密关系，能够声明和使用字符串数组，正确理解函数指针的用法。

6.1 指针的概念

6.1.1 地址与指针

1. 变量的地址

凡在程序中定义的变量，在编译时系统都会给它们分配相应的存储单元。例如，一般微机给整型变量分配2字节，给浮点型变量分配4字节。例如，

```
int a=3
float b=8.2
char c='x'
```

其在内存的情况如图6.1所示。假定a第一字节的地址为1010，则变量a的地址为1010。需要注意的是，在程序设计阶段，变量的地址是无法确定的，因为只有在程序运行时，系统才为变量分配存储空间。

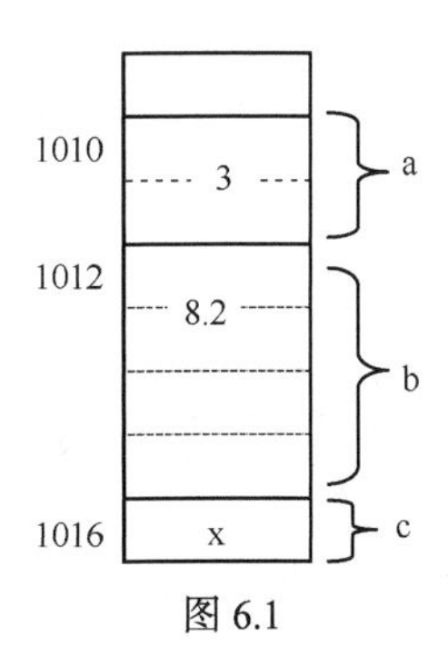

图6.1

在程序中，访问内存中的变量是通过变量名引用变量的值的。而在内存中不出现变量名，只有地址。若程序要引用变量a，系统首先找到其对应的地址1010，然后从1010和1011这2字节中取出其值。也就是说，要访问变量，必须通过地址找到变量的存储单元，因此可以说一个“地

址”指向一个变量存储单元。譬如，地址 1010 指向变量 a，1012 指向变量 b。这种通过变量名或地址访问一个变量的方式称为“直接访问”方式（其实通过变量名访问也就是通过地址访问）。

还有一种访问变量的方式，即“间接访问”，是把一个变量的地址 A 放到另一个变量 B 中，若要访问 A，则必须首先访问 B，通过 B 中 A 的地址获得变量的值。这种存放地址的变量 B 是一种特殊的变量，我们称它为指针变量。所谓“指针”，就是内存单元的地址（每个内存单元为二进制的八位，即 1 字节；每个存储单元对应一个编号，即地址）。一个变量的指针就是指该变量的地址。“指针”这个名词是人为形象地表示访问变量时的指引关系。例如，内存单元中有一个变量 pa 存放变量 a 的地址。若想得到 a 的值，可先访问 pa，得到 pa 的值 1010（它是变量 a 的地址），再通过 1010 找到它所指向的存储单元中的值，如图 6.2 所示。

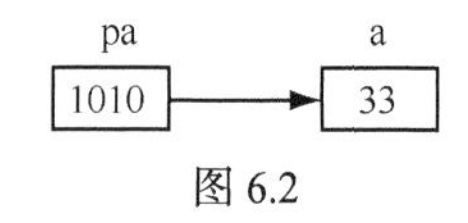

图 6.2

2. **求地址运算符&**

&是单目运算符，用于求一个变量的地址，其形式为：

&变量

例如，图 6.1 中，变量 b 的地址是 1012，因此& b 的值为 1012。注意，&不能作用于常量或表达式，&(x*x)和&4 都是错误的。

3. **取内容运算符 ***

*运算符的作用是根据地址取内容，其形式为：

* 地址

例如，&a 是一个地址，值为 1010，在该地址内放的是 a 的值 3，因此 * &a 的值为 3，即* 运算的功能是取出某个地址的内容。

6.1.2 指针定义

指针是一种特殊类型的变量，用于存放另一个变量的地址，其定义形式为：

数据类型 * 标识符

① 定义一个指针变量必须用符号“*”，它表明其后面的变量是指针变量，标识符是指针变量名，*本身不是变量名的组成部分。

② 指针定义中的*与执行语句中的*的意义不同。执行语句中的*表示取内容，是一种间接访问变量的形式。

③ 指针定义中的数据类型不是指针本身的类型，而是指针所指的对象的数据类型，指针本身的数据类型应为“数据类型 * ”。例如，假定有定义语句：

```
double * p;
```

则 p 的数据类型为“double *”类型。

6.2 对指针变量的操作

6.2.1 指针的运算

1. **赋值运算**

（1）把一个变量的地址赋给指针

定义了一个指针变量后，系统为这个指针变量分配了存储单元（一般为 2 字节），用它来存放地址。但此刻指针变量并未指向确定的变量，因为该指针变量中并未输入确定的地址。要想指针变量指向一个变量，必须将变量的地址赋给该指针变量。例如，

```
int i=3;
int * p;
p=& i;
```

上面定义了一个整型变量 i 和一个指针变量 p，i 的初值为 3，此时 p 与 i 无任何联系，如图 6.3（a）所示。然后执行语句“p=&i”，此时 p 就指向 i，如图 6.3（b）所示。

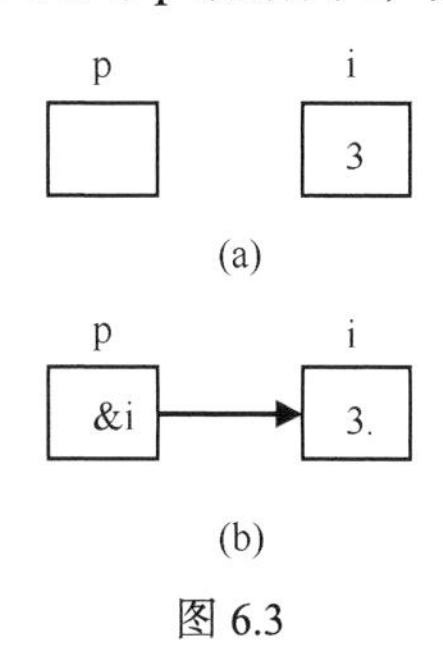

图 6.3

指针变量也可以指向其他类型的变量，例如

```
float * p; char *q;等。
```

（2）把一个指针的值赋给另一个指针

指针之间也能够赋值，它是把赋值号（=）右边指针表达式的值赋给左边的指针对象，赋值号两边的指针类型必须相同。赋值的结果是两个指针指向同一个对象。

如

```
int x, *p=&x, *q;q=p;        //p 和 q 都指向 x
```

2. ++和- -运算

对指针进行++和--运算(有前置和后置的区别),使指针值增加或减少所指数据类型的长度值。设 p 是指向 A 类型的指针变量，则 p++表示先得到 p 的值，然后 p 增 1，实际上 p 增加了 A 类型的长度值，使 p 指向了原数据的后一个数据。如

```
int a[4]={3,6,9,12};
int * p=a;
cout<<*p<<' ';
p++;
cout<<*p++<<' ';
cout<<* ++p<<endl;
```

该程序段的第一行定义了一个整型数组并初始化；第二行定义了一个整型指针 p，并使之指向数组 a 的第一个元素 a[0];第三行输出 p 指向的对象 a[0]的值和一个空格；第四行使 p 加 1，使之指向数组 a 中的第二个元素 a[1]，p 所保存的地址实际上是增加了 int 型的长度 4；第五行是输出表达式*p++和一个空格，计算表达式的值时，因为++和*是同一级单目运算，并且按照从右向左结合，所以先计算++后计算*，计算 p++得到 p 的值，接着计算*得到 p 所指对象 a[1]，同时在计算 p++返回 p 的值后又使 p 增 1，这时 p 指向了下一个元素 a[2]；第六行输出表达式*++p 的值和一个回车，计算*++p 时，应先计算++后计算*，使输出的是 a[3]的值。

该程序运行结果为：

```
3 6 12
```

对于表达式*p++，若写出(*p)++，则将首先访问 p 所指向的对象，然后使这个对象的值增 1，而指针 p 的值将不变。

又如

```
char b[10]="abcdef";
char *p=b;
cout<<*p++<<' ';
p++;p++;
cout<<*p--<<' ';
cout<<*--p<<endl;
```

该程序段第一行定义了一个字符数组并初始化；第二行定义了一个字符指针 p 并使之指向数组 b 的第一个元素 b[0];第三行输出 p 所指向的元素 b[0]的值,并修改 p 使之指向下一个元素 b[1]；第四行两次使 p 增 1，此时 p 就指向了元素 b[3]；第五行输出元素 b[3]的值，并使 p 指向前一个元素 b[2]；第六行使 p 指向前一个元素 b[1]并输出该元素的值。

该程序的运行结果为：

```
a d b
```

3. 加（+）和减（-）运算

一个指针可以加和减一个整数（假定为 n），得到的值将是该指针向后或向前第 n 个数据的地址。如

```
char a[10]="abcdef";
int b[6]={1,2,3,4,5,6};
char *p1=a,*p2;
int * q1=b,*q2;
p2=p1+4;q2=q1+2;
cout<<*p1<<' '<<*p2<<' '<<*(p2-1)<<endl;
cout<<*q1<<' '<<*q2<<' '<<*(q2+3)<<endl;
```

程序运行结果为：

```
a e d
1 3 6
```

4. 指针相减

两个类型相同的指针之间可以相减，其值为它们之间的数据个数。若被减数较大，则得到正值；否则为负值。如

```
double a[10]={0};
double *p1=a,*p2=p1+8;
p1++;--p2;
cout<<p2-p1<<' '<<p1-p2<<endl;
```

程序运行结果为：

```
6 -6
```

5. 几种常见指针运算表达式的比较

（1）p++和 p+1 的区别

指针 p++结果为 p 指向下一个元素；p+1 结果为下一个元素的指针，但 p 本身不变。

（2）y=*p+1 和 y=*(p+1)的区别

p+1 结果为取 p 所指对象内容加 1；(p+1)结果为 p 指针加 1，并取结果指针所指对象内容。若指针如图 6.4 所示，则

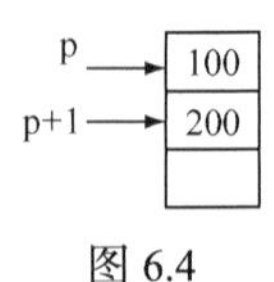

图 6.4

```
y=*p+1       y 内容为 101
y=*(p+1)     y 内容为 200
```

（3）y=*p++和 y=(*p)++的区别

*p++的++运算符作用于指针变量，即先取指针所指对象的值，再对指针进行++运算，改变的是指针变量的值；而(*p)++的++运算符作用于指针变量所指的对象，即取指针所指对象的值，加 1 后再赋给对象，而指针的值不变，如图 6.5 所示。

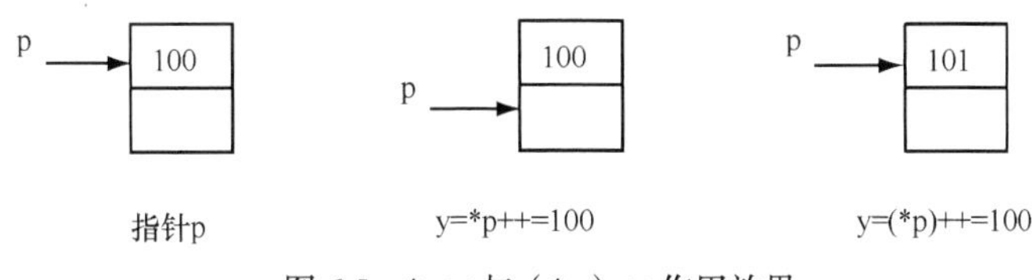

图 6.5 *p++与（*p）++作用效果

6.2.2 new 和 delete

通常情况下，在程序运行之前，程序中变量的个数和类型是确定的，但在实际应用中无法预计数据需要占用多大的存储空间，因而需要在运行时根据具体情况向系统申请分配存储空间，这种分配机制称为动态存储分配。C++提供的 new 和 delete 是实现动态分配内存的运算符，它们不要头文件声明。

1. new 运算符

new 运算符用于向系统申请动态存储空间，它的操作数为某种数据类型且可以带有初值表达式或元素个数。new 返回一个指向其操作数类型变量的指针。使用 new 对某种类型变量进行动态分配的语法格式为：

```
指针=new  数据类型          //申请一个指定类型的变量，并把首地址赋给指针
指针=new  数据类型（初值）//申请变量的同时赋初值
```

例如，语句 int * p=new int;向系统申请了一个 int 型变量（4 字节），并将此变量的地址赋值给 int 型指针 p。此语句并不对动态分配的变量进行初始化，因此 p 所指向的变量未被赋予初始值。语句 int *p=new int(256)不仅申请了一个 int 型变量，而且将其初始化为 256。

new 运算符还可以用来对数组进行动态分配，这时需要在数据类型后面添加方括号[]，并在其中指明所要分配的数组元素个数。其语法格式如下：

```
指针=new 数据类型 [数组长度];
```

例如，语句 int *p=new int[10] ;将从动态存储空间分配 10 个元素的 int 型数组，然后把该数组的首地址赋给指针 p。此时 p 指向内存的一片连续存储空间，其中可以容纳 10 个 int 型元素。当系统无法对 new 提出的申请给予满足时，new 会返回空指针 NULL，表示动态存储分配失败。

2. delete 操作符

当动态分配的内存空间在程序中使用完毕之后，必须显示地将它们释放。这样做的目的是把闲置不用的内存归还给系统，以便重新分配。在 C++中，由 new 申请的内存必须通过 delete 运算符释放，其语法格式为：

```
delete <指针>;       //释放指针所指的那个变量
delete [] <指针>;     //释放指针所指的那个数组，不必指明数组长度
```

例 6.1 new 和 delete 的使用方法。

程序如下：

```
#include <iostream.h>
```

```
#include<stdlib.h>  //使用库函数 exit
void main()
{    int arraySize;  //数组元素个数
     int * array;
     cout<<"please input the size of the array:";
     cin>>arraySize;
     array=new int[arraySize];   //动态分配数组
     if(arraySize==NULL){
          cout<<"cannot allocate more memory,exit the program.\n";
          exit(1);
     }
     int i;
     for(i=0;i<arraySize;i++)
     array[i]=i*i;
     for(i=0;i<arraySize;i++)
     cout<<array[i]<<" ";
     cout<<endl;
     delete [] array;  //释放动态分配的数组
}
```

程序运行结果：

```
please input the size of the array: 8
0  1  4  9  16  25  36  49
```

6.3 指针与数组

在 C++中，指针和数组的关系极为密切。实际上，数组的参数传递、数组元素的存取，都可以通过指针操作来完成，指针和数组常常可以互换。

6.3.1 用指针访问一维数组

前面已经介绍了，一个数组在内存中占有一片连续的存储区域，该空间的大小等于所含元素个数乘元素类型的长度，而数组名就是这块存储区域的首地址。那么，数组中各元素的地址又是如何计算和表示的呢？例如，有如下定义的数组 a（见图 6.6）：

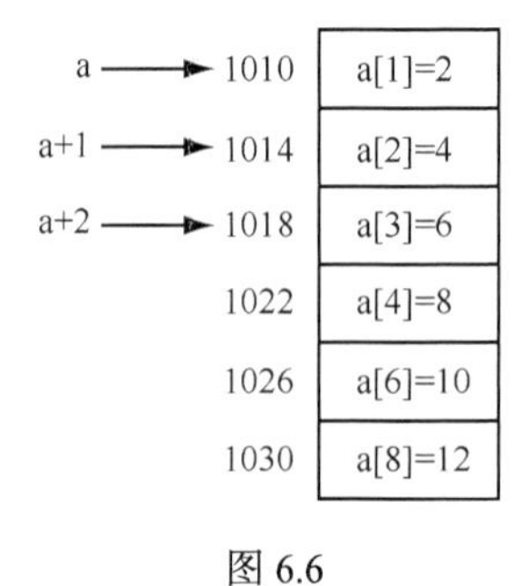

图 6.6

```
int a[6]={2, 4, 6, 8, 10, 12} ;
```

a 的值就是数组的起始地址，设为 1010，则 a[0]的地址也是 a 的值（1010），a[1]的地址可以用 a+1 表示，也就是说“a+1”指向 a 数组的下标为 1 的元素，同样，a+i 是 a[i]的地址。需要说明的是，在编译系统计算实际地址时，a+i 中的 i 要乘上数组元素所占的字节数。例如，a+2 的实际地址为 1010+2×4=1018，可以看出 a+i 和& a[i]是相等的，都表示 a[i]的地址。

为了引用数组元素，可用两种不同的方法。一种是下标法，即指出数组名和下标，系统就会找到该元素，如 a[3]就是用下标法表示的数组元素；另一种是地址法，即通过 给出地址访问某一元素。例如，通过 a+3 地址找到 a[3]元素，*(a+3)就是 a[3]。因此下面二者等价：

a[i]—下标法

*(a+i)—地址法

都是指 a 数组中序号为 i 的元素值。

另外，还可以定义一个指针变量，指向一数组元素，例如定义指针变量 p，使它的值就是某一元素的地址，这样*p 就是该元素的值：

```
int * p;
p=a; 或 p=&a[0];
```

这样 p 就指向了数组的首地址 1010，*p 就是 a[0]的值，而 p+1 代表 a[1]的地址，*(p+1)表示 a[1]的值。

由此可见如下的等价关系成立：

① p≡a≡&a[0]　　　　　　　// 表示数组元素的首地址

② p+i≡a+i≡&a[i]　　　　　// 表示第 i+1 个数组元素的地址

③ *(p+i) ≡*(a+i) ≡a[i]　　　// 表示第 i+1 个数组元素

例 6.2 分别用三种方式访问数组中的所有元素。

程序如下：

```
#include <iostream.h>
void main()
{  int a[5]={5,10,15,20,25},*p,i;
   cout<<"\n 下标方式: ";
   for(i=0;i<5;i++)
   cout<<"a["<<i<<"]="<<a[i]<<" ";
cout<<"\n 地址方式: ";
for(i=0;i<5;i++)
   cout<<"*(a+"<<i<<")="<<*(a+i)<<" ";
cout<<"\n 指针方式: ";
for(p=a,i=0;i<5;i++)
   cout<<"*(p+"<<i<<")="<<*(p+i)<<" ";
cout<<endl;
}
```

程序运行结果：

下标方式：a[1]=5 a[1]=10 a[2]=15 a[3]=20 a[4]=25

地址方式：*(a+0)=5 *(a+1)=10 *(a+2)=15 *(a+3)=20 *(a+4)=25

指针方式：*(p+0)=5 *(p+1)=10 *(p+2)=15 *(p+3)=20 *(p+4)=25

此例中通过语句 for(p=a,i=0;i<5;i++)和 cout<<"*(p+"<<i<<")="<<*(p+i)<<" ";引用数组中的每个元素，p 指针变量的值没有变化，而通过 i 变化，取当前指针偏移 i 个单元来实现。若改为指针移动来引用数组元素：

```
for(p=a,i=0;i<5;i++,p++)cout<<<<*p<<" ";
for(p=a,i=0;i<5;i++)cout<<<<*p++<<" ";         //两者相同
```

这里的 i 仅起了控制指针变量引用数组元素次数的作用。

对上例三种方式，归纳其特点，见表 6.1。

表 6.1

引用方式	数组元素地址	数组元素值	特点	
下标	&a[i]	a[i]	引用速度慢，要先计算转换成地址 a+i，指向该元素后存取，但直观	
地址	a+i	*(a+i)		
指针	p+i	*(p+i)	指针变量所指地址不变	速度快，但不直观，与当前指针的位置相关
	p++	*p	指针变量所指地址改变	

数组名和指针的区别。

两者都表示数组 a 的地址，在表现形式上可以互换，如表 6.1 中的 a+i、p+i。但两者是有区别的，指针是变量，而数组名是常量。因此我们可以进行 p++和 p--运算，但不能对 a 进行 a++、a--赋值运算；我们可以写 p=a，但不能写 a=p 或 p=&a，因为我们不能改变常量的值，也不能取常量的地址。

6.3.2 用指针访问二维数组

根据数组的定义，一个二维数组可以认为由若干个一维数组组成，其中每一个一维数组包含若干个元素。这样把二维数组分解为两层一维数组后，就可以按照讨论一维数组的方法来讨论二维数组了。例如，定义如下二维数组 a：

```
int a[3][5];
```

二维数组有如下特点，以 a 数组为例。

（1）二级指针常量

a 是 3×5 的二维数组，它有 3 行，每行都有起始地址。a[0]、a[1]、a[2]分别代表第 0 行、第 1 行，第 2 行的首地址。可将 a[0]看作是一个一维数组名。而数组名 a 可以解释为指向 int 类型的二级指针（指向指针的）常量。

（2）一级指针常量

可以看出，a[0]是由 a[0][0]、a[0][1]、a[0][2]、a[0][3]、a[0][4]这 5 个变量组成的一维数组，可将 a[0]这个特殊的数组名解释为指向 int 类型的一级指针常量，它实际上就是第 0 行第 0 列元素的地址，即 a[0]的值等于&a[0][0]；a[1]、a[2]具有和 a[0]一样的性质。a[1]与 a[0]的偏移量是一行元素的存储长度，如图 6.7 所示。

a[0]	a[0][0]	a[0][1]	a[0][2]	a[0][3]	a[0][4]
a[1]	a[1][0]	a[1][1]	a[1][2]	a[1][3]	a[1][4]
a[2]	a[2][0]	a[2][1]	a[2][2]	a[2][3]	a[2][4]

图 6.7 二维数组的存储方式

通常，使用指针方式引用二维数组元素有两种方式，用指针变量引用数组元素和用指针数组引用数组元素。这里我们主要介绍用指针变量引用数组元素，用指针数组引用数组元素将在 6.3.4 小节介绍。

与指针变量引用一维数组的原理相同，要引用二维数组，定义指针变量，如*p，让 p 指向数组的开始。即

```
int a[3][5],*p=a[0];
```

由于二维数组（包括多维数组）在内存是连续存放的，因此，从 p 的角度来说，数组 a 是由 15 个元素组成的数组，通过 p 指针来依次引用二维数组元素，见如下程序。

```
for (i=0;i<15;p++,i++)
{ cout<<*p<<" ";
  if(i%5==0) cout<<endl;
}
```

注意

在 C++语言中，对指针指向数组有了比 C 语言更严格的规定，将数组地址赋给指针变量，要求考虑它们的维数，也就是二级指针地址不能赋给一级指针变量。例如，要把指针 p 指向 a 数组的首地址，虽然 a、a[0]都表示 a 数组的首地址，但性质不同：前者表示整个二维数组，是二级指针常量；后者是一维数组（二维数组的一行），是一级指针常量，所以给 p 赋值时的语句是 p=a[0]。

6.3.3 用指针访问字符串

1. 字符数组和字符串常量

在 C++中有两类字符串，一类是字符数组，一类是字符串常量。

```
char butter[]="hello";    //字符数组
cout<<"good"<<endl;  //字符串常量
```

由引号标识但不用来初始化数组的字符串，是字符串常量。在上面例子中，"hello"用来初始化数组，所以不是字符串常量，"good"是字符串常量。字符串常量的类型是指向字符的指针（字符指针 char *），它与字符数组名同属一种类型。

2. 字符指针访问字符串

字符串常量、字符数组、字符指针均属于同一类型数据。例如，下面的程序描述了字符指针的操作。

例 6.3 字符指针操作示例。

程序如下：

```
#include <iostream.h>
void main()
{ char buffer[10]="ABC";
  char *pc;
  pc="hello";   //将字符串常量的首地址赋给指针
  cout<<pc;
  pc++;
  cout<<'\t'<<pc;
  cout<<'\t'<<*pc;
  pc=buffer;
  cout<<'\t'<<pc<<endl;
}
```

程序运行结果：

```
hello    ello     e    ABC
```

buffer 初始化为"ABC",buffer[3]= '\0'，buffer[4]～buffer[5]的内容不确定。

pc 是字符指针，定义时分配该变量空间，但没有初始化，之后将字符串常量赋给 pc。由于字符串常量是地址，所以“pc="hello";”语句完全合法。pc 实际上指向"hello"中的'h'字符。当 pc++

时，pc 就指向这个字符串中的'e'字符。

输出字符指针就是输出字符串。所以输出 pc 时，便从'e'字符的地址开始，直到遇到'\0'结束。

输出字符指针的间接引用，就是输出单个字符。buffer 是数组名，所以“pc=buffer;”也是合法的，之后输出字符数组中的 3 个字符，遇到'\0'就结束了。

注意

当 pc 指向 buffer 后，字符串常量"hello"仍然逗留在内存的数据区，但是再也访问不到该字符串了（数据丢失了）。所以对于字符串常量赋给指针的情形，一般指针不再重新赋值。

例 6.4 输入一串字符，存储在数组中，用指针方式逐一显示字符，并求其长度。

程序如下：

```
#include <iostream.h>
void main()
{ char s[50],*p;
  cout<<"请输入字符串："<<endl;
  cin>>s;
  p=s;
  cout<<"输出每个字符："<<endl;
  while(*p!='\0')
    cout<<*p++<<" ";
  cout<<"\n 字符串长度："<<p-s<<endl;
}
```

6.3.4 指针数组

一个数组中若每个元素都是指针，则为指针数组。也就是说，指针数组是用来放一批地址的。为什么需要指针数组呢？主要是用于字符串的操作。假设有 5 个字符串要放在一个数组中，最长字符串为 11 个字符（连"\0"为 12 个字符），则应定义一个 5×12 的二维数组。如

```
static char name[5][12]={"Li li","Zhang Wei","Wang Mei Na"," Sun Lei","Hao Yan"};
```

若某个字符串较长，则要求按此长度定义二维数组的列数。本例中多数字符串不足 12，也要占 12 字节，造成内存空间的浪费。如果我们用 5 个指针变量指向这 5 个字符串，则

```
static char *name[4]={"Li li","Zhang Wei","Wang Mei Na"," Sun Lei","Hao Yan"};
```

name 是一个一维数组，有 5 个元素，每个元素都是指向字符数据的指针型数据。其中 name[0] 指向第一个字符串，name[1]指向第二个字符串等。内存表示如图 6.8 所示。

name[0]	1000	L	i		L	i	\0						
name[1]	1006	Z	h	a	n	g		W	e	i	\0		
name[2]	1016	W	a	n	g		M	e	i		N	a	\0
name[3]	1028	S	u	n		L	e	i	\0				
name[4]	1036	H	a	o		Y	a	n	\0				

图 6.8　字符数组的内存表示

需要指出的是，用二维字符数组和用指针数组初始化时，在内存的情况并不相同。用二维数组时每行的长度相同；而用指针数组时并未定义行的长度。利用指针数组处理字符串可以节省内存，提高运算效率。例如，相对 5 个姓名排序，若将字符串交换位置则慢，而交换地址要快得多。

例 6.5 先存储一个班的学生姓名，从键盘输入一个姓名，查询是否为该班学生。

程序如下：

```
#include <iostream.h>
#include<string.h>
void main()
{ int i=0,flag=0;
  char * name[5]={"WangHua","ZhangWei","WangMeiNa","SunFei","FengBaoBao"};
  char yourName[20];
  cout<<"请输入要找的人: ";
  cin>>yourName;
  for (i=0;i<5;i++)
       if(strcmp(name[i],yourName)==0)
       flag=1;
  cout<<yourName<<endl;
  if(flag==1)
     cout<<"是这个班的学生"<<endl;
  else
     cout<<"不是这个班的学生"<<endl;
}
```

两次运行结果如下：

请输入要找的人：WangHua

WangHua

是这个班的学生

请输入要找的人：WangHuaQiang

WangHuaQiang

不是这个班的学生

例 6.6 用指针数组显示数组 a 的所有元素。

程序如下：

```
#include <iostream.h>
void main()
{    int a[3][5]={{1,3,5,7,9},{2,4,6,8,10},{6,5,4,3,2}};
     int *p[3]={a[0],a[1],a[2]},i,j;
     for(i=0;i<3;i++)
     {
         for(j=0;j<5;j++)
             cout<<*(p[i]+j)<<" ";
         cout<<endl;
     }
}
```

程序运行结果：

```
1  3  5  7  9
2  4  6  8  10
6  5  4  3  2
```

指针数组与二维数组的关系：

① 直接用地址方式引用 a[i][j]数组元素：

```
*(a[i]+j)        *(*(a+i)+j)
```

二维数组的第 i 行首地址可表示为 a[i]或*(a+i)，于是第 i 行第 j 列的地址可表示为 a[i]+j 或*(a+i)+j，故 a[i][j]数组元素可表示为*(a[i]+j)或*(*(a+i)+j)。

② 用指针数组方式引用 a[i][j]数组元素：

```
*(p[i]+j)        *(*(p+i)+j)
```

指针数组与二维数组是有区别的。前面看到字符指针数组的内存表示，指针所指向的字符串长度是不规则的。

6.4 指针与函数

6.4.1 指针作为函数的参数

1. 形参为指针变量

有时我们确实需要通过函数调用来改变实参变量的值，或通过函数调用返回多个值（return语句只能返回一个值），这时仅靠传值方式并不能达到目的。下面我们通过一个例子，来看看通过传值的方式能否交换两个变量的值。

例 6.7 试图按传值方式交换变量值。

程序如下：

```
#include <iostream.h>
void swap(int x,int y);
void main( )
{    int a=2,b=3;
     cout<<"a="<<a<<"b="<<b<<endl;
     swap(a,b);
     cout<<"a="<<a<<"b="<<b<<endl;
}
void swap(int x,int y)
{   int temp;
    temp=x;
    x=y;
    y=temp;
}
```

程序运行结果：

```
a=2b=3
a=2b=3
```

分析：函数调用前后，变量 a 和 b 的输出结果相同，并没有因为形参 x、y 在函数体中的交换跟着交换。因为 C++默认的参数传递方式是传值，函数调用仅仅将实参变量 a 和 b 的值拷贝给了形参变量 x 和 y，因此，调用 swap(a,b)仅仅交换了两个形参变量 x 和 y 的值，实参变量并没交换，如图 6.9 所示。

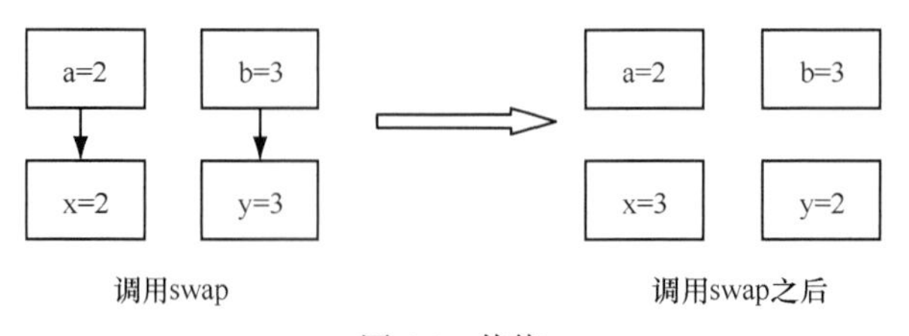

图 6.9 传值

那么如何通过函数调用来交换两个变量的值呢？可以通过传指针方式，传入两个指向实参变量的指针，间接地交换它们的值。

例 6.8 用传指针方式交换变量的值。

程序如下：

```
#include <iostream.h>
void swap(int *px ,int *py);
void main()
{
     int a=2,b=3;
     cout<<"a="<<a<<"b="<<b<<endl;
     swap(&a,&b);
     cout<<"a="<<a<<"b="<<b<<endl;
}
void swap(int *px ,int *py)
{
     int  temp;
     temp=*px;
     *px=*py;
     *py=temp;
}
```

程序运行结果:

```
a=2b=3
a=3b=2
```

分析：由于 swap 函数参数传递的不是变量的值，而是变量的地址，因此形参变量 px 和 py 存放的是变量 a 和 b 的地址，也就是说，变量 px 和 py 分别指向 a 和 b。在函数中交换的是指针变量 px 和 py 所指向的内容，因此 a 和 b 的值被交换，如图 6.10 所示。

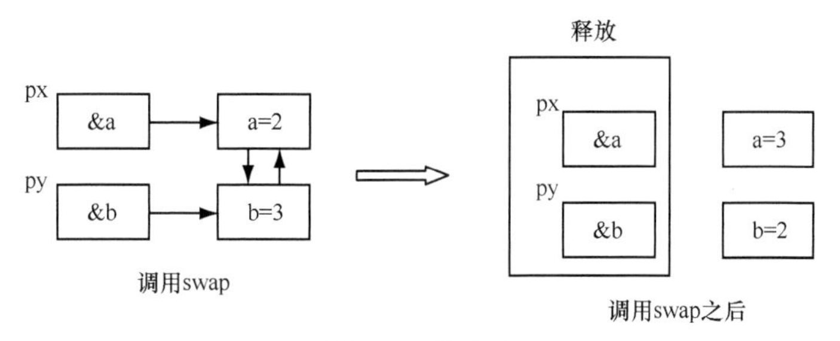

图 6.10　传地址

例 6.9　随机生成 100 到 200 之间的 10 个数放到一维数组中，并求其平均值及最大值。

程序如下：

```
#include <iostream.h>
#include<stdlib.h>
const int N=10;
void avg_max(int *p,float *p1,int * p2)
{
   float sum=0,max;
   sum=max=*p++;
   for (int i=1;i<N;i++)
      { if (max<*p) max=*p;
           sum+=*p;
     p++;
   }
   *p1=sum/N;        //将平均值放入指针 p1 指向的变量中
   *p2=max;          //将最大值放入指针 p2 指向的变量中
}
```

```
void main()
{ int a[10],x,max,i;
  float aver;
  for(i=0;i<10;i++)
  {
    x=rand()%101+100;                  //产生 100 到 200 之间的 10 个随机数
    a[i]=x;
  }
  for(i=0;i<10;i++)                    //输出数组元素
  { if(i%5==0)
   cout<<endl;
   cout<<a[i]<<" ";
  }
  cout<<endl;
  avg_max(a,&aver,&max);
  cout<<"平均值:"<<aver<<"最大值:"<<max<<endl;
}
```

2. 形参为常指针

为了防止被调函数对实参对象的修改，可将实参定义为常指针。在指针定义语句的类型前加 const，表示指向的对象是常量。

例如，

```
const int a=78;
int c;
const int *p=&a;
*p=15         //error：不能修改指针指向
*p=68         // error：不能修改指针指向的常量
```

例 6.10 分析下面的程序。

程序 1

```
#include <iostream.h>
int f(const int * p)
{
  int a=200;
  a=*p;
  return a;
}
void main()
{
   int x=5;cout<<f(&x);
}
```

程序 2

```
#include <iostream.h>
int f(const int * p)
{
   int a=200;
   *p=a;     //错误，不能修改 const 对象

   return p;
}
void main()
{
      int x=5;cout<<f(&x);
```

分析：程序 1 输出结果为 5；而程序 2 是一个错误的程序，因为形参 p 是常指针，因而在函数体中，语句*p=a 要修改指针所指的内容是不允许的。

若实参是常对象的地址，则形参必须定义为常指针。例如，

```
#include <iostream.h>
int f(const int * p)    //形参不能定义为 int *p
{ int a=200;
  a=*p;
  return a;
```

```
}
void main()
{const int x=5;cout<<f(&x); }    //输出 5
```

6.4.2 数组名作为参数

数组名作参数，实参可以是数组名或指针变量。其结合过程：实参把地址传递给形参数组，由于地址相同，表示同一片存储区域，因此，在被调函数中对形参数组的任何改变均会影响实参。

例 6.11 编写函数，从键盘输入字符串，求字符串的长度，并调用之。

程序如下：

```
#include <iostream.h>
#include<stdio.h>
int len(char s[])
{ int i=0;
  while(s[i]!='\0')
  i++;
  return i;
}
void main()
{ char str[50];
  gets(str);
  cout<<"字符串长度："<<len(str)<<endl;
}
```

分析：由于实参数组和形参数组占用同一片存储区，如图 6.11 所示，在被调函数中对字符数组 s 统计字符串的长度，实际上就是对实参字符数组 str 的操作，并利用字符串的结束符判别对字符串的操作是否结束。

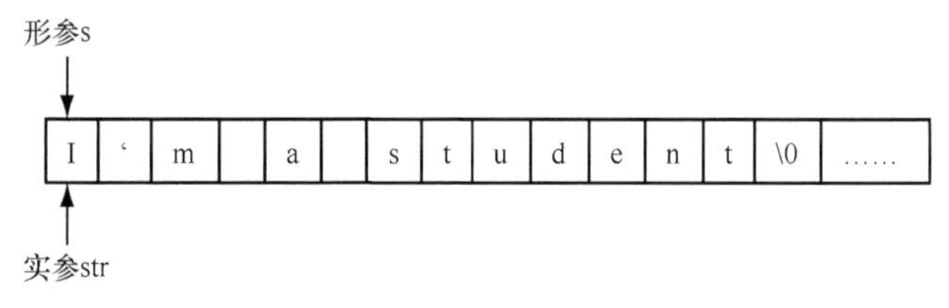

图 6.11

数组作为参数传递时要注意：

① 实参是数组名，其对应形参数组可以不必说明大小，只需在数组名后面跟一对[]即可。

② 形参数组和实参数组数据类型要一致。

③ 对于数值型数组，一般要将所处理的数组元素个数也作为形参。

6.4.3 指针函数

函数的返回类型除了基本类型外，还可以是指针，如变量的地址、数组名或指针变量等。返回指针的函数称为指针函数。在定义或说明指针函数时，要在函数名前加一个指针类型说明符，例如，

```
float * fun(float x[],float y);                          //函数说明
char * strcat(char *strDest,const char *strSource);      //函数说明
```

例 6.12 编写一个函数，拼接两个字符串 s1 和 s2，将拼接后的字符串存于 s1 中返回。

程序如下：

```
#include <iostream.h>
char *strcat1(char * s1,char *s2)
{ char * p=s1;
  while(*p++);
//由p指针确定s1中'\0'的位置
  --p;
  while(*p++=*s2++);
  return(s1);
}
void main()
{ char *p1,*p2;
  p1=new char[80];
  p2=new char[40];
    cin>>p1>>p2;
    cout<<"拼接后: "<<strcat1(p1,p2)<<endl;
    delete []p1;
    delete []p2;
}
```

注意

不能返回一个局部变量（在函数内定义的变量）的地址，因为函数调用结束后，该局部变量便不存在，它的地址也就没有意义，如下面的一个程序：

```
#include <iostream.h>
int * getInt( int x)
{ int y=x*x;
  return &y;
}
void main()
{ int a=5,*p;
   p=getInt(a);
   cout<<*p;        //输出25
   cout<<*p;        //输出不定值，因为p指向的对象已经不存在
}
```

6.5 引　　用

1. 引用的概念

引用是个别名，建立时须用另一个数据对象（如一个变量）的名字进行初始化，以指定该引用所代表的数据对象。此后，对引用的任何操作实际上是对所代表的数据对象的操作。一个引用变量要占用相当于一个指针所需要的空间，但系统不会为它所代表的数据对象再次分配空间。

在类型名后跟引用运算符“&”以及引用名来创建一个引用，引用名就是一个变量名。例如，引用一个整型变量：

```
int i=5;
int & r=i;   //r和i现在引用同一个int对象，r为i的别名
int x=r;     //x=5
r=2;    //i=2
```

例6.13 创建和使用引用。

程序如下：

```
#include <iostream.h>
void main()
{ int intOne;
  int & rInt=intOne;
  intOne=5;
  cout<<"intOne:"<<intOne<<endl;
  cout<<"rInt:"<<rInt<<endl;
  rInt=7;
  cout<<"intOne:"<<intOne<<endl;
  cout<<"rInt:"<<rInt<<endl;
}
```

程序运行结果：

```
intOne: 5
rInt: 5
intOne: 7
rInt: 7
```

引用 rInt 用 intOne 初始化后，无论是改变 intOne 还是 rInt，实际上都是指 intOne，两者的值是一样的。

注意

引用运算符与地址操作符使用相同的符号，但它们的含义不一样。引用运算符只在声明变量时使用，放在类型名后面，例如，

```
int & rInt=intone;
```

任何其他一元（单目）运算符“&”的使用都是地址运算符，例如，

```
int *ip=&intone;
cout<<&ip;
```

使用引用时应遵循一定的规则：

① 引用被创建时，必须立即被初始化（指针则可以在任何时候被初始化）。

② 一旦一个引用被初始化为一个对象的引用，它就不能再被改变为另一个对象的引用。（指针则可以在任何时候改变为指向另一个对象。）

③ 不可能有 NULL 引用。必须确保引用是具体合法的对象的引用（引用应和一块合法的存储空间关联）。

引用指针变量，一定要注意其用法，如

```
int *a;
int * &p=a;   //初始化p为对指针a的引用
int b=8;
p=&b; //ok!p是a的别名，是一个指针，指针a和引用p均指向b
```

2. 使用引用传递函数参数

引用的一个重要用途就是作为函数的参数。在 C++中，函数参数传递采用的是传值；若要有占用空间大的对象需要作为函数参数传递，往往使用指针，也可使用引用完成同样的事情。引用作为参数的最大好处是引用比指针有更好的可读性。

例 6.14　交换两个变量的值。

程序如下：

```
#include <iostream.h>
void swap(int &a,int &b);
```

```
void main()
{ int x,y;
  cin>>x>>y;
  cout<<"x="<<x<<"y="<<y<<endl;
  swap(x,y);
  cout<<"x="<<x<<"y="<<y<<endl;
}
void swap(int &a,int &b)
{ int temp=a;a=b;b=temp;
}
```

程序运行结果:

```
3 4
x=3 y=4
x=4 y=3
```

分析：调用函数 swap()，形参 a、b 分别与实参 x、y 共用相同的存储单元，所以，对 a、b 的操作就是对 x、y 的操作。

6.6 应用举例

本章主要讲述了指针和引用。在 C++语言中，它们和数组相互交织在一起，数组和指针有着密切的关系。指针是一个包含内存地址的对象，它不仅仅是地址，还与所指对象类型相关。通常，指针用来访问另一个对象的值，这个对象常常是一个数组。当一个程序把一个数组传给一个函数时，实际上就是把数组第一个元素的地址传给函数，通过递增指针的值，可以使指针直接指向数组的下一个元素。

引用是 C++独有的特性，引用实际上是变量的别名。使用 new 和 delete 两个运算符可以进行动态存储分配。这样程序就可以在运行时而不必在编译时指定所申请内存空间的大小了。

下面通过一些综合应用例子，巩固所学知识。

例 6.15 求一维数组中下标为奇数的元素之和。

程序如下：

```
#include <iostream.h>
int odd_add(int *,int);
void main()
{ static int a[10]={1,3,5,7,9,11,13,15,17,19};
  int *p,total;
  p=&a[1];
  total=odd_add( p,10);
  cout<<"数组中下标为奇数的元素之和为: "<<total<<endl;
}
int odd_add(int *pt,int n)
{
 int i,sum=0;
 for(i=0;i<n;i=i+2,pt=pt+2)
  sum+=*pt;
  return sum;
}
```

程序运行结果：

数组中下标为奇数的元素之和为：55

例 6.16 任意输入两个字符串，计算第二个字符串在第一个字符串中出现的次数。

程序如下：

```
#include <iostream.h>
#include <math.h>
void main()
{ char str1[255],str2[255],*p1,*p2, *temp;
  int sum=0;
  cout<<"intput two strings"<<endl;
  cin>>str1;
  cin>>str2;
  p1=str1;     //将 p1 指向第一个字符串
  p2=str2;     //将 p2 指向第二个字符串
  while (*p1!='\0')
  { temp = p1;          //将 temp 指向第一个字符串
     if(*temp==*p2)     //若 temp 所指内容和 p2 所指内容相同
     { while((*temp==*p2)&&(*p2!='\0')&&(*temp!='\0'))
       // 当 temp 所指内容和 p2 所指内容相同，且都不为结束符时
       { temp++;
          p2++;      //指针同时后移，判断下一个字符
       }
     }
     p1++;   // temp 所指内容和 p2 所指内容不同，p1 指针后移
     if(*p2=='\0') sum=sum+1; //p2 指向结束符，说明串 2 在串 1 中出现，次数加 1
     p2=str2;   //将 p2 指向第二个字符串的第一个字符，准备下次查找比较
  }
  cout<<sum;
}
```

程序运行结果：

```
input two strings
abcABfgABCdgeAB
AB
3
```

例 6.17 编写一个函数，求二维数组 a[m][n]的最大值和最小值，并调用之。

程序如下：

```
#include <iostream.h>
#include<iomanip.h>
void maxmin(int a[][4],int m,int n,int &max, int &min)
{ int i,j;
  max=a[0][0];min=a[0][0];
  for(i=0;i<m;i++)
   for(j=0;j<n;j++)
   {  if(a[i][j]>max) max=a[i][j];
      if(a[i][j]<min) min=a[i][j];
   }
}
void main()
{    int i,j, max,min,a[3][4]={{43,2,-8,11},{2,5,3,8},{0,33,21,9}};
     for(i=0;i<3;i++)
     {    for(j=0;j<4;j++)
               cout<<setw(4)<<a[i][j];
          cout<<endl;
     }
     maxmin(a,3,4,max,min);
     cout<<"最大值"<<max<<endl;
```

```
    cout<<"最小值"<<min<<endl;
}
```

二维数组名作为实参，其对应的形参数组在定义时，可省略第一维的大小说明，但不允许将第二维的大小也省略。

例 6.18 从键盘输入两个字符串 s1 和 s2，按字母顺序比较两个字符串 s1 和 s2 的大小，若相等，则输出 0，否则输出其第一个不相等的字符的 ASCII 差值。

程序如下：

```
#include <iostream.h>
void main()
{ char ch1[80],ch2[80],*s1=ch1,*s2=ch2;
  int r;
  cout<<"请输入两个字符串:"<<endl;
  cin>>ch1>>ch2;
  while(*s1!='\0' && *s1==*s2)
  { s1++;
     s2++;
  }
  if(*s1=='\0' && * s2=='\0')
      cout<<"0"<<endl;
  else
      r=*s1-*s2;
  cout<<"第一个不相等的字符的ASCII差"<<r<<endl;
}
```

习 题 六

一、选择题

1. 运算符->*的功能是（　　）。

   A. 用来表示指向对象指针对指向类成员指针的操作

   B. 用来表示对象对指向类成员指针的操作

   C. 用来表示指向对象指针对类成员的操作

   D. 用来表示对象类成员的操作

2. 下列关于 new 运算符的描述中，（　　）是错的。

   A. 它可以用来动态创建对象和对象数组

   B. 使用它创建的对象或对象数组可以使用 delete 运算符删除

   C. 使用它创建对象时要调用构造函数

   D. 使用它创建对象数组时必须指定初始值

3. 下列关于 delete 运算符的描述中，（　　）是错的。

   A. 它必须用于 new 返回的指针

   B. 它也适用于空指针

   C. 对一个指针可以使用多次该运算符

   D. 指针名前只用一对方括号符，不管所删除数组的维数

4. 下列说明中，ptr 应该是（　　）。

```
const char *ptr;
```

A. 指向字符常量的指针　　　　B. 指向字符的常量指针
C. 指向字符串常量的指针　　　D. 指向字符串的常量指针

5. 下列定义中，(　　)是定义指向数组的指针 p。
A. int *p [5];　　B. int (*p)[5];　　C. (int *) p[5];　　D. int *p[ ];

6. 在 int a=3,*p=&a;中，*p 的值是(　　)。
A. 变量 a 的地址值　　B. 无意义　　C. 变量 p 的地址值　　D. 3

7. 在 int a=3,int *p=&a；中，*p 的值是(　　)。
A. 变量 a 的地址值　　B. 无意义　　C. 变量 p 的地址值　　D. 3

8. 下列关于指针的运算中，(　　)是非法的。
A. 两个指针在一定条件下，可以进行相等或不等的运算
B. 可以用一个空指针赋值给某个指针
C. 一个指针可以加上两个整数之差
D. 两个指针在一定条件下可以相加

9. 若有以下定义，则下列说法中错误的是(　　)。

```
int a=100,*p=&a;
```

A. 声明变量 p，其中*表示 p 是一个指针变量
B. 变量 p 经初始化，获得变量 a 的地址
C. 变量 p 只可以指向一个整型变量
D. 变量 p 的值为 100

二、填空题

1. C++中语句 const char * const p="hello"；所定义的指针 p 和它所指的内容都不能被______。

2. 假定 p 所指对象的值为 25，p+1 所指对象的值为 46，则执行“*p++”语句后，p 所指的对象的值为______。

3. 使用 new 为 int 数组动态分配 10 个存储空间是______。

4. 在已经定义了整型指针 ip 后，为了得到一个包括 10 个整数的数组并由 ip 所指向，应使用语句______。

5. 假定要动态分配一个类型为 worker 的具有 n 个元素的数组，并由 r 指向这个动态数组，则使用的语句为______。

6. 假定要访问一个结构对象 x 中的由 a 指针成员所指向的对象，则表示方法为______。

三、判断题

1. 在说明语句 int a(5),&b=a,*p=&a;中，b 的值和*p 的值是相等的。(　　)

2. const char *p 说明了 p 是指向字符串的常量指针。(　　)

3. 指针是用来存放某种变量的地址值的变量。这种变量的地址值也可以存放在某个变量中，存放某个指针的地址值的变量称为指向指针的指针，即二级指针。(　　)

四、写出程序运行结果

```
#include <iostream.h>
void main()
{
     int *p1;
     int **p2=&p1;
     int b=20;
     p1=&b;
     cout<<**p2<<endl;
}
```

第7章 类与对象

类是面向对象程序设计的核心，它实际上是一种新的数据结构。它把数据和对数据的操作结合在一起，成为一个封装的基本单元，面向对象程序设计中的所有操作都要归结为对类的操作。对象是类的一个实例，是一个既有数据又有对数据进行操作的代码的具体实例。类是对对象的抽象，对象是类的实例化。本章主要讲述类和对象的基本概念和类成员的操作方法。

7.1 面向对象程序设计的概念

前面我们已经学过了C++的一些知识，在我们所举的例子中数据和所要实现的功能过程是分离的，即数据和过程是相互独立的实体。程序员在编程时要时刻考虑所处理数据的格式。整个程序被分解成多个功能较小的便于实现的模块，从而提高了程序开发的效率。

1. 模块化程序设计

当计算机在处理较大的复杂任务时，所编写的应用程序经常由上万条语句组成，需要由许多人共同来完成。这时常常把这个复杂的大任务分解为若干个子任务，每个子任务又分成很多个小子任务，每个小子任务只完成一项简单的功能。其程序设计是按功能划分若干个基本模块，这些模块形成一个树状结构；各模块之间的关系尽可能简单，在功能上相对独立。每个模块内部均由顺序、选择和循环三种基本结构组成。我们称这样的程序设计方法为“模块化”的方法，由一个个功能模块构成的程序结构为模块化结构。

软件编制人员在进行程序设计的时候，首先应当集中考虑主程序中的算法，写出主程序后再动手逐步完成子程序的调用。对于这些子程序，也可用与调试主程序同样的方法逐步完成其下一层子程序的调用。这就是自顶向下、逐步细化、模块化的程序设计。

模块化（结构化）程序设计方法虽然有很多优点，但它仍是一种面向数据/过程的设计方法，它把数据和过程分离为相互独立的实体，程序员在编程时必须时刻考虑所要处理的数据的格式。对于不同的数据格式，即便要做同样的处理，或对相同的数据格式要做不同的处理，都需要编写不同的程序。因此结构化程序的可重用性不好。另一方面，当数据和过程相互独立时，总存在着用错误的数据调用正确的程序模块或用正确的数据调用了错误的程序模块的可能。因此，要使数据与程序始终保持相容，已经成为程序员的一个沉重的负担。对于上述这些问题，结构化程序设计方法本身是解决不了的，它需要借助于我们下面要讨论的面向对象的程序设计方法予以解决。

2. 面向对象程序设计

面向对象设计方法追求的是现实问题空间与软件系统解空间的近似和直接模拟。它希望用户用最小的气力，最大限度地利用软件系统来求解问题。相对于模块化的程序设计，它是一种基于结构分析的，以数据为中心的程序设计方法。面向对象的思想是把世界看成由具有独立行为能力的各种对象组成，所有对象都有其自身的特性及相关行为。在面向对象的程序中，活动的基本单位是对象，对象之间的相互作用通过消息的传递来实现。

面向对象的设计方法基于信息隐藏和抽象数据类型的概念。它把系统中的所有资源，如数据、模块以及系统都看成对象，每个对象把一个数据类型和一组过程封装在一起，使得这组过程了解对这一数据类型的处理，并在定义对象时可以规定外界在其上运行的权限。使用这一方法，设计人员可以依据自己的意图创建自己的对象，并将问题映射到该对象上。这一方法直接、自然，可以使设计人员把主要精力放在系统一级上，而对细节问题可以较少地关心。

面向对象设计方法具有许多良好的特点。

① 模块性。对象是一个功能和数据独立的单元，彼此之间只能通过对象认可的途径进行通信，相互没有预料不到的影响，也可以较为自由地为各个不同的软件系统所用。

② 封装功能。为信息隐蔽提供具体的实现手段。用户不必清楚对象的内部细节，只要了解其功能描述就可以使用。

③ 代码共享。继承性提供了一种代码共享的手段，可以避免重复的代码设计，使得面向对象的方法确实有效。

④ 灵活性。对象的功能执行是在消息传递时确定的，支持对象的主体特征，使得对象可以根据自身的特点进行功能实现，提高了程序设计的灵活性。

⑤ 易维护性。对象实现了抽象和封装，使其中可能出现的错误限制在自身，不会向外传播，易于查错和修改。

⑥ 增量型设计。面向对象系统可以通过继承机制不断扩充功能，而不影响原有软件的运行。

这里我们可以比较一下结构化程序设计和面向对象程序设计之间有什么区别。结构化程序设计强调了功能抽象和模块性，它将解决问题的过程看做一个处理过程；而面向对象的程序设计则综合了功能抽象和数据抽象，它将解诀问题看做一个分类演绎过程。

模块与对象。结构化设计中，模块是对功能的抽象，每个模块都是一个处理单位，它有输入和输出；而对象是包括数据和操作，且整体是对数据和功能的抽象和统一。可以这么说，对象包含了模块概念。

过程调用与消息传递。在结构化程序设计中，过程为一独立实体，显式地为它的使用者所见。而在面向对象的程序设计中，方法是隶属于对象的，它不是独立存在的实体，而是对象的功能体现。消息传递机制很自然地与分布式并行程序、多机系统和网络通信模型取得了一致。

另外，过程调用所涉及的过程及函数都属于同一个程序实体，无论它们是以一个文件还是以多个文件存放。而不同对象间的消息传递则是不同程序实体之间的交互与协作。可以这样说，面向对象设计中的程序实体是松耦合的，而传统设计中的程序实体是紧耦合的。

类型与类。类型与类都是对数据和操作的抽象，即定义了一组具有共同特征的数据和可以作用于其上的一组操作，但是类型仍然是偏重于操作抽象的，而类是集成数据抽象和操作抽象的，二者缺一不可。同时，类引入了继承性质，实现了代码的重用性和可扩充性。

静态组建与动态组建。从程序设计的发展来看，用户对灵活性和方便性的要求不断增强，所以动态组建代替静态组建是必然趋势。尽管动态组建会影响执行的速度，但计算机硬件速度的提高弥补了动态组建的低效性。显然，面向对象在这一方面与结构化设计相比占有优势。

7.2　类

类是一种用户自定义的数据类型，由数据成员和成员函数组成。在声明类的对象之前，必须对类进行定义。

7.2.1 类的声明

在前面构造类型数据中，我们讨论了结构体类型数据，结构体成员类型可以是多样的。结构体只包含数据成员，而类包含数据和对这些数据的操作方法两部分。因此类的定义不仅包含数据成员的声明，而且包含对这些数据成员进行操作的函数的声明。类代表了一批对象的共同特征。因此在面向对象方法中，称类是对象的抽象，而对象是类的一个实例。与结构体类型和结构体类型变量一样，在C++中也要首先声明一个类，然后才能定义该类的具体“变量”——对象。

1. 类声明的格式

类声明的一般格式如下：

```
class <类名>
{
private:
<私有的数据成员和成员函数>;
public:
<公有的数据成员和成员函数>;
protected:
<受保护的数据成员和成员函数>;
}
```

其中，class是定义类的关键字，<类名>是标识符，由用户自己根据标识符的书写规则定义。一对花括号内是类的说明。关键字private（私有的）、public（公有的）和protected（受保护的）用来说明类成员的访问权限。被声明为private（私有的）的成员通常是一些数据成员，这些成员一般是用来描述该类中对象的属性的，只能被本类的成员函数和经特殊说明的函数所访问，用于信息隐藏。被声明为public（公有的）的成员通常是一些操作（成员函数），是提供给用户的接口，这部分成员可以在程序中引用。

关键字private、public和protected被称为访问权限修饰符或访问控制修饰符，它们在类体内出现的先后顺序不确定。同时它们又不必同时出现在类的定义中，可以出现只包含其中一部分或两部分的情形。然而如果一个类体中只有private部分，而没有public部分和protected部分，那么这种类中的所有成员都将与外界隔绝，这种类显然是毫无用处的。因此，不能把类中的所有成员都声明为private型的。如果不对成员类型进行声明，则默认为private型。

用protected声明的成员称为受保护的成员，它与私有成员一样不能被类外的函数访问，但可以被派生类的成员访问。有关派生类的知识将在下一章介绍。

2. 类声明举例

例7.1 定义一个表示日期的类。

```
#include <iostream.h>
class Cdate          //声明类
{
 private:         //声明私有成员
    int year,month,day;
 public:          //声明公有成员
   void SetDate (int y, int m, int d)      //设置日期函数
   {
      year=y;
      month=m;
```

```
      day=d;
    }
    void OutDate()            //输出日期函数
    {
      cout<<year<<"年" <<month<<"月" <<day<<"日"<<endl;
 }
};
```

在这个类中，把数据成员 year、month 和 day 定义为私有成员，把设置日期的函数 SetDate(int, int, int)和日期输出函数 OutDate()定义为公有成员。

从上面类的定义中可以看出类由数据成员和成员函数两部分构成。

7.2.2 类成员的定义

类的成员可分为数据成员和成员函数两部分。

1. 数据成员的定义

类的数据成员通常都在类体内定义，它的定义方式和变量的定义方式相同，也称为成员变量。类的数据成员可以是基本数据类型、构造数据类型和指针类型，也可以是用户自定义的类型。但是要注意，在定义类时，只是定义了一种数据类型，此时并没有给所定义的类分配存储空间，因此这时不能对类中的成员进行数据初始化。另外，由于类的定义是将一些数据和函数封装在一个统一体中，所以类的数据成员不能使用关键字 extern、auto 和 register 来限定其存储类型。

2. 类成员函数的定义

类的成员函数的定义和一般的函数定义相类似，可有参数和返回值类型，其函数体可以在类体内定义，例如，例 7.1 所定义的函数 SetDate(int,int,int)和 OutDate()都在 Cdate 类的内部进行了定义。在类体内实现的成员函数称为内联成员函数。

成员函数也可以在类体外定义，在类体外实现的成员函数称为外部成员函数。外部成员函数定义的格式为：

```
<类型> <类名>: : <成员函数名>(<参数列表>)
{
     函数体
}
```

其中，成员函数名前面的符号“::”是 C++运算符，称为“作用域分辨符”，用于指明该函数是哪个类中的成员函数。前面例 7.1 的类的定义也可以如下所示：

```
class Cdate          //声明类
{
  private:           //声明私有成员
      int year,month,day;
public:             //声明公有成员
     void SetDate (int y, int m, int d)
     void OutDate()
};
void Cdate::SetDate (int y, int m, int d)
{
    cin>>y>>m>>d;
    year=y;
    month=m;
    day=d;
}
```

```
void Cdate::OutDate()
{
        cout<<year<<"年" <<month<<"月"<<day<<"日"<<endl
}
```

在类体外定义成员函数时，必须在类体中做原型说明，类体的位置应该在函数之前。在 C++ 中，在类体内直接定义的函数默认为内联函数；但是对于类体外定义的函数，如果要指定为内联函数，需要在其函数名前加上关键字 inline 来表示该函数是内联成员函数。

7.3 对　　象

7.3.1 对象的定义

类是一种导出型数据类型，或称用户自定义的数据类型，在定义类之后就可以用它来说明变量了。具有类类型的变量称为类的对象，或者称为类的实例。类的作用和功能主要通过它的对象体现。与定义结构体变量一样，定义类的对象有三种方法。

1. 先声明类再用类名定义对象

格式如下：

<类名> <对象名列表>

例如，先定义一个学生类，然后定义两个对象。

```
class Cstudent
{
    private:
      int num;
      char name[10];
      float score;
    public:
    void readdata()
    { cin>>num>>name>>score;
      return;
    }
    void writedata()
    { cout<<setiosflags(ios::left);
     cout<<setw(6)<<num<<setw(10)<<name setw(8)<<score<<endl;
    }
};
CStudent stu1,stu2;
```

2. 在声明类的同时定义对象

上面的对象的定义可以如下：

```
class Cstudent
{
    private:
      int num;
      char name[10];
      float score;
    public:
    void readdata()
    { cin>>num>>name>>score;
      return;
```

```
    }
    void writedata()
    { cout<<setiosflags(ios::left);
     cout<<setw(6)<<num<<setw(10)<<name setw(8)<<score<<endl;
    }
} stu1,stu2;
```

3. 在声明类时不出现类名，直接定义对象

```
class
{
   private:
     int num;
     char name[10];
     float score;
   public:
   void readdata()
   { cin>>num>>name>>score;
     return;
   }
   void writedata()
   { cout<<setiosflags(ios::left);
    cout<<setw(6)<<num<<setw(10)<<name setw(8)<<score<<endl;
   }
} stu1,stu2;
```

这种直接定义对象的方法虽然是合理的，而且也是 C++允许的，但实际上很少使用或几乎不用。

在同一程序中，一个类可以定义多个对象。在创建对象时，编译系统只为对象中的数据成员分配存储空间，而同类对象的成员函数的代码却是共享的，即将类的成员函数的代码放在一个公用区中，为该类的所有对象共享。创建一个对象时，系统为该对象分配的存储空间为它的数据成员所占用的存储空间总和。

7.3.2 对象成员的引用

一个对象的成员就是该对象的类所定义的成员。对象成员有数据成员和成员函数，其表示方式如下：

```
<对象名>.<数据成员名>
```

或者

```
<对象名>.<成员函数名>(<参数表>)
```

这里的“.”是一个运算符，该运算符的功能是表示对象的成员。

指向对象的指针的成员表示如下：

```
<对象指针名>-><数据成员名>
```

或者

```
<对象指针名>-><成员函数名>(<参数表>)
```

这里的“->”是一个表示成员的运算符。它与前面讲过的“.”运算符的区别是，“->”用来表示指向对象的指针的成员，而“.”用来表示一般对象的成员。

对前面定义的类 Cdate，可说明变量如下：

```
Cdate date1,*Pdate;
```

则对象成员表示如下：

```
date1.year, date1.month, date1.day;
```

```
date1.SetDate(int y, int m, int d);
Pdate->year, Pdate->month, Pdate->day;
Pdate->SetDate(int y, int m, int d);
```

表示法<对象指针名>-><成员名> 与 (*<对象指针名>).<成员名>是等价的。如

```
Pdate->year, Pdate->month, Pdate->day;
```

与

```
(*Pdate).year, (*Pdate).month, (*Pdate).day;
```

这对于成员函数也适用。如

```
Pdate->SetDate(int y, int m, int d);
```

与

```
(*Pdate).SetDate(int y, int m, int d);
```

另外，引用对象的成员表示与一般对象的成员表示相同。

例 7.2 定义一个日期类，实现对日期的设置和显示。

```
# include <iostream.h>
class Cdate         //声明类
{
  private:         //声明私有成员
      int year,month,day;
  public:          //声明公有成员
      void SetDate (int y, int m, int d)
      void OutDate()
};
void Cdate::SetDate (int y, int m, int d)
{
    cin>>y>>m>>d;
    year=y;
    month=m;
    day=d;
}
void Cdate::OutDate()
{
   cout<<year<<"年"<<month<<"月"<<day<<"日"<<endl
}
void main()
{
Cdate d,*pd;
d.SetDate(2013,8,5);
d.OutDate();
pd=&d;
pd->SetDate(2013,8,6);
pd->OutDate();
}
```

程序运行结果为：

```
2013年8月5日
2013年8月6日
```

7.4 构造函数和析构函数

前面一节对成员函数进行了说明，本节讲述的构造函数和析构函数是两种特殊的成员函数。

构造函数的功能是在创建对象时，用给定的值将对象初始化。构造函数在创建对象时由系统自动调用。析构函数的功能是释放一个对象，在对象删除前，用它来做一些清理工作。它与构造函数的功能正好相反，也由系统自动调用。这样就使得必要的初始化和清除的实行有了保证。下面举一个构造函数和析构函数的例子。

例 7.3 定义一个具有构造函数和析构函数的日期类。

```
class CDate
{
 private:
   int year,month,day;
 public:
   CDate(int y, int m, int d);
   ~CDate();
};
CDate::CDate(int y, int m, int d)
{
  year=y;
  month=m;
  day=d;
  cout<<year<<"年"<<month<<"月"<<day<<"日"<<endl;
}
CDate::~CDate()
{
  cout<<"destrctor called\n";
}
```

在这个例子中，类体内说明的函数 CDate()是构造函数，而~CDate()是析构函数。

7.4.1 构造函数

构造函数是指与类同名的那个成员函数，主要用于对对象进行初始化。构造函数不能有返回类型，也就是说构造函数定义时是不要求指定它的返回类型的，这不等于具有 void 返回类型。

1. 缺省构造函数

缺省构造函数是指不带任何参数的构造函数，其格式如下：

```
<类名>::<缺省构造函数名>()
{
}
```

在定义类时，如果没有为类定义任何构造函数，则编译器自动生成一个缺省构造函数。

缺省构造函数的这种格式也可定义在类体中。这时，在程序中定义一个对象而没有对它初始化时，编译器便按缺省构造函数来初始化该对象。用缺省构造函数对对象初始化时，则将对象的所有数据成员都初始化为零或空。

2. 对象初始化

一个类的构造函数可以根据需要定义多个，只需要每个构造函数都有一个不同的参数表。创建对象时对象的初始值作为调用构造函数的实参。对例 7.3 定义的类 CDate，如果在 main()函数中有语句：

```
CDate date(2013,8,9);
```

则在建立对象 date 时，就会调用构造函数，即做如下的赋值操作：

```
date.year=2013、date.month=8 、date.day=9。
```

关于构造函数的几点说明：

① 如果一个类没有提供任何构造函数，C++就会自动提供一个默认的构造函数。只要类中提供了任意一个构造函数，C++就不再自动提供默认的构造函数。

② 构造函数的名字与类名相同。该函数不指定类型说明，它有隐含的返回值，该值由系统内部使用。

③ 构造函数是成员函数，函数体可写在类体内，也可写在类体外，还可以是内联函数。

④ 构造函数可以重载，即可以定义多个参数个数不同的函数。

⑤ 程序中不能直接调用构造函数，在创建对象时系统自动调用构造函数。

例 7.4 给出程序的运行结果。

```
# include <iostream.h>
class CDate
{
 private:
   int year,month,day;
 public:
   CDate(int y, int m, int d);
   ~CDate();
};
CDate::CDate(int y, int m, int d)
{
  year=y;
  month=m;
  day=d;
  cout<<year<<"年"<<month<<"月"<<day<<"日"<<endl;
}
CDate::~CDate()
{
  cout<<"destrctor called\n";
}
void main()
{
  CDate date(2013,8,9);
}
```

7.4.2 析构函数

析构函数也是特殊的类成员函数。它无返回类型，没有参数，不能随便调用，也不能重载，只有在类对象使用结束时，由系统自动调用。类的析构函数是在函数名前加上带有符号“~”的与类同名的函数。类的析构函数在删除对象时调用。析构函数本身并不删除对象，而是进行系统放弃对象内存之前的清理工作，使得内存可以用于保存新对象。例如，下面的类包含了一个空的内联析构函数，功能和系统自动生成的析构函数相同。

```
class Cclock
{
  private:
    int hour, minute, second;
  public:
    Cclock(int h, int m, int s) {hour=h; minute=m; second=s;}
  void ShowTime()
  {
     cout<<hour<<":"<<minute<<":"<<second<<endl;
  }
  ~Cclock() {}
```

```
};
```

一般来说，如果希望程序在对象删除之前完成某件事情，就可以将其写进析构函数中。例如，在 Windows 系统中，每一个窗口就是一个对象，在窗口关闭之前需要保存显示在窗口中的内容，就可以在析构函数中完成了。

如果一个类中没有定义析构函数，则编译系统也生成一个称为缺省析构函数的函数，其格式如下：

```
<类名>::~<缺省析构函数名>()
{
}
```

<缺省析构函数名>即为该类的类名。缺省析构函数是一个空函数。

关于析构函数的几点说明：

① 析构函数是成员函数，函数体可写在类体内，也可写在类体外。

② 析构函数也是一个特殊的函数，它的名字同类名，并在前面加“~”字符，用来与构造函数加以区别。析构函数不指定数据类型，并且没有参数。

③ 一个类中只可能定义一个析构函数。

④ 析构函数可以被用户调用，也可以被系统调用。

例 7.5　调试并分析下列程序的运行结果。

```
# include <iostream.h>
class CDate
{
 private:
   int year,month,day;
 public:
   CDate(int y, int m, int d);
   ~CDate();
   void print();
};
CDate::CDate(int y, int m, int d)
{
  year=y;
  month=m;
  day=d;
}
CDate:: ~CDate()
{
  cout<<"destrctor called\n";
}
void CDate::print()
{
  cout<<year<<"年"<<month<<"月"<<day<<"日"<<endl;
}
void main()
{
  CDate today(2013,8,9),tomorrow(2013,8,10);
  cout<<"Today is:";
  today.print();
  cout<<"Tomorrow is:";
  tomorrow.print();
}
```

7.5 内联函数

函数的引入使得编程者只需关心函数的功能和使用方法，而不必关心函数功能的具体实现；函数的引入可以减少程序的目标代码，实现程序代码和数据的共享。但是，函数调用会带来降低效率的问题，因为调用函数实际上是将程序执行顺序转移到函数所存放在内存的地址，将函数的程序内容执行完后，再返回转去执行该函数前的地方。这种转移操作要求在转去前要保护现场并记忆执行的地址，转回后先要恢复现场，并按原来的保存地址继续执行。因此，函数调用要有一定的时间和空间方面的开销，于是将影响程序的效率。特别是对于一些函数体代码不是很大，但又频繁地被调用的函数来讲，解决其效率问题更为重要。引入内联函数实际上就是为了解决这一问题。

在程序编译时，编译器将程序中出现的内联函数的调用表达式，用内联函数的函数体进行替换。显然，这种做法不会产生转去转回的问题，但是由于在编译时，函数体中的代码被替代到程序中，因此会增加目标程序代码量，进而增加空间开销，而在时间开销上不像函数调用时那么大，可见它是以目标代码的增加为代价来换取时间的节省的。

1. 内联函数的定义方法

定义内联函数的方法很简单，只要在函数定义的头前加上关键字 inline 即可。内联函数的定义方法与一般函数一样。如

```
inline int add_int (int x, int y, int z)
{
  return x+y+z;
}
```

在程序中，调用其函数时，该函数在编译时被替代，而不是像一般函数那样在运行时被调用。

2. 使用内联函数应注意的事项

内联函数具有一般函数的特性，它与一般函数的不同之处在于函数调用的处理。一般函数在进行调用时，要将程序执行权转到被调用函数中，然后返回调用它的函数中；而内联函数在调用时，是将调用表达式用内联函数体来替换。在使用内联函数时，应注意如下几点：

① 在内联函数内不允许用循环语句和开关语句。

② 内联函数的定义必须出现在内联函数第一次被调用之前。

③ 类结构中所有在类说明内部定义的函数是内联函数。

7.6 静态成员

当我们用类创建对象时，对于同一个类所创建的对象如果有多个，那么这些对象就要分别占用各自的内存空间，而有些情况是特定的成员在为这些对象所共享。静态成员就是用于解决这个共享问题的。静态成员被所有类所共享，存在于程序运行的始终，当没有任何对象时也存在，是独立的类对象的一部分。静态成员可分为静态成员数据和静态成员函数。

7.6.1 静态成员数据

1. 静态成员数据的定义

静态成员数据与静态类型的变量的定义方式一样，只要在成员数据的定义之前加关键字 static

即可。例如，

```
class Objcount
{
     static int count;
     …
}
```

语句“static int count;”定义了一个整型静态成员数据 count。在一个类中可以定义多个静态成员，在类中的所有对象共享这些静态成员。

2. 静态成员数据的初始化

静态成员数据也必须有确定的值，但由于在类定义中不能对数据成员进行初始化，因此必须在类定义的外部对静态成员数据再声明一次，并进行初始化，格式为：

<数据类型> <类名>：：<静态成员数据名=初值>;

例如，对上面定义的类 Objcount，在类体外对 count 进行初始化的语句为：

```
int Objcount::count=0; "
```

如果程序中未对静态成员数据进行初始化，则编译系统自动赋予初值 0。由于在类体外做了声明，因此类的静态成员数据具有全局变量的某些特征，比如在程序开始运行时就为静态成员数据分配存储空间，但它只具有类作用域。

3. 静态成员数据的访问

静态成员数据也可以分为公有的、私有的和受保护的。对于公有的静态成员数据，既可以通过类的对象进行访问，也可以通过类名直接访问。通过类名直接访问的格式为:

类名：：静态成员数据

但是私有的和保护的静态成员数据与一般的私有数据成员一样，不能在类外引用，只能通过对象调用同类的成员函数来引用。

例 7.6　静态成员数据的使用。

```
#include <iostream.h>
# include <stdlib.h>
class Objcount
{
    static int count;               //count 被声明为静态成员
    int objnumber;
  public:
    Objcount()
    {  count++;
      objnumber=count;
    }
    void show()
    {  cout<<"obj"<<objnumber<<'\t'<<"count="<<count<<'\n'; }
    ~Objcount()
    {  count--;   }
};
int Objcount::count=0;           //静态成员数据初始化
void main()
{
  Objcount obj1;
  obj1.show();
  cout<<"----------------------\n";
  Objcount *obj2=new Objcount;
  obj1.show();
```

```
  obj2->show();
  cout<<"-----------------------\n";
  delete obj2;            //释放对象 obj2
  obj1.show();
}
```

程序运行结果如下：

```
obj1    count=1
-----------------------------
obj1    count=2
obj2    count=2
-----------------------------
obj1    count=1
```

该程序的功能是用变量 count 记录创建对象的数目，每创建一个对象，count 的值就加 1，每删除一个对象，count 的值就减 1。程序中 count 被定义为私有的，所以必须通过成员函数 show() 来访问 count。如果 count 定义为公有的，在主函数中就可以用下列的语句来访问。

```
cout<<"count="<<obj1.count<<'\n';
```

或

```
cout<<"count="<<Objcount::count<<'\n';
```

7.6.2 静态成员函数

不仅数据成员可以声明为静态的，成员函数也可以声明为静态的。与静态成员数据一样，静态成员函数属于整个类，由该类的所有对象所共享。

1. 静态成员函数的定义

静态成员函数的定义很简单，只需在函数说明前用关键字 static 修饰即可。对例 7.6 中的成员函数 show()，可以声明为静态成员函数，如下：

```
static void show();
```

在类体外定义为：

```
void Objcount::show()
{ cout<<"count="<<count<<'\n'; }
```

静态成员函数可以定义为内联函数，也可以在类体外定义，但是此时与静态成员数据一样，函数名前不必加关键字 static。

2. 静态成员函数的访问

静态成员函数也可以分为公有的、私有的和受保护的。对于公有的静态成员函数，既可以通过类的对象进行访问，也可以通过类名直接访问。通过类名直接访问的格式为:

<类名>：：<静态成员函数>

但是对于私有的和保护的静态成员函数，只能通过所在类的对象来访问。

值得注意的一点是，静态成员函数的作用是访问本类的静态成员数据，而不能像普通的成员函数那样直接访问对象中的非静态成员数据。

例 7.7 静态成员函数的定义和使用。

```
#include <iostream.h>
# include <stdlib.h>
class Objcount
{
     static int count;                              //声明静态成员数据 count
     int objnumber;
     public:
```

```
        Objcount()
        {  count++;
           objnumber=count;
        }
        static void show();                         //声明静态成员函数 show()
        ~Objcount()
        {  count--;
    }
    };
    int Objcount::count=0;                          //静态成员数据初始化
    void Objcount::show()
    {  cout<<"count="<<count<<'\n'; }
    void main()
    {
       Objcount obj1;
       obj1.show();                                 //通过对象调用静态成员函数 show()
       cout<<"----------------------\n";
       Objcount *obj2=new Objcount;
       Objcount::show();                            //通过类名调用静态成员函数 show()
       obj2->show();
       cout<<"----------------------\n";
       delete obj2;                                 //释放对象 obj2
       obj1.show();
    }
```

程序运行结果如下：

```
count=1
----------------------------
count=2
count=2
----------------------------
count=1
```

7.7　对象数组和对象指针

类作为一种用户自定义类型，和其他基本数据类型一样，也可以定义数组和指针。

7.7.1　对象数组

由属于同一个类的对象所组成的数组，称为对象数组。对象数组可以是一维的，也可以是二维的。下面以一维数组为例进行说明。

1．对象数组的定义

一维对象数组的定义格式如下：

<类名><数组名>[常量表达式]

其中，类名指出数组元素所属的类，常量表达式给出了数组元素的个数。例如，假设已经定义了一个类 Date，则语句“Date dates[30]”定义了一个具有 30 个元素的对象数组，数组下标从 0 到 29，即定义了 dates[0]，dates[1]，…，dates[29]。

2．对象数组的赋值

对象数组可以在定义时赋初值，也可以通过赋值语句进行赋值。看下面的例子。

```
class Date
{
  private:
       int month, day, year;
  public:
       Date(int m, int d, int y);
       void Outdate();
};
…
Date dates[4]={ Date(7,1,2013), Date(7,2,2013),Date(7,3,2013) ,Date(7,4,2013)}
```

或者

```
dates[0]= Date(7,1,2013);
dates[1]= Date(7,2,2013);
dates[0]= Date(7,3,2013);
dates[1]= Date(7,4,2013);
```

这些语句实现了对对象数组 dates 的元素进行赋值的操作。

与基本数据类型数组不同，在说明对象数组时不能对它进行初始化，对象数组元素通常通过构造函数进行初始化。

下面通过一个例子进一步说明对象数组的赋初值和赋值方法。

例 7.8 分析下列程序的输出结果。

```
#include <iostream.h>
using  namespace  std;
class Date
{
   int m, d, y;
public:
   Date();
   Date(int mm,int dd,int yy)  { m=mm; d=dd; y=yy;}
   ~Date()  {cout<<"Date destructor called"<<endl;}
   void display() const   { cout <<m<<'/'<<d<<'/'<<y<<endl; }
};
Date::Date()
{
   cout <<"Date constructor called"<<endl;
   m=0; d=0; y=0;
}
int main()
{
   Date dates[2];
   Date today(12,31,2003);     //对象初始化
   dates[0]=today;           //对象赋值
   dates[0].display();
   dates[1].display();
   return 0;
}
```

运行程序，输出结果为：

```
Date constructor called
Date constructor called
12/31/2003
0/0/0
Date destructor called
```

```
Date destructor called
Date destructor called
```

从输出结果中可以看出，Date()这个默认构造函数被调用了两次，析构函数被调用了三次，即在 dates[0]，dates[1]，today 这三个对象离开作用域时调用了三次析构函数。

7.7.2　对象指针

和基本数据类型一样，利用类也可以定义指针类型的对象。

1. 对象指针的定义

定义指针类型的对象的格式为：

<类名> *<对象名 1>,*<对象名 2>,…;

其中类名给出了对象所属于的类。“*”是指针运算符，表明其后的对象是一个指针类型的对象。

如 Date *date1, *date2;

定义了指针变量 date1 和 date2，它们指向的数据的类型为类 Date 类型。

2. 对象指针的使用

对象指针只能访问类对象内的公有成员，格式为：

<对象指针名>-><公有数据成员名>

<对象指针名>-><公有成员函数名>(<参数表>)

对上面定义的对象 date1，可以进行如下的操作：

```
date1->month=5;
date1->day=20;
date1->year=2013;
```

例 7.9　分析下面程序的运行结果。

```
#include<iostream.h>
using  namespace  std;
class Point
{
  int x, y;
 public:
  Point(int a, int b)
  { x=a; y=b;}
  void MovePoint(int a,int b)
  { x+=a; y+=b;}
  void print()
  { cout<<"x="<<x<<"\ty="<<y<<endl;}
};
void main( )
{
  Point *p, point1(10,10);
  p=&point1;
  p->MovePoint(2,2);
  p->print( );
}
```

运行程序后输出如下结果：

```
x=12     y=12
```

7.7.3　this 指针

在一个类定义完成后，就可以定义该类的对象了。在定义对象时，系统要为每个对象的数据成员分配存储空间，而同类的多个对象要共享同一个函数代码段。在C++中，为了保证不同的对象在调用同一代码段能访问各自对象中的数据成员，在类的每一个成员函数中都隐含了一个特殊的指针，用来指向成员函数所在对象本身，这个指针称为this指针。this指针的值是当前被调用的成员函数所在的对象空间的首地址。

当对一个对象调用成员函数时，编译程序先将对象的地址赋给this指针，然后调用成员函数。每次成员函数存取数据成员时，由隐式使用this指针，而通常不去显式地使用this指针来引用数据成员。同样也可以使用*this来标识调用该成员函数的对象。

其实this指针具有如下的默认形式说明：

```
<类名> *const this;
```

这说明this指针是一个常量指针，只允许在成员函数中使用该指针，不允许修改指针的值，但是可以改变指针所指向的对象的数据成员的值。

如利用this指针，前面提到过的函数void MovePoint(int a, int b){ x+=a; y+=b;} 就可以写成：

```
void MovePoint(int a, int b) { this->x +=a; this-> y+= b;}
```

例7.10 下面举一个例子说明this指针的应用。

```
#include <iostream.h>
using  namespace  std;
class A
{
  public:
     A() { a=b=0; }
     A(int i, int j) { a=i; b=j; }
     void copy(A &aa);          //对象引用作函数参数
     void print() {cout<<a<<","<<b<<endl; }
  private:
     int a, b;
};
void A::copy(A &aa)
{
  if (this == &aa)  return;
  *this = aa;
}
void main()
{
  A a1, a2(3, 4);
  a1.copy(a2);
  a1.print();
}
```

程序运行结果为：

```
3, 4
```

在该程序中，类A的成员函数copy()内出现了两次this指针。其中，if (this == &aa)中的this是操作该成员函数的对象的地址，通过主程序可以看出this指向对象a1。*this是操作该成员函数的对象，即a1。而语句*this = aa; 表示将形参aa获得的某对象的值赋值给操作该成员函数的对象，本例中也就是把a2中数据成员的值赋值给a1中相应的数据成员。

7.8 友　　元

面向对象的程序设计的特点之一就是数据的隐藏与封装。类的数据成员一般定义为私有成员，只能被本类的成员函数访问，而不允许类外的函数访问；而成员函数一般定义为公有的，以此提供类与外界间的通信接口。但是，在有些情况下，需要定义一些函数，这些函数不是类的一部分，但又需要频繁地访问类的数据成员，这时可以将这些函数定义为该类的友元函数。除了友元函数外，还可以定义一个类，该类中的成员函数可以访问其他类中的私有成员和保护成员，这就是友元类。友元函数和友元类统称为友元。友元的作用是提高了程序的运行效率，但它破坏了类的封装性和隐藏性，使得非成员函数可以访问类的私有成员。

友元能够使得普通函数直接访问类的保护数据，避免了类成员函数的频繁调用，可以节约处理器开销，提高程序的效率。

7.8.1 友元函数

友元函数是可以直接访问类的私有成员的非成员函数。它是定义在类外的普通函数，它不属于任何类，但需要在类的定义中加以声明，声明时只需在友元函数的名称前加上关键字 friend，其格式如下：

```
friend <类型> <函数名>(<形式参数表>);
```

友元函数的声明可以放在类的私有部分，也可以放在公有部分，它们是没有区别的。

例 7.11 下面的程序通过友元函数计算平面上两点的距离。

```
#include <iostream.h>
#include <math.h>
class Point              //定义类 Point
{
 public:
   Point(double xx, double yy) { x=xx; y=yy; }
   void Getxy();          //输出点的坐标函数
   friend double Distance(Point &a, Point &b);   //定义友元函数
 private:
   double x, y;
};
void Point::Getxy()
{
   cout<<'('<<x<<','<<y<<')'<<endl;
}
double Distance(Point &a, Point &b)
{
   double dx = a.x - b.x;
   double dy = a.y - b.y;
   return sqrt(dx*dx+dy*dy);
}
void main()
{
   Point p1(3.0, 4.0), p2(6.0, 8.0);
   p1.Getxy();
   p2.Getxy();
   double d = Distance(p1, p2);
   cout<<"Distance is"<<d<<endl;
}
```

执行该程序，输出如下结果：

```
(3, 4)
(6, 8)
Distance is 5
```

7.8.2 友元成员函数

友元函数除了前面说的定义在类外的普通函数外，还可以是另外一个类的成员函数，称为友元成员函数。这样通过友元成员函数就可以使一个类对象直接访问另一个类对象的私有成员。同时友元成员除了可以访问自己所在类对象中的私有成员和公有成员外，还可以访问 friend 声明语句所在类对象中的私有成员和公有成员，这样能使两个类相互合作、协调工作，完成某一任务。

友元成员的使用和一般友元函数的使用基本相同，只是在使用该友元成员时通常需要进行前向引用声明，并且要通过相应的类和对象名进行访问。

声明友元成员函数的格式如下：

```
friend <类型> <类名>::<函数名>(<参数表>);
```

其中，类名为友元成员函数所在的类。

例 7.12 教师修改学生成绩。

```
#include < iostream.h >
using  namespace  std;
class Student;    //提前引用声明学生类
class Teacher              //定义教师类
{public:
  void Rework(Student &p, float y); // “修改”成员函数
};
class Student                          //定义学生类
{ float score;
public:
  Student(float x) {score = x;}
void print( )
{  cout <<"score ="<< score << endl;  }
  friend void Teacher::Rework(Student &p, float y);    //声明友元成员函数
};
void Teacher::Rework(Student &p, float y)
{ p.score = y; }
void main( )
{  Student wang(85);
  Teacher zhang;
  cout <<"修改前的成绩: ";
  wang.print( );
  zhang.Rework(wang, 90);
  cout <<"修改后的成绩: ";
  wang.print( );
}
```

程序运行结果：

```
修改前的成绩: 85
```

```
修改后的成绩: 90
```

可以看到在 Teacher 类前声明了 Student 类，因为在 Teacher 类的定义中用到了 Student 类，这称为提前引用声明。如果需要在某个类的声明之前引用该类，则应进行提前引用声明。提前引用声明只为程序引入一个标识符，但具体声明在其他地方。

7.8.3　友元类

当希望一个类的所有成员函数都可以存取另一个类的私有成员时，可以将该类声明为另一类的友元类。定义友元类的语句格式如下：

```
friend class <类名>;
```

其中，类名必须是程序中的一个已定义过的类。

例 7.13　输入 10 个数，输出它们中的最大值和最小值。

```
#include < iostream.h >
using  namespace  std;
class Array                  //定义数组类
{
   int a[10];
 public:
   int Set( );
   friend class Lookup;     //查找类是数组类的友元
};
class Lookup                 //定义查找类
{
 public:
   void Max(Array x);
   void Min(Array x);
};
int Array::Set( )
{
 int i;
 cout <<"请输入十个数: ";
 for(i = 0;  i < 10;  i++)
          cin >> a[i];
  return 1;
}
void Lookup::Max(Array x)
{
  int max,  i;
  max = x.a[0];
  for(i = 0;  i < 10;  i++)
   {  if  (max < x.a[i])      max = x.a[i];  }
cout <<"最大值为: "<<max << endl;
}
void Lookup::Min(Array x)
{
  int min,  i;
  min = x.a[0];
```

```
  for(i = 0;  i < 10;  i++)
   { if(min > x.a[i])  min = x.a[i]; }
cout <<"最小值为: "<<min << endl;
}
void main( )
{  Array p;
   p.Set( );
   Lookup f;
   f.Max(p);
   f.Min(p);
}
```

程序运行结果如下：

```
请输入十个数:3 5 8 12 23 6 15 9 21 7
最大值为:23
最小值为:3
```

友元是类对象操作的一种辅助手段，可以分为友元函数、友元成员函数和友元类。一个类的友元可以访问该类各种形式的成员。

习 题 七

一、选择题

1. C++对 C 语言做了很多改进，下列描述中（　　）使得 C 语言发生了质变，即从面向过程变成面向对象。

   A. 增加了一些新的运算符
   B. 允许函数重载，并允许设置缺省参数
   C. 规定函数说明必须用原型
   D. 引进了类和对象的概念

2. 在下列关键字中，用以说明类中公有成员的是（　　）。

   A. public　B. private　C. protected　D. friend

3. 下面能作为函数的返回类型的保留字的是（　　）。

   A. void　B. class　C. template　D. new

4. 下列各类函数中，（　　）不是类的成员函数。

   A. 构造函数　B. 析构函数
   C. 友元函数　D. 拷贝初始化构造函数

5. （　　）是不可以作为该类的成员的。

   A. 自身类对象的指针　B. 自身类的对象
   C. 自身类对象的引用　D. 另一个类的对象

6. 在每个 C++程序中都必须包含这样一个函数，该函数的函数名为（　　）。

   A. main　B. name　C. function　D. class

7. 类的析构函数是对一个对象进行以下哪种操作时自动调用的？（　　）

   A. 建立　B. 撤销　C. 赋值　D. 引用

8. 在类中说明的成员可以使用的关键字是（　　）。

A. public　　B. extern　　C. cpu　　D. register

9. 作用域运算符的功能是（　　）。

A. 标识作用域的级别

B. 指出作用域的范围

C. 给定作用域的大小

D. 标识某个成员是属于哪个类的

10. 假定 AA 为一个类，a()为该类公有的函数成员，x 为该类的一个对象，则访问 x 对象中函数成员 a()的格式为（　　）。

A. x.a　　B. x.a()　　C. x->a　　D. （*x）.a()

11. 所谓数据封装，就是将一组数据和与这组数据有关的操作组装在一起，形成一个实体，这实体也就是（　　）。

A. 类　　B. 对象　　C. 函数体　　D. 数据块

12. 在面向对象的程序设计中，首先在问题域中识别出若干个（　　）。

A. 函数　　B. 类　　C. 文件　　D. 过程

13. 下面有关类的说法中，不正确的是（　　）。

A. 一个类可以有多个构造函数

B. 一个类只有一个析构函数

C. 析构函数需要指定参数

D. 在一个类中可以说明具有类类型的数据成员

14. 假定一个类的构造函数为 A(int aa,int bb) {a=aa--;b=a*bb;}，则执行 A x(4,5); 语句后，x.a 和 x.b 的值分别为（　　）。

A. 3 和 15　　B. 5 和 4

C. 4 和 20　　D. 20 和 5

15. （　　）是析构函数的特征。

A. 一个类中只能定义一个析构函数

B. 析构函数名与类名不同

C. 析构函数的定义只能在类体内

D. 析构函数可以有一个或多个参数

16. （　　）不是构造函数的特征。

A. 构造函数的函数名与类名相同

B. 构造函数可以重载

C. 构造函数可以设置缺省参数

D. 构造函数必须指定类型说明

17. 在 C++语言中，数据封装要解决的问题是（　　）。

A. 数据的规范化

B. 便于数据转换

C. 避免数据丢失

D. 防止不同模块之间数据的非法访问

18. 下列不是描述类的成员函数的是（　　）。

A. 构造函数　　B. 析构函数

C. 友元函数　　D. 拷贝构造函数

19. 派生类的构造函数的成员初始化列表中，不能包含（　　）。

A. 基类的构造函数

B. 基类的对象初始化

C. 派生类对象的初始化

D. 派生类中一般数据成员的初始化

20. 在类的定义中，用于为对象分配内存空间，对类的数据成员进行初始化并执行其他内部管理操作的函数是（　　）。

A. 友元函数　　B. 虚函数　　C. 构造函数　　D. 析构函数

21. 关于对象概念的描述中，说法错误的是（　　）。

A. 对象就是 C 语言中的结构变量

B. 对象代表着正在创建的系统中的一个实体

C. 对象是类的一个变量

D. 对象之间的信息传递是通过消息进行的

22. 假定 AB 为一个类，则执行“AB a(2), b［3］,*p［4］;”语句时调用该类构造函数的次数为（　　）。

A. 3　　B. 4　　C. 5　　D. 9

23. 假定一个类的构造函数为“A(int i=4, int j=0) {a=i;b=j;}”，则执行“A x (1);”语句后，x.a 和 x.b 的值分别为（　　）。

A. 1 和 0　　B. 1 和 4　　C. 4 和 0　　D. 4 和 1

24. 下列不具有访问权限属性的是（　　）。

A. 非类成员　　B. 类成员　　C. 数据成员　　D. 函数成员

25. 下述静态数据成员的特性中，（　　）是错误的。

A. 说明静态数据成员时前边要加修饰符 static

B. 静态数据成员要在类体外进行初始化

C. 引用静态数据成员时，要在静态数据成员名前加<类名>和作用运算符

D. 静态数据成员不是所有对象所共用的

26. 友元的作用是（　　）。

A. 提高程序的运用效率　　B. 加强类的封装性

C. 实现数据的隐藏性　　D. 增加成员函数的种类

27. 下述关于成员函数特征的描述中，（　　）是错误的。

A. 成员函数一定是内联函数　　B. 成员函数可以重载

C. 成员函数可以设置参数的缺省值　　D. 成员函数可以是静态的

二、填空题

1. 面向对象的四个基本特性是多态性、继承性、封装性和______________。

2. 在面向对象的程序设计中，将一组对象的共同特性抽象出来形成______________。

3. 在用 class 定义一个类时，数据成员和成员函数的默认访问权限是______________。

4. 定义类动态对象数组时，元素只能靠自动调用该类的______________来进行初始化。

三、判断题

1. 构造函数和析构函数都不能重载。（　　）

2. 所谓私有成员，是指只有类中所提供的成员函数才能直接使用它们，任何类以外的函数对它们的访问都是非法的。（　　）

3. 说明或定义对象时，类名前面不需要加 class 关键字。(　　)
4. 某类中的友元类的所有成员函数可以存取或修改该类中的私有成员。(　　)
5. 使用关键字 class 定义的类中缺省的访问权限是私有（private）的。(　　)
6. 构造函数是一种函数体为空的成员函数。(　　)
7. 可以在类的构造函数中对静态数据成员进行初始化。(　　)

四、写出程序运行结果

1.

```
#include<iostream.h>
class A
{
  public:
     A(double t,double r){Total=t;Rate=r;}
     friend double Count(A&a)
     {
           a.Total+=a.Rate*a.Total;
           return a.Total;
     }
  private:
     double Total,Rate;
};
void main()
{
     A a1(1000.0,0.035),a2(768.0,0.028);
     cout<<Count(a1)<<","<<Count(a2)<<endl;
}
```

2.

```
#include <iostream.h>
class A
{
     public:
           A()
           {cout<<"A 构造函数\n";fun();}
           virtual void fun()
           {cout<<"A::fun() 函数\n";}
};
class B:public A
{
     public:
           B()
           {cout<<"B 构造函数\n";fun();}
           void fun() {cout<<"B::fun() calle 函数\n";}
};
void main()
{B d;}
```

3.

```
#include<iostream.h>
class B
{
     public:
        B(){}
        B(int i,int j);
        void printb();
```

```
    private:
        int a,b;
};
class A
{
    public:
        A(){}
        A(int i,int j);
        void printa();
    private:
        B c;
};
A::A(int i,int j):c(i,j)
{}
void A::printa()
{
        c.printb();
}
B::B(int i,int j)
{
        a=i;
        b=j;
}
void B::printb()
{
        cout<<"a="<<a<<",b="<<b<<endl;
}
void main()
{
         A m(7,9);
         m.printa();
}
```

五、编程题

1. 编写一个时钟类（Clock），完成时间的设置和显示，并在主函数中进行测试。

2. 设计一个时间类（Time），要求能够实现时间的设置、显示，获取时间的时、分、秒。编写主函数进行测试。

3. 设计一个线段类（Line），要求用点类（Point）的两个对象 p1 和 p2 作为其数据成员（用类的组合来实现 Line 类的设计），Line 类具有计算线段长度的功能。并编写主函数进行测试。（提示：Point 类可以不写，直接使用。）

第8章 继承与多态性

面向对象的程序设计的一个特点就是通过已有的类来定义新类，而不必把已有类的内容重写一遍，这种特点称为继承。新类继承原类的特点和功能，这种方法是面向对象的设计方法的主要贡献之一。继承性是对现实世界中许多事物分层特征的一种自然描述。例如，若把人看成一个实体，它可以分成多个子实体，如学生、教师等。而学生又可以分为小学生、中学生和大学生等。学生和教师的设计当然包含了人的所有特性，并且加入了许多具体的特征。本章主要讲述继承、重载和多态性的相关概念和技术方法。

8.1 继　　承

继承机制可以利用已有的类定义新的类。已存在的用来派生新类的类称为基类，又称为父类。由已存在的类派生出的新类称为派生类，又称为子类。在C++中，一个类可以从一个基类派生，也可以从多个基类派生。从一个基类派生的继承称为单继承；从多个基类派生的继承称为多继承。

8.1.1 单继承

从一个基类派生出子类的继承称为单继承，其定义格式如下：

```
class <派生类名>:<继承方式><基类名>
{
  类体;
}
```

其中，继承方式规定基类中的成员在派生类中的访问权限，它可以是关键字 public、private 和 protected 三者之一。

① 公有继承（public）。基类的 public 成员作为派生类的 public 成员；基类的 protected 成员作为派生类的 protected 成员；而基类的私有成员仍然是私有的，派生类不可访问。

② 私有继承（private）。基类的 public 成员和 protected 成员都作为派生类的 private 成员。而基类的私有成员仍然是私有的，派生类不可访问。

③ 保护继承（protected）。基类的 public 成员和 protected 成员都作为派生类的 protected 成员。而基类的私有成员仍然是私有的，派生类不可访问。

如果省略继承方式，系统默认为 private。

类体部分是派生类中新增加的数据成员或成员函数，或者对基类成员的修改或重定义，这一部分也可以为空。

下面通过例子进一步讨论访问权限的具体控制。

例 8.1 公有继承中各成员的访问。

```
#include <iostream.h>
class Cbase
{
 private:
   int x;
 protected:
   int y;
 public:
   int z;
 Cbase(int a, int b, int c) {x=a; y=b; z=c;}
  int getx() { return x;}
  int gety() { return y;}
 void showbase()
 { cout<<"x="<<x<<'\t'<<"y="<<y<<'\t' <<"z="<<z<<endl; }
};
class Cderived:public Cbase
{
 private:
    int length, width;
 public:
    Cderived(int a, int b, int c, int d, int e):Cbase(a, b, c)
    { length=d;
      width=e;
    }
    void show()
     { cout<<"length="<<length<<'\t' <<"width="<<width<<endl;
// cout<<"x="<<x<<'\t'<<"y="<<y<<'\t' <<"z="<<z<<endl; 错误
      cout<<"x="<<getx()<<'\t'<<"y="<<y<<'\t' <<"z="<<z<<endl;
     }
};
void main()
{
  Cderived d1(1,2,3,4,5);
  d1.showbase();
  d1.show();
//cout<<"y="<<d1.y<<endl; 错误
  cout<<"y="<<d1.gety()<<endl;
  cout<<"z="<<d1.z<<endl;
}
```

运行后输出结果为：

```
x=1    y=2    z=3
length=4    width=5
x=1    y=2    z=3
y=2
z=3
```

类 Cderived 是类 Cbase 的派生类，它继承了类 Cbase 中的数据成员 y 和 z，同时继承了成员函数 getx()、gety()和 showbase()。由于类 Cbase 中的 x 是私有的，因此没有被 Cderived 继承，所以类 Cderived 中的成员不能访问 x，只能通过 getx()函数得到 x 的值。y 是受保护成员，所以在主函数中不能直接通过 d1.y 访问 y 的值，只能通过 gety()函数得到 y 的值。而 z 是公有成员，所以在主函数中能直接通过 d1.z 访问 z 的值。

例 8.2　私有继承中各成员的访问。

```
#include <iostream.h>
class Cbase
{
private:
 int x;
protected:
 int y;
public:
 int z;
Cbase(int a, int b, int c) {x=a; y=b; z=c;}
int getx() { return x;}
void showbase()
{ cout<<"x="<<x<<'\t'<<"y="<<y<<'\t' <<"z="<<z<<endl; }
};
class Cderived:private Cbase
{
 private:
    int length, width;
 public:
    Cderived(int a, int b, int c, int d, int e):Cbase(a, b, c)
    { length=d;
      width=e;
    }
void showb()
{ cout<<"x="<<getx()<<'\t'<<"y="<< y<<'\t' <<"z="<<z<<endl;
}
void showld()
{ cout<<"length="<<length<<'\t' <<"width="<<width<<endl;
}
int getz()
{ return z;}
};
void main()
{
  Cderived d1(1,2,3,4,5);
d1.showb();
d1.showld();
  cout<<"z="<<d1.getz()<<endl;
}
```

运行后输出结果为：

```
x=1    y=2    z=3
length=4       width=5
z=3
```

8.1.2　多继承

上一小节中说明了单继承，在单继承情况下，每个派生类都继承一个单一的基类的特征。而在多继承情况下，每个派生类有多个基类并且继承多个基类的特征。

看下面的例子：

```
class A1
{ public:
    double a1;
};
```

```
class A2
{ public:
    double a2;
};
class B: public A1, public A2
{ public:
    double d;
};
```

这个例子说明类 B 是由类 A1 和类 A2 派生出来的，两个基类都是公有的。这意味着在类 B 的对象中，两个基类的保护成员是保护的，公有成员是公有的。

多继承派生类的定义格式如下：

```
class <派生类名>:<继承方式 1><基类名 1>,<继承方式 2><基类名 2>,…
{
  类体;
}
```

其中，继承方式和单继承相同，这里不再赘述。如果继承方式省略，系统默认是私有的。

1. 一个简单的多继承实例

例 8.3 一个多继承实例。

```
#include <iostream.h>
class Course1
{
  public:
    int stu_num;
    float score1;
    void input()
     {
     cout<<"please input student_num and score1"<<endl;
     cin>>stu_num>>score1;
     }
};
class Course2
{
  public:
     int stu_num;
     float score2;
     void input()
      {
      cout<<"please input student_num and score2:"<<endl;
      cin>>stu_num>>score2;
      }

};
class Student: public Course1, public Course2        //声明派生类
{
 public:
  void input()
  {
    Course1::input();
    Course2::input();
  }
  void print()
  {
    cout<<"num="<<Course1::stu_num;
```

```
    cout<<"\tscore1="score1<<"\tscore2="<<score2<<endl;
  }
};
void main()
{
 Student z;
 z.input();
 z.print();
}
```

程序运行结果如下：

```
please input student_num and score1:
1 85
please input student_num and score2:
1 90
num=1   score1=85   score2=90
```

在程序中类 Student 继承了来自基类 Course1 和 Course2 的所有成员，两个基类中都有数据成员 stu_num，在输出时要用作用域分辨符进行区分，选择基类 Course1 或 Course2 中的数据成员 stu_num 均可，这里选择了 Course1 中的数据成员 stu_num 作为输出。

2. 二义性问题

在例 8.3 中我们看到基类 Course1 和 Course2 中都包含成员函数 input()。如果在派生类中不重写 input()函数，那么当执行主函数中的“z.input();”语句时应该调用哪一个基类中的 input()函数呢？这就是多继承的二义性问题。解决的办法是通过作用域运算符:: 进行限定。

下面再举一个简单的例子，对二义性问题进行深入讨论。例如，

```
class A
{ public:
   void f();
};
class B
{ public:
   void f();
   void g();
};
class C : public A, public B
{ public:
    void g();
    void h();
};
```

如果定义一个类 C 的对象 c1，则对函数 f()的访问 c1.f();便具有二义性：是访问类 A 中的 f()，还是访问类 B 中的 f()呢？

解决的方法可用前面用过的成员名限定法来消除二义性，例如，

```
c1.A::f();    或者    c1.B::f();
```

但是，最好的解决办法是在类 C 中定义一个同名成员 f()，类 C 中的 f()再根据需要来决定调用 A::f()还是 B::f()，还是两者皆有，这样，c1.f()将调用 C::f()。

然而，在前例中，类 B 中有一个成员函数 g()，类 C 中也有一个成员函数 g()。这时，

```
c1.g();
```

不存在二义性，它是指 C::g()，而不是指 B::g()。因为这两个 g()函数，一个出现在基类 B，一个出现在派生类 C，规定派生类的成员将支配基类中的同名成员。因此，上例中类 C 中的 g()支配类 B 中的 g()，不存在二义性。

当一个派生类从多个基类派生时，而这些基类又有一个共同的基类，则对该基类中说明的成员进行访问时，也可能会出现二义性。例如，

```
class A
{ public:
    int a;
};
class B1 : public A
{ private:
    int b1;
};
class B2 : public A
{ private:
   int b2;
};
class C : public B1, public B2
{public:
   int f();
private:
    int c;
};
```

如果定义一个类 C 的对象 c1，则下面的两个访问都有二义性：

```
c1.a;
c1.A::a;
```

而下面的两个访问是正确的：

```
c1.B1::a;
c1.B2::a;
```

由于二义性的原因，一个类不可以从同一个类中直接继承一次以上，例如，

```
class A : public B, public B
{
…
}
```

这是不允许的。

同样，

```
class B
{public:
  int b;
  …
}
class B1: public B
{ public:
   int b;
   …
}
class D: public B, public B1
{ public:
   int d;
   …
}
```

也是不允许的。

8.2 派生类的构造函数和析构函数

前面一章对类的构造函数和析构函数进行了讨论，读者应该知道了构造函数和析构函数的定义方法及其作用。本节讨论派生类的构造函数和析构函数的构造。

1. 派生类的构造函数

类对象的数据成员的初始化是通过构造函数完成的。由于派生类继承了基类的一些成员，因此在创建派生类对象时，对派生类中的数据成员进行初始化的同时，也必须对基类中的数据成员进行初始化。从基类中继承的数据成员可以通过调用基类的构造函数进行初始化，而新增的数据成员的初始化要由自己的构造函数来完成。如果派生类的成员中还包含其他类的对象（称为内嵌对象），还应该调用对内嵌对象进行初始化的构造函数。

派生类构造函数的一般格式为：

```
<派生类名>(<总参数表>)：<基类构造函数>(<参数表 1>),
                    <内嵌对象名>(<参数表 2>)
{
  派生类中新增数据成员初始化;
}
```

其中，总参数表为派生类构造函数的形参表；参数表 1 是总参数表的子表，用于基类构造函数，并且和基类的某个构造函数的参数表相对应；参数表 2 也是总参数表的子表，用于内嵌对象初始化。冒号后面部分称为成员初始化列表，表项之间用逗号分隔。其中，基类构造函数（<参数表 1>）可以有多个，并且与基类的顺序相关。内嵌对象名（<参数表 2>）也可以有多个，是与顺序无关的。

例 8.4 派生类中构造函数的调用顺序。

```
#include <iostream.h>
class A
{ public:
   A() { cout<<"A constructor\n"; }
};
class B
{ public:
   B() { cout<<"B constructor\n"; }
};
class C
{ public:
   C() { cout<<"C constructor\n"; }
};
class D :A
{ public:
    B b;
    C c;
    D() { cout<<"D constructor\n"; }
};
void main()
{
D d;
}
```

程序输出结果为:

```
A constructor
B constructor
C constructor
D constructor
```

这说明了派生类创建对象时构造函数的顺序为:基类构造函数,内嵌对象类的构造函数,派生类本身的构造函数。

如果类 D 的构造函数 D()在类外定义,应如下书写:

```
D::D():b(),c()
{ cout<<"D constructor\n"; }
```

或者

```
D::D():c(),b()
{ cout<<"D constructor\n"; }
```

程序运行结果不变。

这证明了内嵌对象类的构造函数调用顺序与初始化列表内的顺序无关,而与派生类内对象成员的说明顺序相一致。

如果把对类 D 的定义改为:

```
class D :A
{ public:
  C c;
  B b;
  D() { cout<<"D constructor\n"; }
}
```

则输出结果为:

```
A constructor
C constructor
B constructor
D constructor
```

例 8.5 分析下列程序的运行结果。

```
# include <iostream.h>
class A
{  int a;
public:
   A() { a=0; cout<<"A default constructor called.\n"; }
   A(int i) {a=i; cout<<"A's constructor called.\n"; }
   void prt() {cout<<"a="<<a<<endl;}
};
class B
{  int b;
public:
   B() { b=0; cout<<"B's default constructor called.\n"; }
   B(int i) {b=i; cout<<"B's constructor called.\n"; }
   int getb() { return b;}
};
class C:public A
{    int c;
     B bb;
public:
    C() { c=0; cout<<"C's default constructor called.\n"; }
    C(int i, int j, int k);
    void print();
```

```
};
C::C(int i, int j, int k):A(i),bb(j)
{
 c=k;
 cout<<" C's constructor called.\n";
}
void C::print()
{
 prt();
 cout<<"b="<<bb.getb()<<endl;
 cout<<"c="<<c<<endl;
}
void main()
{
 C c(1,2,3);
 c.print();
}
```

程序运行结果为：

```
A's constructor called
B's constructor called
C's constructor called
a=1
b=2
c=3
```

程序中派生类 C 的构造函数为

```
C::C(int i, int j, int k):A(i),bb(j)
{
 c=k;
 cout<<" C's constructor called.\n";
}
```

其中参数 i 为基类 A 的数据成员的参数，j 为内嵌对象 bb 数据成员的参数。

如果派生类是多继承的，那么基类构造函数的排列顺序就是基类构造函数的调用顺序。如果一个基类有多个构造函数，那么调用哪一个构造函数由派生类的构造函数来决定。

如果上例的主函数做如下修改：

```
void main()
{
 C c(1,2,3),c1;
 c.print();
 c1.print();
}
```

则输出结果为：

```
A's constructor called
B's constructor called
C's constructor called
A's default constructor called
B's default constructor called
C's default constructor called
a=1
b=2
c=3
a=0
b=0
c=0
```

当调用基类的默认构造函数时，派生类的构造函数的初始化列表就不必包含该基类的默认构造函数。另外，派生类构造函数的形参必须给出参数类型，而基类构造函数和内嵌对象的初始化参数表不必给出参数类型。

2. 派生类的析构函数

派生类对象被删除时，派生类的析构函数被执行。由于析构函数不能被继承，在执行派生类的析构函数时，基类的析构函数也将被调用。删除顺序刚好和构造顺序相反，即先调用派生类析构函数，再调用内嵌对象类的析构函数，然后调用基类的析构函数。

例 8.5 中如果为每个类增加一个析构函数，

```
# include <iostream.h>
class A
{  …
   ~A() { cout<<"A's destructor called.\"; }
  …
};
class B
{  …
   ~B() { cout<<"B's destructor called.\"; }
    …
};
class C:public A
{   …
    ~C() { cout<<"C's destructor called.\"; }
    …
};
…
```

则程序的执行结果为：

```
A's constructor called
B's constructor called
C's constructor called
a=1
b=2
c=3
C's destructor called
B's destructor called
A's destructor called
```

8.3 重　　载

在前面的例子中已经见过在定义一个类时可以同时定义多个构造函数的情况，其实这就是构造函数重载。本节首先讨论函数重载，然后讨论运算符重载。

8.3.1 函数重载

函数重载就是指同一个函数名对应着多个不同的函数实现，每个实现对应着一个函数体。函数重载要求函数的参数类型不同，或者参数个数不同。C++编译器在进行函数调用时是根据函数名和参数的个数或参数的类型来决定调用哪一个函数的。因此，进行函数重载时，要求同名函数在参数个数上不同，或者参数类型上不同；否则，将无法实现重载。

1. 一个函数重载的例子

下面通过一个例子来说明函数重载的概念。

例 8.6　参数类型不同的重载函数。

```
#include <iostream.h>
int add(int x, int y)
{
return x+y;
}
double add(double x, double y)
{
return x+y;
}
void main()
{
  cout<<add(2,3)<<endl;
  cout<<add(2.1, 3.2)<<endl;
}
```

以上程序输出结果为：

```
5
5.3
```

该程序中，main()函数调用函数 add()两次，前边一个 add()函数是求两个 int 型数的和，而后边一个 add()函数是求两个 double 型数的和。虽然函数名相同，但是参数不同，实际上是两个不同的函数，这便是函数的重载。

如果在例 8.6 中加入函数：

```
int add(int x, int y, int z)
{
return x+y+z;
}
```

在 main()的函数体最后加上一条语句:

```
cout<<add(2,3,4)<<endl;
```

则输出结果为：

```
5
5.3
9
```

可以看出程序中共有三个同名函数，但是它们的参数个数不同，系统根据被调用函数实参的类型和个数分别调用了不同的代码。

2. 构造函数重载

函数重载在类和对象的应用比较多。在一个类的内部，使用最频繁的重载函数是类的构造函数。类的构造函数一方面只能有一个名称（类名），另一方面又要求它以多种形式构造，以便对不同的成员变量以不同的方式进行初始化。那么在众多的构造函数中，创建对象时将隐式地调用哪一个构造函数呢？这和普通函数类似，要根据创建对象时对象名后的实参表的参数类型和个数来确定，系统会自动调用与该实参表相匹配的构造函数；如果不存在相匹配的构造函数，则系统报错。

例 8.7　构造函数的重载。

```
#include <iostream.h>
class ABC
{
 public:
```

```
  int s;
  ABC()
  {
s=0;
cout<<"default construtor called\n";
  }
  ABC( int a)
  {
    s=a;
cout<<"construtor with one parameter called\n";
  }
  ABC(int a,int b)
  {
   s=a+b;
   cout<<"construtor with two parameters called\n";
  }
  ABC(int a,int b,int c)
  {
   s=a+b+c;
   cout<<"construtor with three parameters called\n";
  }
};
void main()
{ ABC x0,x1(1),x2(1,2),x3(1,2,3);
  cout<<x0.s<<'\t'<<x1.s<<'\t'<<x2.s<<'\t'<<x3.s<<endl;
}
```

程序运行结果为：

```
default construtor called
    construtor with one parameter called
    construtor with two parameters called
    construtor with three parameters called
    0    1    3    6
```

当一个类因构造函数的重载而存在着若干个构造函数时，创建该类对象的语句会自动根据给出的实际参数的数目、类型和顺序来确定调用哪个构造函数以完成对新对象的初始化工作。

与构造函数一样，成员函数可以重载，依靠所包含的参数的类型与个数的差异进行区分。关于成员函数的重载，这里就不再赘述。

8.3.2 运算符重载

运算符重载就是赋予已有的运算符多重含义。C++通过重新定义运算符，使它能够作用于特定的对象，从而执行特定的功能。因为任何运算都是通过函数来实现的，所以运算符重载其实就是函数重载。我们把重载的运算符视为特殊的函数，称为运算符函数。在 C++中，定义了大量的运算符，这些运算符适用于各自特定的数据类型，即 C++已经对这些运算符进行了重载，使它们适合于基本类型数据的运算。例如，在作加法运算时，对于不同类型的数据，其相加的具体实现是不同的。但是这些运算符对于用户定义的数据类型却是不适用的。

比如用户定义了一个复数类 Complex，并且创建了三个对象 A、B 和 C，则下列运算是不允许的。

```
C = A + B;
```

因为，加法运算符“ + ”的操作数只能是基本数据类型的数据，而不能为类的对象。为了使这个运算成为可能，用户必须在相应的类中对加法运算符“ + ”进行重载。

C++的运算符大部分都可以重载，不能重载的只有 “.”，“::”，“. *”，“? :”。除了 new 和 delete 之外，任何运算符作为成员函数重载时，不得重载为 static 函数。

运算符重载函数定义的格式为：

```
<类型>operator <运算符>(<参数表>)
{ 函数体 }
```

其中，类型为函数返回值的类型；运算符为要重载的运算符；operator 是 C ++的一个关键字，它经常和 C++的一个运算符连用，构成一个运算符函数名，例如 operator 和运算符 “+” 连用，构成重载运算符函数为 operator +()，运算符函数名就是 operator+。注意，运算符函数的返回类型不能是 void 类型。

① 用户重新定义运算符，不改变运算符的优先级和结合性，也不改变运算符的语法结构，即单目运算符只能重载为单目运算符，双目运算符只能重载为双目运算符。

② 不可臆造新的运算符；不能改变运算符操作数的个数；不能改变运算符原有的优先级、结合性和语法结构。

③ 运算符重载含义必须清楚；运算符重载不能有二义性。

④ 编译程序对运算符重载的选择，遵循函数重载的选择原则。当遇到不明显的运算符时，编译程序将去寻找与参数相匹配的运算符函数。

运算符重载函数通常是类的成员函数或者友元函数，但赋值运算符（=）、数组下标运算符（[]）函数运算符（()）只能用成员函数重载。

1. 利用类的成员函数实现重载

首先看下面的例子，然后对利用类的成员函数实现重载加以说明。

例 8.8 利用类的成员函数实现复数类对象的加、减和取负数运算。

```
#include<iostream.h>
class Complex
{   float real,imag;
 public:
 Complex(){ real=0.0; imag=0.0;}
    Complex(float r,float i)
    { real=r;
      imag=i;
    }
    Complex operator+(Complex &c);
    Complex operator-(Complex &c);
    Complex operator-();
    void print();
};
Complex Complex::operator+(Complex &c)
{
  return Complex(real+c.real,imag+c.imag);
}
Complex Complex::operator-(Complex &c)
{
  return Complex(real-c.real,imag-c.imag);
}
Complex Complex::operator-()
{
 return Complex(-real,-imag);
}
```

```
void Complex::print()
{
 if (imag<0)
   cout<<real<<imag<<'i'<<endl;
 else if (imag>0)
   cout<<real<<'+'<<imag<<'i'<<endl;
 else
   cout<<real<<endl;
}
void main()
{
  Complex x(3,4),y(2,6),z;
  z=x+y;
  cout<<"x+y=";
  z.print();
  z=x-y;
  cout<<"x-y=";
  z.print();
  z=-x;
  cout<<"-z=";
  z.print();
}
```

程序运行结果如下：

```
x+y=5+10i
x-y=1-2i
-z=-3-4i
```

首先看 main()函数中的语句：z=x+y;。

它的功能是将复数 x 和 y 的和赋给 z。表达式 x+y 首先要转换为对运算符函数 operator+()的调用，实际上是复数类对象 x 调用运算符重载函数，而将 y 作为函数的实参。

即编译程序要将表达式 x+y 解释为：

```
x.operator+(y)
```

因此我们看到在复数类 Complex 的定义中函数 operator+()只需要一个参数，而单目运算符重载函数 operator-()没有参数。

其实，用成员函数的方式进行运算符重载时，总是隐含了一个参数，该参数就是 this 指针。this 指针是指向调用该成员函数对象的指针。因此，运算符重载函数 operator+(Complex &c)也可以写成：

```
Complex Complex::operator+(Complex &c)
{
  return Complex(this->real+c.real, this->imag+c.imag);
}
```

2. 利用友元函数实现重载

运算符重载还可以用友元函数实现。当重载用友元函数实现时，将没有隐含的参数 this 指针。这样，对双目运算符，友元函数有两个参数；对单目运算符，友元函数有一个参数。

例 8.9 用友元函数替换成员函数，改写例 8.8 的程序。

```
#include<iostream.h>
class Complex
{   float real,imag;
 public:
Complex(){ real=0.0; imag=0.0;}
   Complex(float r,float i)
```

```
    { real=r;
      imag=i;
    }
    friend Complex operator+( Complex &, Complex &);
    friend Complex operator-( Complex &, Complex &);
    friend Complex operator-( Complex &);
    void print();
};
Complex operator+( Complex &c1, Complex &c2)
{
  return Complex(c1.real+c2.real,c1.imag+c2.imag);
}
Complex operator-( Complex &c1, Complex &c2)
{
  return Complex(c1.real-c2.real,c1.imag-c2.imag);
}
Complex operator-( Complex &c)
{
 return Complex(-c.real,-c.imag);
}
void Complex::print()
{
 if (imag<0)
   cout<<real<<imag<<'i'<<endl;
 else if (imag>0)
   cout<<real<<'+'<<imag<<'i'<<endl;
 else
   cout<<real<<endl;
}
void main()
{
  Complex x(3,4),y(2,6),z;
  z=x+y;
  cout<<"x+y=";
  z.print();
  z=x-y;
  cout<<"x-y=";
  z.print();
  z=-x;
  cout<<"-z=";
  z.print();
}
```

该程序运行结果与例 8.8 相同。

3. 典型运算符的重载

(1) 重载取负运算符 “-”

取负运算符 “-” 是一元运算符，当作为成员函数重载时参数表中没有参数，那个唯一的操作数以 this 指针的形式隐藏在参数表中。当把取负运算符作为非成员函数重载时，那个唯一的操作数必须出现在参数表中。“-” 是一个典型的一元运算符，除了++、--外的其他一元运算符的用法与此类似。例如把取负运算符 “-” 当成员函数重载：类名 operator-(){//函数体}。

(2) 重载加法运算符 “+”

加法运算符 “+” 是一个二元运算符，当作为成员函数重载时参数表中只有 1 个参数，对应于第二个操作数，而第一个操作数是对象本身，以 this 指针的形式隐藏在参数表中。当把加法运算符作为非成员函数重载时，两个操作数必须都出现在参数表中。“+”是一个典型的二元运算符，除了赋值类运算符外的其他二元运算符的用法与此类似，例如把加法运算符“+”作为友元函数重载的声明形式为：

```
friend <类名> operator+(参数1，参数2) {//函数体}
```

（3）重载运算符“++”和“--”

C++中提供了一元自加（++）与自减（--）运算符的前缀运算和后缀运算，两者之间的最大差别在于说明的格式不同。前缀运算符说明为：

```
<类型> operator++()
```

后缀运算符说明为：

```
<类型>operator++(int)
```

由于在后缀情况下不需要使用形参，因此在函数定义中，只给出类型而没有指定形参名，这是C++所允许的；另外需要注意的是，若将++重载为友元函数，由于它们要修改操作数，所以必须使用引用参数。对于--来说，与++的用法完全一样。

（4）重载类型转换运算符（如“long”）

类型转换符必须作为成员函数重载。在重载类型转换符时，不需要返回值类型的声明。

重载类型转换符“long”的语法形式为：

```
    operator long(参数表) {//函数体}
```

其他类型转换符的重载方法与此类似。

（5）重载赋值运算符“=”

赋值运算符必须作为成员函数重载。一般情况下并不需要重载“=”，但当类中包含指向动态空间的指针时，就需要重载赋值运算符。重载赋值运算符“=”时应注意的几点如下：

① 返回值应声明为引用，但函数体中总是用语句 return *this；返回。

② 若参数被声明为指针或引用，一般应加上 const 修饰。

③ 若一个类需要重载运算符=，一般也就需要定义自己特有的拷贝构造函数，反之亦然。

（6）重载复合赋值运算符

重载复合赋值运算符“+=”、“-=”、“*=”的方法与重载赋值运算符的方法差不多，不同的是，复合赋值运算符既可重载为成员函数，又可重载为非成员函数。当重载为友元函数时，两个操作数都必须出现在参数表中，而且第1个参数应声明为引用。

（7）重载关系操作符

在 C++中的关系操作符有<、>、= =等，重载这些关系运算符函数应返回逻辑值。例如，将关系运算符>重载为成员函数的声明形式是：

```
bool operator>(<参数>) {//函数体}
```

（8）重载下标访问运算符“[]”

重载下标访问运算符“[]”可以实现数组下标越界检测。下标访问运算符“[]”只能作为成员函数重载。一般下标访问运算符“[]”重载函数的定义形式为：

```
<类型><类名>::operator[](<下标类型形参>) {//函数体}
```

8.4 多 态 性

多态性是面向对象技术的主要特征之一。多态性是指向不同的对象发送同一个消息，不同的对象在接收到这个消息后会产生不同的行为。这里所说的消息主要是指对类的成员函数的调用，而不同的行为是指不同的实现。利用多态性，用户只需发送一般形式的消息，而将所有的实现留给接收消息的对象。例如前面讲过的运算符重载，就是多态性。同一个运算符，不同类型数据作为操作数，其操作过程是不同的。普通函数和类成员函数的重载，也是多态性的表现。当函数名相同，而参数个数或参数类型不同时，系统会自动在多个同名函数中选择一个执行，称为重载多态。运算符重载和函数重载所实现的多态性属于静态多态性，在程序编译时系统就能根据函数名和参数来确定调用哪一个函数。还有一类多态性称为动态多态性，在程序运行过程中根据具体的执行环境来动态确定进行的操作。动态多态性是通过类的继承和虚函数来实现的。

8.4.1　虚函数

虚函数的作用是允许在派生类中重新定义与基类同名的函数，并且可以通过基类指针或引用来访问基类和派生类中的同名函数。

将基类中的成员函数声明为虚函数的一般形式为：

```
<类型> virtual <函数名 >(<参数表>)
{  函数体  }
```

或

```
virtual <类型> <函数名 >(<参数表>)
{  函数体  }
```

其中 virtual 为关键字，用于说明所定义的函数为虚函数。

例 8.10　比较下面两个程序的运行结果。

（1）分析下面程序的输出结果。

```
# include <iostream.h>
class A
{
public:
   void f() { cout << "A::f() called" << endl;}
};
class B: public A
{
public:
   void f() { cout << " B::f() called " << endl;}
};
void main()
{
A *pa=new A();
B *pb=new B();
   pa->f();
pb->f();
pa=pb;
pa->f();
}
```

程序运行结果为：

```
A::f() called
B::f() called
A::f() called
```

主程序中的语句*pa=new A()是让指针 pa 指向基类 A 的对象，语句 pa->f();调用了基类

内的 f()函数。而语句

```
pa=pb;
pa->f();
```

的目的是让指针 pa 指向派生类 B 的一个对象，然后试图调用派生类 B 中的 f()函数。然而从输出结果可以看出，它仍然是调用了基类 A 中的 f()函数，而不是派生类 B 中的 f()函数。

可以看出，基类的对象指针可以指向派生类的对象，由该指针只能访问基类中的成员函数，而不能访问派生类中的与基类同名的函数。

（2）利用虚函数实现上述程序。

```
# include <iostream.h>
class A
{
public:
    virtual void f() { cout << "A::f() called" << endl;}
};
class B: public A
{
public:
    virtual void f() { cout << " B::f() called " << endl;}
};
void main()
{
A *pa=new A();
B *pb=new B();
    pa->f();
pb->f();
pa=pb;
pa->f();
}
```

程序运行结果为：

```
A::f() called
B::f() called
B::f() called
```

可以看出，当基类对象指针指向派生类的对象时，通过虚函数该指针就能访问派生类中的与基类同名的函数。

关于虚函数的几点说明：

① 虚函数必须是类的成员函数，但不能是静态成员函数。

② 一个函数在类内被声明为虚函数后，在类外定义时函数名前不必再加 virtual。

③ 派生类中和基类虚函数同名的成员函数要求与基类虚函数具有相同的类型、相同的参数个数和相同的参数类型。C++规定当一个类中的成员函数被声明为虚函数后，其派生类中的同名函数都自动成为虚函数。如果派生类中没有定义与基类虚函数同名的成员函数，则派生类继承其直接基类的虚函数。

④ 将基类的同名函数声明为虚函数后，如果基类对象指针指向同一类族中不同类的对象，就可以调用这些对象中的同名函数。

例 8.11 以图形类为基类，计算面积函数定义为虚函数，求矩形、圆和三角形的面积。

```
#include <iostream.h>
#include <math.h>
class CShape            //定义 CShape 类
{
  public:
```

```
    virtual double Area();          //定义虚函数 Area()
};
double CShape::Area()
{
  return 0;
}
class CRectangle: public CShape     //定义矩形派生类
{
   double l,w;
  public:
   CRectangle(double x,double y)
   {
  l=x;
  w=y;
   }
   double Area()
   {
     return l*w;
   }
};
class CCircle: public CShape        //定义圆的派生类
{
    double r;
  public:
CCircle(double x) { r = x;}
  double Area()
  {
    return 3.14*r*r;
  }
};
class CTriangle: public CShape      //定义三角形派生类
{
    double h,w;
  public:
    CTriangle(double x,double y) {h=x; w=y;}
    double Area()
{
      return h*w/2;
}
};
void main( )
{
  CShape *ps[3];
  ps[0]=new CRectangle(3,2);                 //定义矩形类对象
  ps[1]=new CCircle(2);                      //定义圆类对象
  ps[2]=new CTriangle(4,5);                  //定义三角形类对象
  for (int i=0; i<3; i++)
    cout<<ps[i]->Area()<<'\t';
  cout<<endl;
}
```

程序运行结果：

```
6     12.56   10
```

8.4.2 纯虚函数和抽象类

抽象类被设计成专门作为其他类的基类，用来表示一些抽象的概念。它的成员函数没有什么实际意义。抽象类的主要作用是在由该类派生出来的类体系中，对类体系中的任何一个派生类对象提供一个统一接口。在C++中不能直接定义抽象类，可以通过在一个类中建立一个纯虚函数来隐含地表示这个类是抽象类。

1. 纯虚函数

声明纯虚函数的格式为：

```
virtual <类型> <成员函数名>(<参数表>)=0
```

纯虚函数是一个在基类中声明的抽象函数，没有函数体。纯虚函数的函数体由派生类根据实际需要自己定义。

当在各层派生类中都需要一个同名的函数，而在基类中根本不需要这个成员函数时，就要在基类中声明一个纯虚函数。这种函数在基类中并不使用，其返回值也没有意义，那么给出它的函数体也就没有意义。例如，例8.11的图形类CShape中的函数Area()就可以定义为纯虚函数，因为它只是作为CRectangle类、CCircle类 和CTriangle类的基类，而Area()的具体实现要根据派生类的需要来确定。这时CShape就是一个抽象类。

① 在抽象类中不能定义纯虚函数的实现部分。因此在对纯虚函数重新定义之前不能调用该函数。

② 函数名赋值0并没有实际意义，只是表明该函数为纯虚函数。

③ 在定义具有纯虚函数的类的派生类时，必须对纯虚函数重新定义，否则该抽象类还是抽象的，不能有自己的实例。

④ 当创建具有纯虚函数类的指针时，该指针不能调用抽象类中的纯虚函数，但是可以调用抽象类中的非纯虚函数。

例8.12 一个使用虚函数的例子。

```
#include <iostream.h>
class Cpoint
{ protected:
    int x1, y1;
  public:
    Cpoint(int i=0, int j=0) { x1=i; y1=j; }
    virtual void set() = 0;
    virtual void draw() = 0;
};
class Cline : public Cpoint
{ protected:
    int x2, y2;
  public:
    Cline(int i=0, int j=0, int m=0, int n=0):Cpoint(i, j)
    {
       x2=m; y2=n;
    }
    void set() { cout<<"line::set() called.\n"; }
    void draw() { cout<<"line::draw() called.\n"; }
};
class Ccircle : public Cpoint
{ protected:
```

```
    int x2,y2;
  public:
    Ccircle(int i=0, int j=0, int m=0, int n=0):Cpoint(i, j)
    {
        x2=m; y2=n;
    }
    void set() { cout<<"circle::set() called.\n"; }
    void draw() { cout<<"circle::draw() called.\n"; }
};
void setobj(Cpoint *p)
{  p->set();  }
void drawobj(Cpoint *p)
{  p->draw(); }
void main()
{ Cline *l_obj = new Cline;
  Ccircle *c_obj = new Ccircle;
  setobj(l_obj);
  setobj(c_obj);
  drawobj(l_obj);
  drawobj(c_obj);
}
```

程序输出结果为：

```
line::set() called.
circle::set() called.
line::draw() called.
circle::draw() called.
```

set()为纯虚函数，draw()也是纯虚函数，在派生类 Cline 和 Ccircle 中分别给出了这两个虚函数的实现。函数 setobj()和函数 drawobj()的参数是类对象的指针，在程序运行时进行选择。

2. 抽象类

含有纯虚函数的类称为抽象类。它处于继承层次结构的顶层，是不能定义实例的，只能作为其他类的基类。

对于抽象类的使用有以下几点规定：

① 抽象类只能作为其他类的基类，不能建立抽象类对象。

② 抽象类不能用作参数类型、函数返回类型或显式类型转换。

③ 可以声明抽象类的指针或引用，此指针或引用可以指向它的派生类对象，进而实现多态。

例 8.13　利用虚函数实现从键盘输入 n 个 int 型数据，先存储起来，再按照与输入相反的顺序将这些数据显示在屏幕上。（按照两种不同的数据存储方式）

```
#include <iomanip.h>
class Cbase
{ protected:
   int n;      //共输入并处理 n 个数据
  public:
    Cbase(int n0){n=n0;}
    virtual void reverseout()=0;
};
class Cmethod1:public Cbase
{ public:
   Cmethod1(int n0):Cbase(n0) {}
   virtual void reverseout();
};
void Cmethod1::reverseout() //虚函数的类体外定义，常界数组求解方法
```

```
{
 int a[100];
 cout<<"input: ";
 for(int i=0; i<n; i++)
    cin>>a[i];
 cout<<"output:  ";
 for(i=n-1; i>=0; i--)
 cout<<a[i]<<" ";
 cout<<endl;
}
class Cmethod2:public Cbase
{ public:
    Cmethod2(int n0):Cbase (n0) {}
    virtual void reverseout();
};
void Cmethod2::reverseout()
{
  int i, *a, *p;
  a=new int[n];
  cout<<"input: ";
  for(i=0; i<n; i++)
     cin>>*(a+i);
  cout<<"output: ";
  for(p=a+n-1; p>=a; p--)
     cout<<*p<<" ";
  cout<<endl;
}
void show(Cbase *p)
{
  p->reverseout();
}
void main() {
 int n;
 cout<<"n=? "; cin>>n;
 Cmethod1 obj1(n);
 Cmethod2 obj2(n);
 cout<<"the first method"<<endl;
 show(&obj1);
 cout<<"the second method"<<endl;
 show(&obj2);
}
```

程序运行结果为：

```
n=? 6
the first method
input: 1 2 3 4 5 6
output: 6 5 4 3 2 1
the second method
input: 4 5 6 7 8 9
output: 9 8 7 6 5 4
```

抽象类只能作为基类，不能建立实例化对象。如果抽象类的派生类不提供纯虚函数的实现，则它依然是抽象类。定义了纯虚函数实现的派生类称为具体类，可以用于建立对象。

尽管不能建立抽象类对象，但是抽象类机制提供了软件抽象和可扩展性的手段，抽象类指针使得派生的具体类对象具有多态操作能力。

习 题 八

一、选择题

1. 继承机制的作用是（　　）。

   A. 信息隐藏　　B. 数据封装　　C. 定义新类　　D. 数据抽象

2. 在 main 函数中可以用 p.a 的形式访问派生类对象 p 的基类成员 a，其中 a 是（　　）。

   A. 私有继承的公有成员　　B. 公有继承的私有成员

   C. 公有继承的保护成员　　D. 公有继承的公有成员

3. 对基类和派生类的关系描述中，错误的是（　　）。

   A. 派生类是基类的具体化　　B. 基类继承了派生类的属性

   C. 派生类是基类定义的延续　　D. 派生类是基类的特殊化

4. 基类的（　　）在派生类内不能被访问。

   A. 私有成员　　B. 保护成员　　C. 公有数据成员　D. 公有静态数据成员

5. 对基类和派生类的关系描述中，（　　）是错的。

   A. 派生类是基类的具体化　　B. 派生类是基类的子集

   C. 派生类是基类定义的延续　　D. 派生类是基类的组合

6. 派生类的对象对它的基类成员中，（　　）是可以访问的。

   A. 公有继承的公有成员　　B. 公有继承的私有成员

   C. 公有继承的保护成员　　D. 私有继承的公有成员

7. 一个类如果有一个以上的基类，就叫作（　　）。

   A. 循环继承　　B. 单继承　　C. 非法继承　　D. 多继承

8. 下列对派生类的描述中，（　　）是错的。

   A. 一个派生类可以作另一个派生类的基类

   B. 派生类至少有一个基类

   C. 派生类的成员除了它自己的成员外，还包含了它的基类的成员

   D. 派生类中继承的基类成员的访问权限到派生类保持不变

9. 下面叙述中，不正确的是（　　）。

   A. 派生类一般都用公有派生

   B. 对基类成员的访问必须是无二义性的

   C. 赋值兼容规则也适用于多重继承的组合

   D. 基类的公有成员在派生类中仍然是公有的

10. 派生类的构造函数的成员初始化列表中，不能包含（　　）。

    A. 基类的构造函数　　B. 派生类中子对象的初始化

    C. 基类的子对象初始化　　D. 派生类中一般数据成员的初始化

11. 从原有类定义新类可以实现的是（　　）。

    A. 信息隐藏　　B. 数据封装　　C. 继承机制　　D. 数据抽象

12. 下面描述中，表达错误的是（　　）。

    A. 公有继承时基类中的 public 成员在派生类中仍是 public 的

    B. 公有继承时基类中的 private 成员在派生类中仍是 private 的

C. 公有继承时基类中的 protected 成员在派生类中仍是 protected 的

D. 私有继承时基类中的 public 成员在派生类中是 private 的

13. 在下面的函数声明中，(　　) 是“void BC(int a,int b);”的重载函数。

A. int　BC(int a,int b)　　　　B. void BC(int a , char b)

C. float BC(int a ,int　b,int c=0)　　　　D. void BC(int a , int b=0)

14. 以下有关继承的叙述中，正确的是（　　）。

A. 构造函数和析构函数都能被继承

B. 派生类是基类的组合

C. 派生类对象除了能访问自己的成员以外，不能访问基类中的所有成员

D. 基类的公有成员一定能被派生类的对象访问

15. C++类体系中，不能被派生类继承的有（　　）。

A. 常成员函数　　B. 构造函数　　C. 虚函数　　D. 静态成员函数

16. 关于子类型的描述中，(　　) 是错的。

A. 子类型就是指派生类是基类的子类型

B. 一种类型若它至少提供了另一种类型的行为，则这种类型是另一种类型的子类型

C. 在公有继承下，派生类是基类的子类型

D. 子类型关系是不可逆的

17. 关于多继承二义性的描述中，(　　) 是错的。

A. 一个派生类的两个基类中都有某个同名成员，在派生类中对这个成员的访问可能出现二义性

B. 解决二义性的最常用的方法是对成员名的限定法

C. 基类和派生类中同时出现的同名函数，也存在二义性问题

D. 一个派生类是从两个基类派生来的，而这两个基类又有一个共同的基类，对该基类成员进行访问时，也可能出现二义性

18. 若公有派生类的成员函数不能直接访问基类中继承来的某个成员，则该成员一定是基类中的（　　）。

A. 私有成员　　B. 公有成员　　C. 保护成员　　D. 保护成员或私有成员

19. 下面有关重载函数的说法中，正确的是（　　）。

A. 重载函数必须具有不同的返回值类型　　B. 重载函数形参个数必须不同

C. 重载函数必须有不同的形参列表　　D. 重载函数名可以不同

20. 设置虚基类的目的是（　　）。

A. 简化程序　　B. 消除二义性　　C. 提高运行效率　D. 减少目标代码

21. 假设 ClassY:publicX，即类 Y 是类 X 的派生类，则说明一个 Y 类的对象时和删除 Y 类对象时，调用构造函数和析构函数的次序分别为（　　）。

A. X，Y；Y，X　　　　B. X，Y；X，Y

C. Y，X；X，Y　　　　D. Y，X；Y，X

22. 带有虚基类的多层派生类构造函数的成员初始化列表中都要列出虚基类的构造函数，这样将对虚基类的子对象初始化（　　）。

A. 与虚基类下面的派生类个数有关　　B. 多次　　C. 二次　　D. 一次

23. 重载函数在调用时选择的依据中，(　　) 是错误的。

A. 参数个数　　B. 参数的类型　　C. 函数名字　　D. 函数的类型。

24. 采用函数重载的目的在于（　　）。

A. 实现共享　B. 减少空间　C. 提高速度　D. 使用方便，提高可读性

25. 运算符重载函数是（　　）。

A. 成员函数　B. 友元函数　C. 内联函数　D. 带缺省参数的函数

26. 下列对重载函数的描述中，（　　）是错误的。

A. 重载函数中不允许使用缺省函数

B. 重载函数中编译系统根据参数表进行选择

C. 不要使用重载函数来描述毫不相干的函数

D. 构造函数重载将会给初始化带来很多种方式

27. 以下基类中的成员函数表示纯虚函数的是（　　）。

A. virtual void vf(int)　B. void vf(int)=0

C. virtual void vf()=0　D. virtual void yf(int){}

28. 下列函数中，（　　）不能重载。

A. 成员函数　B. 非成员函数　C. 析构函数　D. 构造函数

29. 对定义重载函数的下列要求中，（　　）是错误的。

A. 要求参数的个数不同

B. 要求参数中至少有一个类型不同

C. 要求参数个数相同时，参数类型不同

D. 要求参数的返回值不同

30. 下列运算符中，在 C++语言中不能重载的是（　　）。

A. *　B. >=　C. : :　D. /

31. 所谓多态性，是指（　　）。

A. 不同的对象调用不同名称的函数　B. 不同的对象调用相同名称的函数

C. 一个对象调用不同名称的函数　D. 一个对象调用不同名称的对象

32. 抽象基类是指（　　）。

A. 嵌套类　B. 派生类　C. 含有纯虚函数　D. 多继承类

33. 下列关于动态联编的描述中，（　　）是错误的。

A. 动态联编是以虚函数为基础的

B. 动态联编是在运行时确定所调用的函数代码的

C. 动态联编调用函数操作时指向对象指针或对象引用

D. 动态联编是在编译时确定操作函数的

34. 下列运算符中，（　　）运算符不能重载。

A. & &　B. []　C. : :　D. new

35. 下列描述中，（　　）是抽象类的特性。

A. 可以说明虚函数　B. 可以进行构造函数重载

C. 可以定义友元函数　D. 不能说明其对象

36. 关于虚函数和抽象函数的描述中，（　　）是错误的。

A. 纯虚函数是一种特殊的虚函数，它没有具体的实现

B. 抽象类是指具有纯虚数的类

C. 一个基类中说明的有纯虚函数，该基类的派生类一定不再是抽象类

D. 抽象类只能作为基类来使用，其纯虚函数的实现由派生类给出

37. 在派生类中定义虚函数时，可以与基类中相应的虚函数不同的是（　　）。

A. 参数类型　B. 参数个数　C. 函数名称　D. 函数体

38. 关于虚函数的描述中，(　　) 是正确的。

A. 虚函数是一个 static 类型的成员函数

B. 虚函数是一个非成员函数

C. 基类中说明了虚函数后，派生类中将其对应的函数可不必说明为虚函数

D. 派生类的虚函数与基类的虚函数具有不同的参数个数和类型

39. 解决定义二义性问题的方法有 (　　)。

A. 只能使用作用域分辨运算符　　B. 使用作用域分辨运算符或成员名限定

C. 使用作用域分辨运算符或虚基类　　D. 使用成员名限定或赋值兼容规则

40. 以下基类中的成员函数中，表示纯虚函数的是 (　　)。

A. virtual void tt()=0　　B. void tt(int)=0

C. virtual void tt(int)　　D. virtual void tt(int){}

41. 假定要对类 AB 定义加号操作符重载成员函数，实现两个 AB 类对象的加法，并返回相加结果，则该成员函数的声明语句为 (　　)。

A. AB operator+(AB & a，AB & b)　　B. AB operator+(AB & a)

C. operator+(AB a)　　D. AB & operator+()

42. 下列关于运算符重载的描述中，(　　) 是正确的。

A. 运算符重载可以改变操作数的个数　　B. 运算符重载可以改变优先级

C. 运算符重载可以改变结合性　　D. 运算符重载不可以改变语法结构

43. 下列关于运算符重载的描述中，正确的是 (　　)。

A. 运算符重载可以改变该运算符的优先级

B. 运算符重载可以改变该运算符目数，即该运算符运算的操作数个数

C. 运算符重载函数只能在类中定义

D. new 和 delete 允许重载

44. 当一个类的某个函数被说明为 virtual 时，该函数在该类的所有派生类中 (　　)。

A. 都是虚函数

B. 只有被重新说明时才是虚函数

C. 只有被重新说明为 virtual 时才是虚函数

D. 都不是虚函数

45. 类 B 是类 A 的公有派生类，类 A 和类 B 中都定义了虚函数 func()，p 是一个指向类 A 对象的指针，则 p->A::func()将 (　　)。

A. 调用类 A 中的函数 func()

B. 调用类 B 中的函数 func()

C. 根据 p 所指的对象类型确定调用类 A 中或类 B 中的函数 func()

D. 既调用类 A 中的函数，也调用类 B 中的函数

46. 假定要对类 CD 定义除法运算符重载成员函数，实现两个 CD 类对象的除法，并返回相除结果，则该成员函数的声明语句为 (　　)。

A. CD operator/(CD &a,CD &b)　　B. CD operator/(CD &a)

C. operator/(CD a)　　D. CD &operator/()

47. 下列为纯虚函数的正确声明的是 (　　)。

A. void virtual print()=0;　　B. virtual void print()=0;

C. virtual void print(){ };　　D. virtual void print();

48. 如果在类对象 a 的类中重载运算符 “+”，则 a+5 的显示调用方式为 (　　)。

A. a.operator(5)　　　　B. a->operator+(5)

C. a.operator+(5)　　　　D. 5.operator+(a)

49. 要采用动态多态性，下列说法中正确的是（　　）。

A. 基类指针调用虚函数　　　　B. 派生类对象调用虚函数

C. 基类对象调用虚函数　　　　D. 派生类指针调用虚函数

50. 要实现动态联编，必须（　　）。

A. 通过成员名限定来调用虚函数　　　　B. 通过对象名来调用虚函数

C. 通过派生类对象来调用虚函数　　　　D. 通过对象指针或引用来调用虚函数

51. 如果有一个类 CRect 及语句“CRect x1, x2;”，要使语句“x1=x2;”合法，可在类中定义成员函数（　　）。

A. int operator(x2)　　　　B. int operator=(x2)

C. void operator=(CRect &);　　　　D. void operator=()

二、填空题

1. 如果一个派生类只有唯一的一个基类，则这样的继承关系称为________。
2. 在单继承和多继承方式中，面向对象的程序设计应尽量使用________继承。
3. 在 C++程序设计中，建立继承关系倒挂的树应使用________继承。
4. 通过 C++语言中的________机制，可以从现存类中构建其子类。
5. C++中有两种继承：单继承和________。
6. 用来限定成员函数所属类的作用域运算符是________。
7. 派生类的主要用途是可以定义其基类中________。
8. 基类的公有成员在派生类中的访问权限由________决定。
9. 派生类的成员一般分为两部分，一部分是________，另一部分是自己定义的新成员。
10. 重载的运算符保持其原有的________、优先级和结合性不变。
11. 抽象类中至少要有一个________函数。
12. 在 C++中，定义虚函数的关键字是________。
13. 单目运算符作为类成员函数重载时，形参个数为________个。
14. 不同对象可以调用相同名称的函数，但执行完全不同行为的现象称为________。
15. 含有纯虚函数的类称为________。
16. 抽象类中至少要有一个________函数。
17. 一个抽象类的派生类可以实例化的必要条件是实现了所有的________。
18. 对赋值运算符进行重载时，应声明为________函数。
19. 编译时的多态性通过________函数实现。
20. C++语言支持的两种多态性分别是编译时的多态性和________的多态性。

三、判断题

1. 派生类是它的基类的组合。（　　）
2. 子类型是不可逆的。（　　）
3. 多继承情况下，派生类的构造函数的执行顺序取决于定义派生类时所制定的各基类的顺序。（　　）
4. 析构函数不可以被继承。（　　）
5. 派生类是从基类派生出来的，它不能再生成新的派生类。（　　）
6. 派生类的继承方式有两种：公有继承和私有继承。（　　）

7. 公有继承中，基类中的公有成员和私有成员在派生类中都是可见的。(　　)

8. C++语言中，既允许单继承，又允许多继承。(　　)

9. 解决多继承情况下出现的二义性的方法之一是使用成员名限定法。(　　)

10. 单继承情况下，派生类中对基类成员的访问也会出现二义性。(　　)

11. 虚基类用来解决多继承中的公共基类在派生类中只产生一个基类子对象的问题。(　　)

12. 在私有继承中，基类中只有公有成员对派生类是可见的。(　　)

13. 构造函数可以被继承。(　　)

14. 如果 A 类型是 B 类型的子类型，则 A 类型必然适应于 B 类型。(　　)

15. 在保护继承中，对于垂直访问等同于公有继承，对于水平访问等同于私有继承。(　　)

16. 只要是类 M 继承了类 N，就可以说类 M 是类 N 的子类型。(　　)

17. 在私有继承中，基类中所有成员对派生类的对象都是不可见的。(　　)

18. 在公有继承中，基类中只有公有成员对派生类对象是可见的。(　　)

19. 重载函数可以带有缺省值的参数，但是一定要注意二义性。(　　)

20. 对单目运算符重载为友元函数时，说明一个形参；重载为成员函数时，不能显示说明形参。(　　)

21. 虚函数是用 virtual 关键字说明的成员函数。(　　)

22. C++中的多态性就是指在编译时，编译器对同一个函数调用，根据情况调用不同的实现代码。(　　)

23. 函数的参数个数和类型都相同，只是返回值不同，这不是重载函数。(　　)

24. 抽象类是指没有一些说明对象的类。(　　)

25. 多数运算符可以重载，个别运算符不能重载，运算符重载是通过函数定义实现的。(　　)

26. 对每个可重载的运算符来讲，它既可以重载为友元函数，又可以重载为成员函数，还可以重载为非成员函数。(　　)

27. 动态联编是在运行时选定调用的成员函数的。(　　)

28. 重载运算符保持原运算符的优先级和结合性不变。(　　)

29. 构造函数说明为纯虚函数是没有意义的。(　　)

四、写出程序运行结果

1.

```
# include <iostream.h>
class L
{
 public:
    void InitL(int x,int y){X=x;Y=y;}
    void Move(int x,int y){X+=x;Y+=y;}
    int GetX(){return X;}
    int GetY(){return Y;}
 private:
    int X,Y;
};
class R:private L
{
 public:
   void InitR(int x,int y,int w,int h)
     {
      InitL(x,y);
      W=w;
```

```
      H=h;
    }
  int GetW(){return W;}
  int GetH(){return H;}
 private:
  int W,H;
};
class V:public R
{
  public:
     void fun(){Move(3,2);}
};
void main()
{
   V v;
   v.InitR(10,20,30,40);
   v.fun();
   cout<<"{"<<v.GetX()<<","<<v.GetY()<<","<<
   v.GetW()<<","<<v.GetH()<<"}"<<endl;
```

2.

```
#include<iostream.h>
class a
{
   public:
        virtual void print()
        {cout<< "a prog..."<< endl;};
};
class b:public a
{};
class c:public b
{
     public:
          void print(){cout<<"c prog..."<<endl;}
};
void show(a *p)
{  (*p).print();  }
void main()
{
     a a;
     b b;
     c c;
     show(&a);
     show(&b);
     show(&c);
}
```

3.

```
#include <iostream.h>
class B
{
      public:
             B(int i){b=i+50;show();}
             B(){}
             virtual void show()
             { cout<<"B::show() called."<<b<<endl; }
      protected:
```

```
            int b;
};
class D:public B
{
      public:
           D(int i):B(i){d=i+100;show();}
           D(){}
           void show()
           { cout<<"D::show() called.""<<d<<endl; }
    protected:
           int d;
};
void main()
{ D d1(108);  }
```

4.

```
#include <iostream.h>
class test
{
      int x;
      public:
           test(int i=0):x(i){}
           virtual void fun1()
           {cout << "test::x"<<x<<endl;}
};
class ft:public test
{
      int y;
      public:
           void fun1(){cout <<"ft::y="<<y<<endl;}
           ft(int i=2):test(i),y(i){}
};
void main()
{
     ft ft1(3);
     void (test::*p)();
     p=test::fun1;
(ft1.*p)();
}
```

五、编程题

1. 要求以点类（Point）为基类，设计矩形类（Rect），在 Rect 类中编写求面积和周长的成员函数，并编写主函数进行测试。（提示：除要求的函数成员外，需要的其他成员可自行设计。）

2. 编写一个多继承的程序，要求至少包含 3 个类，每个类中至少包含 3 个成员函数，并在主函数中进行测试。

第 9 章 对话框

在前面的章节中，所写的程序都是在 Win 32 控制台环境下调试运行的。但是，随着可视化开发工具的出现，需要设计出友好的用户界面和用户进行交互。因此，程序不能仅停留在控制台方式下运行。Visual C++ 6.0 是一个功能强大的开发工具，利用它可以快速地完成复杂的程序设计。本章将从 Visual C++ 6.0 的应用程序框架开始，介绍基于对话框的程序设计。对话框是与用户交互的重要手段。为了便于对话框程序的设计，需要先了解一下 Visual C++ 6.0 的 MFC 应用程序框架。

9.1 MFC 应用程序

控制台下编写的程序是通过调用系统函数来实现图形界面的程序设计的，而 Windows 程序是通过消息传递、事件触发来实现程序设计的。早期的 Windows 程序编写要调用大量的 API 函数。随着可视化开发工具的出现，为了缩短开发周期，帮助程序员快速地完成程序设计，可视化开发工具将大量的 API 函数封装起来，减轻了程序设计人员的工作量。在 Visual C++ 6.0 中，以 MFC 的形式提供了应用程序框架。

9.1.1 MFC 编程

MFC 的英文全称是 Microsoft Foundation Class Library，即微软的基础类库。大量的 API 函数根据功能的不同而被 MFC 封装到不同的类中，这些类基本涵盖了进行 Windows 编程可能用到的大部分功能。用户在进行程序设计时，如果类库中的对象能完成所需要的功能，则只要简单地调用已有对象的方法就可以了。根据面向对象的程序设计“继承”的原则，用户可以在已有类的基础上新增功能和方法。MFC 编程方法充分利用了面向对象技术的优点。因此，在编程时无须关心对象方法的实现细节，同时类库中各种对象的强大功能足以完成程序设计中绝大部分所需功能，使得程序员所需要编写的代码大为减少，缩短了软件的开发周期，保证了程序具有良好的可调试性。MFC 类库提供的对象的各种属性和方法都经过了谨慎的编写和严格的测试，可靠性高，从而保证了使用 MFC 类库不会影响程序的可靠性和正确性。

1. MFC 类库

图 9.1 给出的就是 MFC 封装的类之间的层次关系。其中比较重要的是 CObject 类和 CWnd 类。

CObject 类是 MFC 中最主要也是最基本的类之一。该类不支持多重继承，派生的类只能有一个 CObject 基类。CObject 类位于类层次结构的最顶层，绝大多数 MFC 类都继承自 CObject 类。

CObject 类有很多有用的特性：对运行时类信息的支持，对动态创建的支持，对串行化的支持，对象诊断输出等。MFC 从 CObject 派生出的许多类都具备其中的一个或者多个特性。

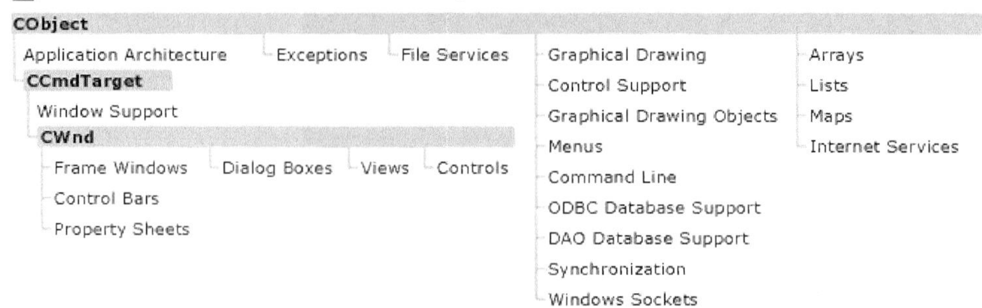

图 9.1　MFC 类库层次图

在 MFC 中，CWnd 类提供了所有窗口类的基本功能，是一个非常重要的类。大约三分之一的 MFC 类都以此为基类。该类主要对创建、操纵窗口类的 API 函数进行了封装，而且通过消息映射机制隐藏了 SDK 编程中使用相当不便的窗口处理函数，使消息的分发处理更加方便。

2. MFC 消息处理和映射

使用 MFC 框架编程时，所有的 MFC 窗口都使用同一窗口过程，程序员不必去设计和实现自己的窗口过程，而是通过 MFC 提供的一套消息映射机制来处理消息。因此，MFC 简化了程序员编程时处理消息的复杂性。

消息结构（MSG）的定义如下：

```
typedef struct tagMSG {
HWND hwnd;
UINT message;
WPARAM wParam;
LPARAM wParam;
DWORD time;
POINT pt;
} MSG;
```

该结构包括了六个成员，用来描述消息的有关属性：hwnd 表示接收消息的窗口句柄；message 代表消息标识；wParam 表示消息参数；time 是消息产生的时间；pt 是消息产生时鼠标的位置。

MFC 主要处理三类消息：

① Windows 消息，以前缀“WM_”开头，但 WM_COMMAND 除外。Windows 消息直接送给 MFC 窗口过程处理，窗口过程调用对应的消息处理函数。一般，由窗口对象来处理这类消息，即这类消息处理函数一般是 MFC 窗口类的成员函数。

② 控制通知消息，是控制子窗口送给父窗口的 WM_COMMAND 通知消息。窗口过程调用对应的消息处理函数。一般，由窗口对象来处理这类消息，这类消息处理函数通常也是 MFC 窗口类的成员函数。

③ 命令消息，这是来自菜单、工具条按钮和加速键等用户接口对象的 WM_COMMAND 通知消息，属于应用程序自己定义的消息。通过消息映射机制，MFC 框架把命令按一定的路径分发给多种类型的对象（具备消息处理能力）处理，如文档、窗口、应用程序、文档模板等对象。能处理消息映射的类必须从 CCmdTarget 类派生。

MFC 消息映射的实现方法：消息映射是让程序员指定要某个 MFC 类(有消息处理能力的类)处理某个消息。MFC 提供了工具 ClassWizard 来帮助实现消息映射，在处理消息的类中添加一些有关消息映射的内容和处理消息的成员函数。

① 在类的定义（头文件）里，增加了消息处理函数声明，并添加一行声明消息映射的宏 DECLARE_MESSAGE_MAP。

② 在类的实现（源文件）里，实现消息处理函数，并使用 IMPLEMENT_MESSAGE_MAP 宏实现消息映射。一般情况下，这些声明和实现由 MFC 的 ClassWizard 自动来维护。

9.1.2　MFC 应用程序框架类型

Visual C++提供了各种向导和工具帮助用户来实现所需的功能，在一定程度上实现了软件的自动生成和可视化编程。

创建 MFC 应用程序可以通过 MFC 应用程序向导来完成。MFC 应用程序向导生成具有内置功能的应用程序，使用 MFC 应用程序向导可以创建单文档、多文档和对话框应用程序。

单文档用基于 CView 的视图类创建应用程序的单文档界面（SDI）构。在此类应用程序中，文档的框架窗口只能容纳框架中的一个文档。例如，记事本就是一个典型的单文档应用程序。

多文档用基于 CView 的视图类创建应用程序的多文档界面（MDI）结构。在此类应用程序中，文档的框架窗口可以容纳多个文档。例如，Word 就是一个典型的多文档应用程序。

对话框应用程序是基于 CDialog 类创建的应用程序。与单文档和多文档程序相比，它没有菜单、工具栏及状态栏，也不能处理文档。对话框程序具有简单、紧凑、代码少和速度快等优点。

1. MFC AppWizard

在 Visual C++ 6.0 中可以利用应用程序向导（MFC AppWizard）生成应用程序框架。AppWizard 工具的作用是帮助用户逐步生成一个新的应用程序，并且自动生成应用程序所需的基本代码。MFC AppWizard 提供了一系列选项供用户选择，用户可以根据需要创建单文档、多文档和对话框应用程序。利用 MFC AppWizard 创建应用程序的步骤如下：

步骤一：启动 Visual C++ 6.0 后，选择菜单“文件/新建”命令，此时会弹出“新建”对话框。该对话框中有“文件”、“工程”、“工作区”、“其他文档”四个标签，每一个标签下面又包含许多具体的类型。选中“工程”标签，列出的是各种不同的应用程序类型，如 dll 类型的动态链接库、exe 类型的可执行程序等。这里选中 MFC AppWizard[exe]选项，表示要创建的是一个使用 MFC 基本类库进行编程的可执行程序，如图 9.2 所示。

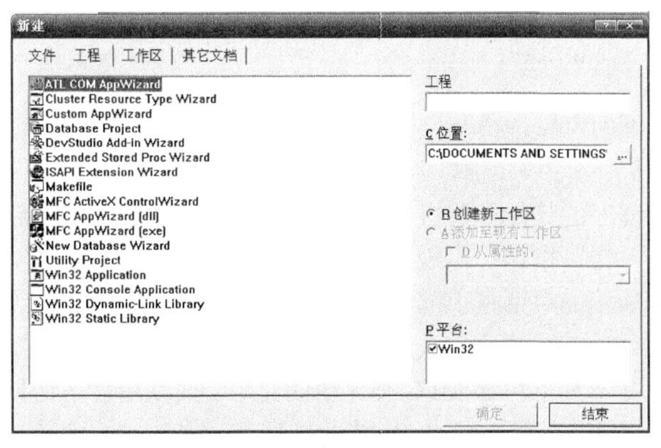

图 9.2　“新建”对话框

步骤二：选好后，在“工程”一栏中为程序起一个名字，为 test，在“位置”一栏中为程序定义文件存放的目录，对话框右下角的“平台”一栏中的 Win32 项表示要创建的程序建立在 32 位的 Windows 平台基础上。单击“确定”按钮，就启动了使用 MFC 方式开发应用程序的 AppWizard 功能，弹出“MFC AppWizard-Step 1”对话框，如图 9.3 所示。

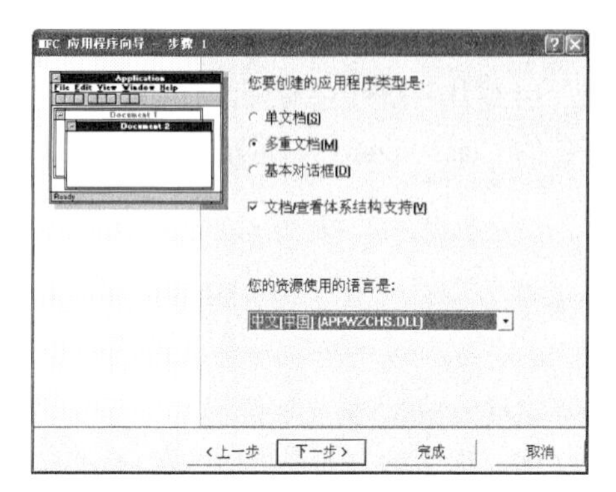

图 9.3　MFC AppWizard-Step 1 of 6

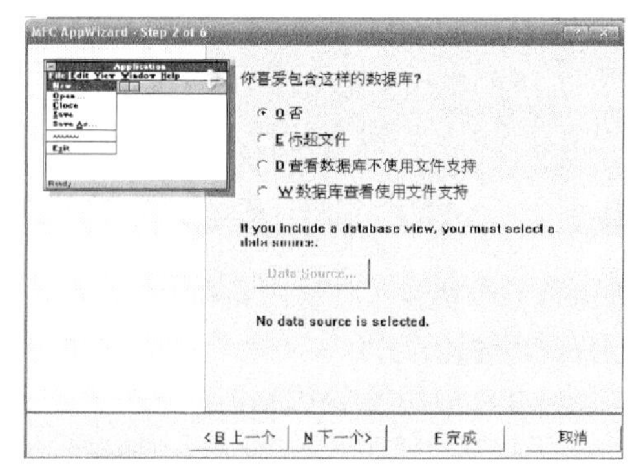

图 9.4　MFC AppWizard-Step 2 of 6

步骤三：这个对话框中让用户选择程序的类型和程序中的资源所用的语言，这里选择程序类型为“单个文档”，语言为“中文”，然后单击“下一个”按钮，出现如图 9.4 所示的对话框。

步骤四：在图 9.4 所示的对话框中选择是否需要提供数据库方面的支持，这里选择“否”，然后单击“下一个”按钮，出现如图 9.5 所示的对话框。

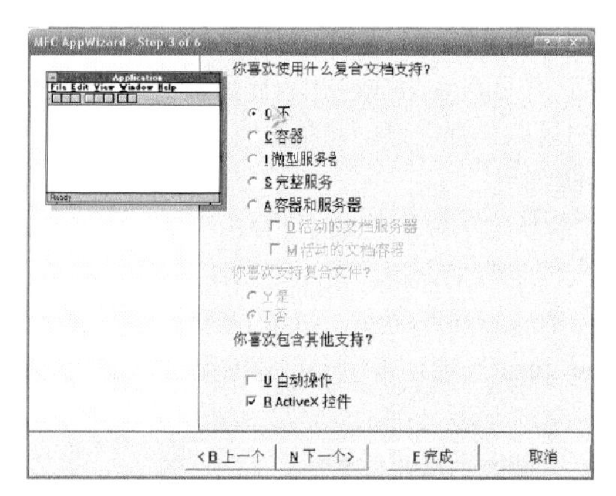

图 9.5　MFC AppWizard-Step 3 of 6

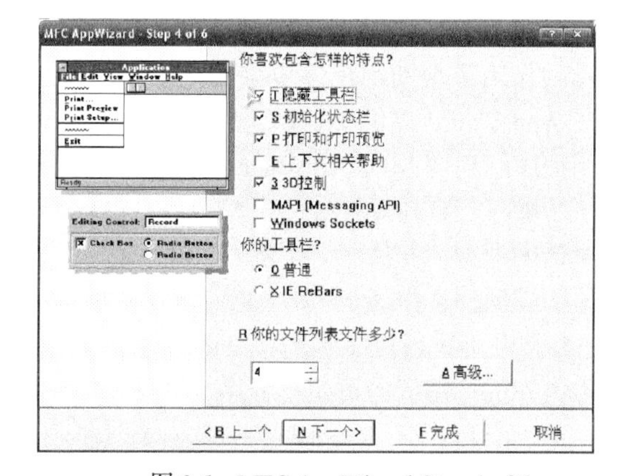

图 9.6　MFC AppWizard-Step 4 of 6

步骤五：在该对话框中可以选择程序是否需要复合文档的支持，这里选择“否”，单击“下一个”按钮，进入如图 9.6 所示的对话框。

步骤六：接着选择程序的其他一些特性，如提供对 WINSOCK 的支持等。这里对系统的缺省值不做改变，单击“下一个”按钮，出现如图 9.7 所示的对话框。

步骤七：在图 9.7 所示的对话框上部选择是否为程序自动生成注释，对话框的下部用来选择使用 MFC 类库的方式是动态链接库方式还是静态链接方式。使用动态链接库方式时，在以后生成的可执行应用程序中并不真正包含 MFC 类库中的对象；而使用静态链接方式时，则把 MFC 库中的代码生成为应用程序的一部分，这时生成的应用程序相对大一些。选好后单击“下一个”按钮。

步骤八：图 9.8 是 AppWizard 的最后一个步骤，对话框中的提示信息指明了系统将要自动创建的类和相关文件，以及派生出这些类的 MFC 的基类等内容。在这一步中，可以对视图类的基类进行选择，也可以保持默认不变，单击“完成”按钮。

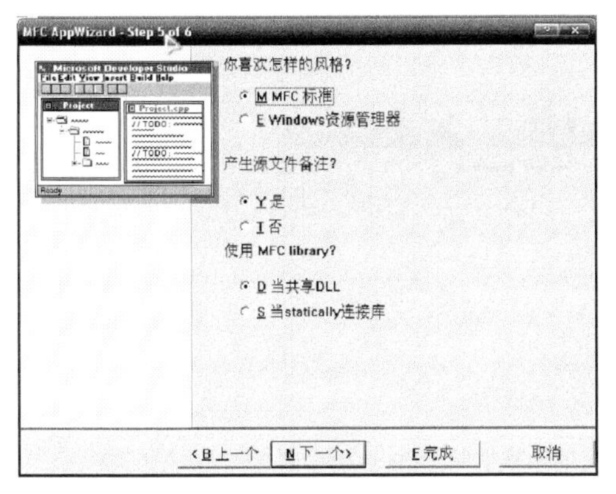

图 9.7　MFC AppWizard-Step 5 of 6

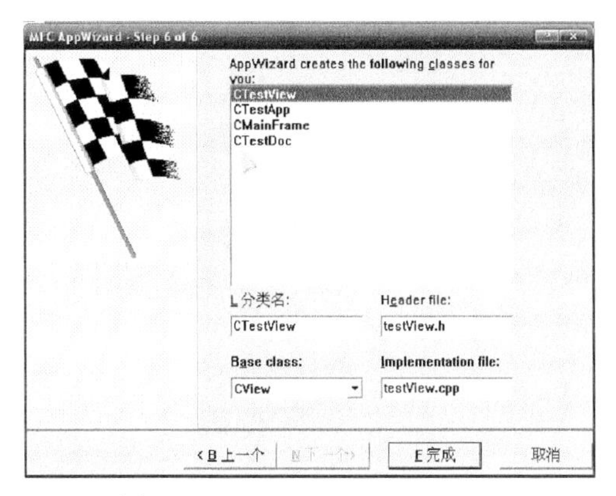

图 9.8　MFC AppWizard-Step 6 of 6

在图 9.9 所示的对话框中显示的是用户在前几个步骤中所做的选择信息。单击“确定”按钮，系统开始创建应用程序，创建好的单文档应用程序如图 9.10 所示。

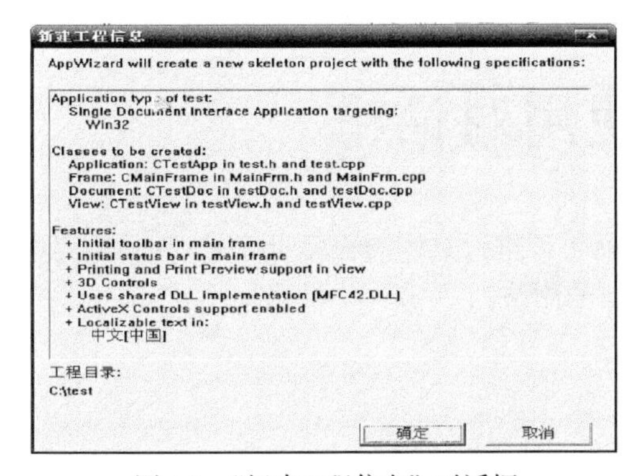

图 9.9　“新建工程信息”对话框

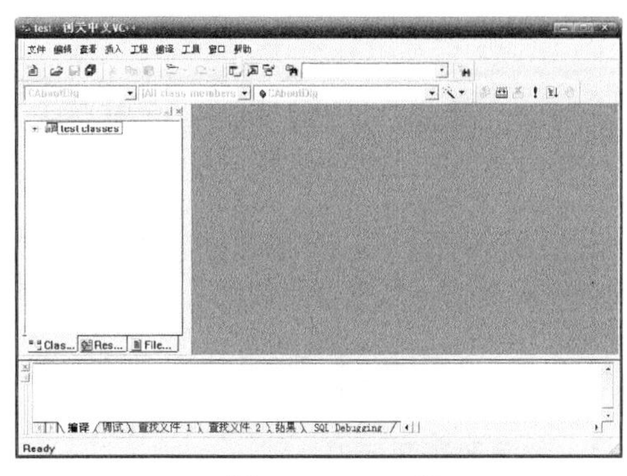

图 9.10　test 工程

编译运行创建好的工程，运行结果如图 9.11 所示。

利用应用程序向导创建单文档应用程序的步骤和选项虽多，但大多数时候都可以采用默认设置。通常，生成应用程序框架的步骤如下：

首先，在“新建”对话框中选择“工程”属性页，选择 MFC AppWizard[exe]，输入合适的工程名称。

然后，根据需要选择单文档、多文档或基于对话框，单击“完成”按钮，后面的设置全部使用默认即可。

图 9.11　test 工程运行结果

2. MFC ClassWizard

Visual C++ 6.0 集成环境中提供的另一个很重要的工具就是 ClassWizard。它主要用来管理程序中的对象和消息，这个工具对于 MFC 编程尤为重要。单击“查看”菜单的“建立类向导”项或按 Ctrl+W 组合键，就可以打开 MFC ClassWizard 对话框，如图 9.12 所示。

在 Message Maps 标签下，Project 栏中的内容代表当前程序的名字，Class name 下拉列表框列出的是程序当前用到的所有类的名称，在 Messages 一栏中列出的是一个选中的类所能接收到的所有的消息。在 Windows 程序设计中，消息是一个极为重要的概念，用户通过窗口界面的各种操作最后都转化为发送到程序中的对象的各种消息。

在 Member functions 一栏中列出的是目前被选中的类已经有的成员函数。这些成员函数与该类可以接收的消息一一对应。在后面的章节中，将结合应用实例对 ClassWizard 的使用做详细介绍。

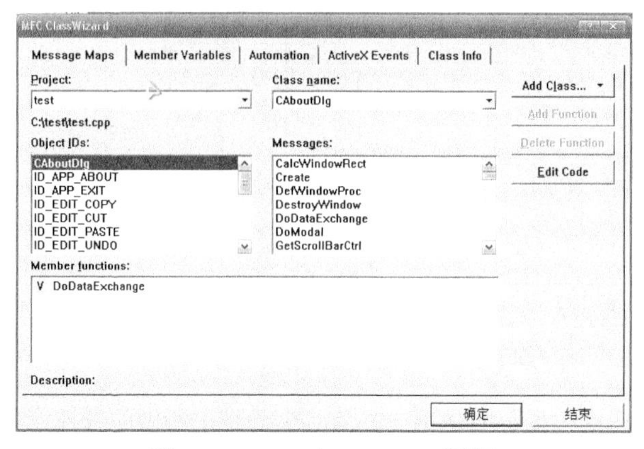

图 9.12　MFC ClassWizard 对话框

9.2　创建和使用对话框

利用 MFC AppWizard 创建好应用程序框架后，就可以进行具体的程序设计了。对话框是构建应用程序界面设计的重要组成部分，下面介绍对话框的用法。

9.2.1　创建对话框

1．资源和资源标识

在 Visual C++ 6.0 中将某些静态的、可归类的和可共享的数据以资源形式处理，主要包括菜单、图标、对话框、位图、快捷键、工具栏、光标、描述信息和字符串表等。Visual C++ 6.0 提供了一整套处理资源的方法。资源管理包括各种资源的创建和维护，通过工作区的“Resource View”（资源视图）的导航，可以创建资源或激活各种资源相应的资源编辑器以执行可视化编辑。

在图 9.13 中，可以看到每一种资源类别下都存在一个或多个相关资源，区分每个资源是通过资源标识符来实现的。对于每一个添加到工程的资源，系统都会默认提供一个标识名称，用户也可以进行修改。

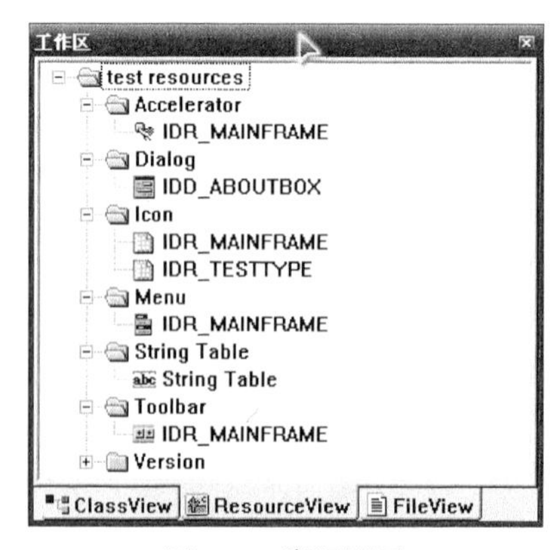

图 9.13　资源视图

2. 添加对话框资源

增加新资源的常用方法：一种是从“插入”下拉菜单中选择“资源”选项，或按 Ctrl+R 组合键，出现如图 9.14 所示的对话框，选择资源类别“Dialog”，然后单击右侧的“新建”按钮，就会完成对话框的添加；另一种是右击左侧“工作区”中“Resource View”中的资源项“Dialog”，在弹出的快捷菜单中选择“Insert Dialog”选项增加新的对话框。同时，系统为新增的对话框赋予了一个默认的资源标识 IDD_DIALOG1，并且在新增加的对话框上还有“OK”和“Cancle”两个命令按钮，如图 9.15 所示。

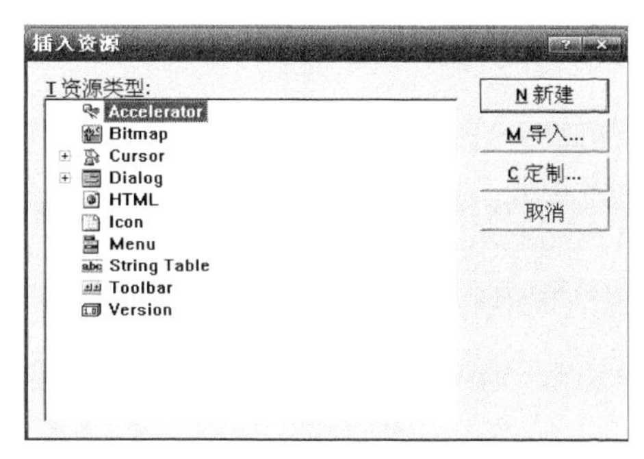

图 9.14　“插入资源”对话框

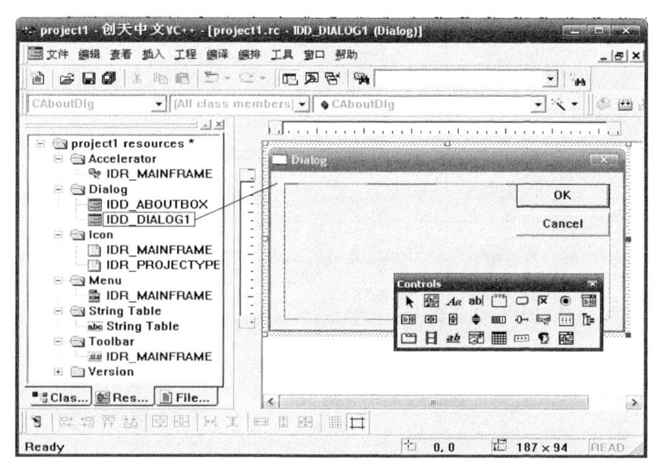

图 9.15　添加对话框资源的工程

用户可以通过属性窗口更改对话框的标识符等属性。在对话框上单击鼠标右键，从弹出的快捷菜单中选择“属性”选项，将出现如图 9.16 所示的对话框属性窗口。

图 9.16　对话框属性窗口

属性窗口中共有 5 个选项卡，常用的是 General 属性页。下面对 General 属性页的选项进行介绍。

ID：用来修改或选择对话框的标识名称。虽然对资源的标识名称，用户可以进行修改，但要按一定规则进行命名。每一种资源标识通常对应一个固定的前缀，对话框的标识符前缀就是“IDD”，将默认的名称修改为“IDD_TEST”。

标题：表示对话框的标题名称，默认为“Dialog”，用户可以输入中英文进行更改。

菜单：对话框需要菜单时输入或选择指定的菜单资源，默认为空。

“字体”按钮：选择字体的类型（默认为 System）及字号（10 号）。

X Pos/Y Pos：代表对话框左上角在父窗口中的 X，Y 坐标，默认都为 0，对话框居中显示。

9.2.2 控件的添加和布局

当添加对话框资源后，就可以通过对话框编辑器向对话框中添加控件。控件是在系统内部定义的用于和用户进行交互的基本单元。控件存放在控件栏上，打开控件编辑器之后，控件工具栏也会随之出现。利用控件工具栏的各个按钮就可以完成控件的添加。只要把鼠标放在控件上，就可以看到控件的类型提示。各个按钮所对应的控件类型如图 9.17 所示。

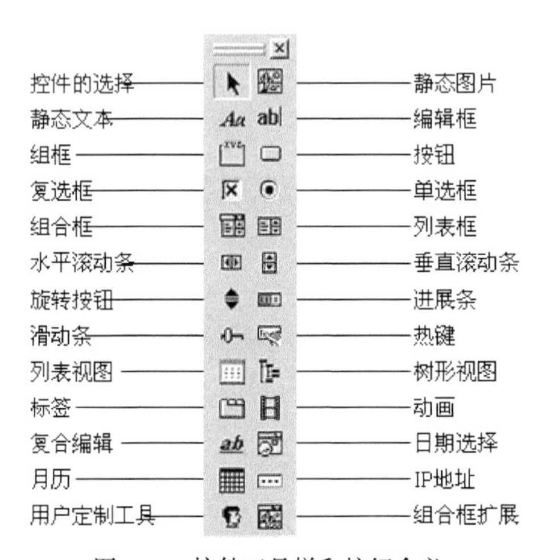

图 9.17 控件工具栏和按钮含义

1. 添加控件

可以通过以下几种方法向对话框中添加控件：

① 在控件栏中用鼠标单击要添加的控件，此时鼠标的箭头变成“十”字形状；然后，在对话框的指定位置单击鼠标左键，这样控件就被添加到对话框中，再拖动选择框就可以改变控件的大小和位置。

② 在控件栏中用鼠标单击要添加的控件，此时鼠标的箭头变成“十”字形状；然后，在对话框的指定位置单击鼠标左键并按住不放，然后拖动鼠标到合适的位置，释放左键。

③ 用鼠标选中控件，并按住鼠标左键不放；拖动鼠标到对话框的指定位置，出现一个虚线框，释放鼠标，控件就出现在对话框中。

2. 控件的布局

当把需要的多个控件添加到对话框后，接下来就要对控件进行布局了。布局是对控件的位置和大小的重新调整。在 Visual C++ 6.0 中，当对话框编辑器打开后，在菜单条中会出现“编排”菜单项。通过“编排”菜单项中的命令可以实现控件的布局。“编排”菜单项的各命令功能描述，如表 9.1 所示。

表 9.1　　“编排”菜单项的命令含义

菜单命令	功能描述
Align	对齐控件。选中该命令会出现级联菜单，可以选择具体的对齐方式
Space Evenly	控件分布
Make Same Size	使多个控件具有相同的尺寸
Arrange Buttons	按钮布局
Center in Dialog	在对话框内居中
Size to Content	按内容定义尺寸
Auto Size	自动大小
Flip	翻转
Tab Order	设置 Tab 键次序
Guide Settings	设置网格、标尺等辅助工具
Test	测试对话框性能

在对控件进行布局的过程中，通常需要选取多个控件，方法是按住 Shift 或 Ctrl 键的同时，用鼠标单击所选中的控件即可。同时，为了方便精确定位各个控件，还可以使用网格和标尺等辅助工具，通过选取“Guide Settings”命令即可实现。控件布局后，也可以通过“Test”命令进行测试，帮助用户检验对话框的设置是否符合要求。图 9.18 给出的就是控件添加和布局的示例。

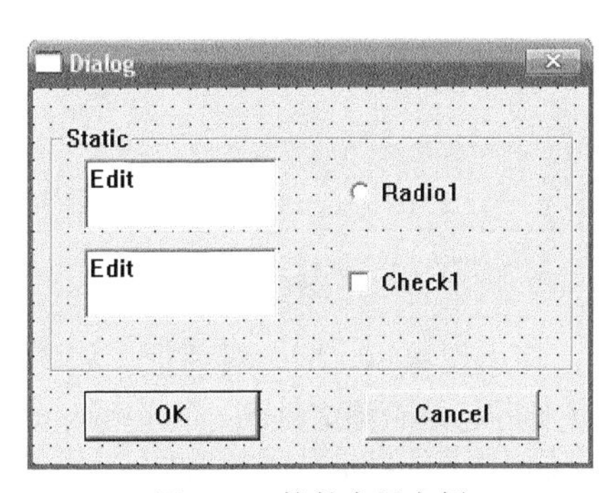

图 9.18　控件布局实例

除了使用“编排”菜单项的各项功能完成控件布局之外，还可以通过布局工具栏实现。如果界面上没有出现布局工具栏，可以在工具栏的任意空白处单击鼠标右键，在弹出的快捷菜单中选择“Dialog”选项，布局工具栏就出现在界面中，如图 9.19 所示。该工具栏上的命令按钮功能和“编排”菜单项的各项功能一致，鼠标停在上面，即可看到提示信息。

图 9.19　布局工具栏

对于所有添加到对话框的控件，都可以通过属性窗口进行属性设置。图 9.20 所示的就是按钮控件的属性窗口。打开属性窗口的方法是选中控件，然后单击鼠标右键，在弹出的菜单项中选择“属性”选项即可。

图 9.20　属性窗口

9.2.3　创建对话框类

添加到工程的对话框资源不能直接使用，它实际上是一个对话框资源模板，需要为该对话框资源创建一个新类。

步骤一：在对话框模板的空白区域双击鼠标左键或者单击鼠标右键，在弹出的菜单项中选择“Create a new class”菜单项，将弹出如图 9.21 所示的对话框。

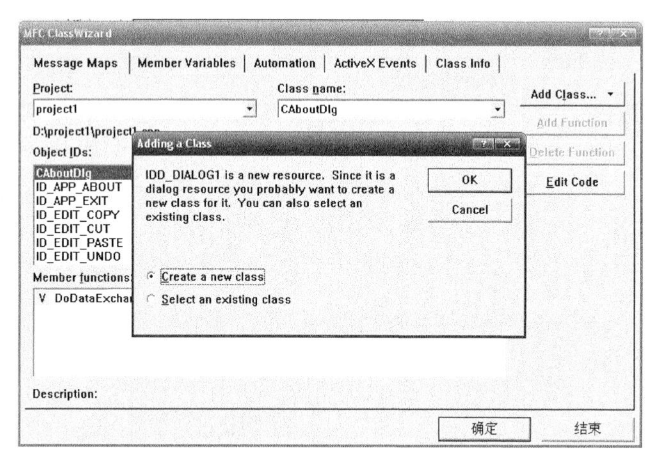

图 9.21　创建对话框窗口

步骤二：单击“OK”按钮，将出现 New Class 对话框，如图 9.22 所示。在 Names 框中输入类名，如 CTest。File Name 框用来指定类的源文件名，可以通过单击“Change”按钮进行更改。Base class 指定的是该类所对应的基类 CDialog，该基类是 MFC 中定义好的类，用户无须修改。Dialog ID 是对话框资源标识符。

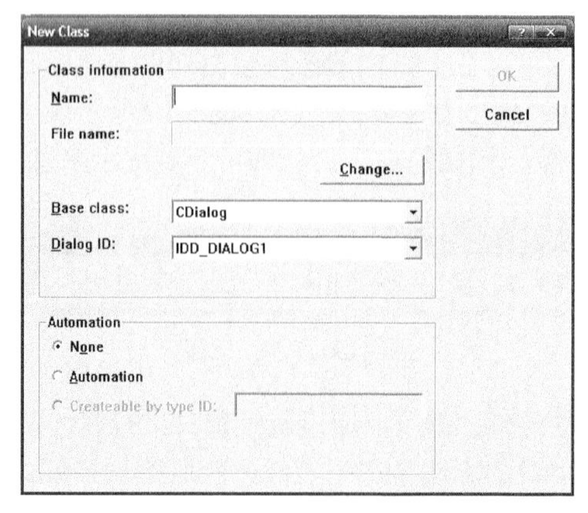

图 9.22　New Class 对话框

步骤三：输入类名后，将激活“OK”按钮。单击“OK”按钮，对话框类创建完成，系统会自动为该对话框类增加相应的头文件（Test.h）和源文件（Test.cpp）。在工作区中的“FileView”选项卡的“Header Files”和“Source Files”文件夹下可以查看到这两个文件。

9.2.4 调用对话框

对话框类创建完成后，就可以在程序中调用该对话框进行显示，使用对话框完成用户交互。对话框可以分为模态对话框和非模态对话框两类。

模态对话框弹出后独占系统资源，用户只有在关闭该对话框后才可以继续执行，不能在关闭对话框之前执行应用程序其他部分的代码。模态对话框一般要求用户做出某种选择。

非模态对话框弹出后，程序可以在不关闭该对话框的情况下继续执行，在转入到应用程序其他部分的代码时可以不需要用户做出响应。非模态对话框一般用来显示信息，或者实时地进行一些设置。

模态对话框和非模态对话框在创建资源时是一致的，只是在显示对话框之前和关闭对话框调用的函数不一样。模态对话框由系统自动分配内存空间，对话框关闭时，对话框对象自动删除。非模态对话框需要指定内存，退出时还需删除对话框对象。

用户可以在对话框的 OnInitDialog()函数中对对话框上的控件进行初始化。对基于对话框的应用程序，在工程创建完成后，可以在对话框所属的源文件中找到 OnInitDialog()函数。对于非对话框应用程序，则需要进行消息映射。

1. DoModal 函数

原型：virtual INT_PTR CDialog::DoModal();

功能：显示模态对话框。

2. Create 函数

原型：BOOL Create(UINT nIdTemplate, Cwnd* pParentWnd = NULL);

功能：创建非模态对话框。nIdTemplate 是对话框模板的 ID 号；pParentWnd 是对话框父窗口的指针，如果为 NULL，则对话框的父窗口将被设置为主应用程序窗口。显示非模态对话框需要调用 ShowWindow 函数。

3. EndDialog 函数

原型：BOOL EndDialog(int nResult);

功能：终止模态对话框。nResult 指定从创建对话框函数返回到应用程序的值。如果函数调用成功，则返回值为非零值；如果函数调用失败，则返回值为零。

4. DestroyWindow 函数

原型：BOOL DestroyWindow();

功能：终止非模态对话框。

5. GetDlgItem 函数

原型：CWnd* GetDlgItem(int nID) const;

功能：获得指向某一控件的指针。参数 nID 为控件的 ID 号。该函数返回一个指定控件的 CWnd 对象指针，通过该指针，程序可以对控件进行控制。

6. EnableWindow 函数

原型：BOOL EnableWindow(BOOL bEnable = TRUE);

功能：该函数使窗口允许或禁止，禁止的窗口呈灰色显示，不能接收键盘和鼠标的输入。该函数的参数 bEnable 的值若为 TRUE，则窗口被允许；若 bEnable 的值为 FALSE，则窗口被禁止。

下面举例来说明这两种对话框的使用方式。

步骤一：创建一个单文档的应用程序 S_Dialog。打开工作区中的“ResourceView”选项卡，展开“Dialog”前的“+”号，用鼠标双击对话框资源标识“IDD_ABOUTBOX”，打开对话框编辑器。

步骤二：调整窗体大小，删除窗体中原有的控件，向窗体中增加两个命令按钮，布局和属性设置如图 9.23 所示。通过属性窗口将按钮显示文本分别更改为“显示模态对话框”和“显示非模态对话框”，其他属性保持不变。

（a）布局窗体

（b）属性对话框

图 9.23　对话框布局和属性窗口

步骤三：向工程中添加两个对话框资源，资源标识分别为 IDD_MOSHI 和 IDD_NMOSHI，为这两个对话框分别创建对话框类，类名分别为 CMoshi 和 CNmoshi，其他设置不变。默认的头文件和源文件名称分别为 Moshi.h、Moshi.cpp、Nmoshi.h 和 Nmoshi.cpp。在工作区的 FileView 选项卡的 Source Files 和 Header Files 文件夹下可以查看这些文件，如图 9.24 所示。

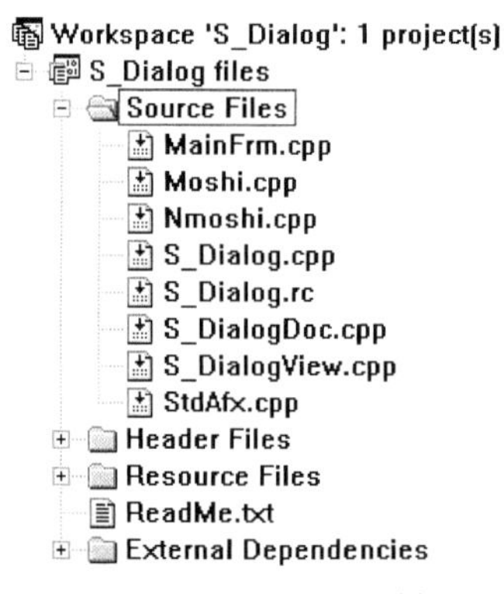

图 9.24　FileView 选项卡

步骤四：在两个对话框上各自添加一个静态文本控件，通过属性窗口修改“标题”框属性，如图 9.25 所示。

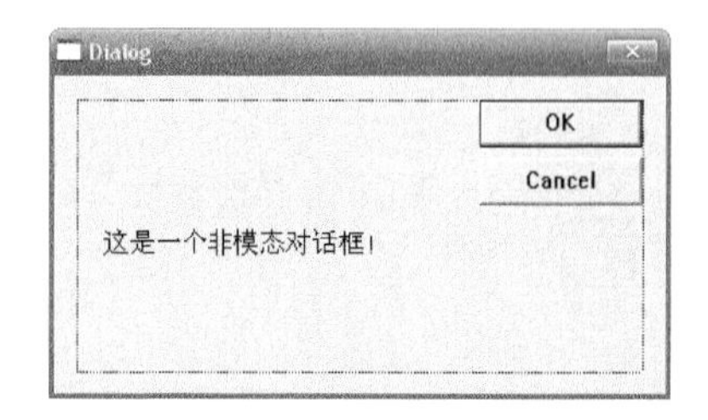

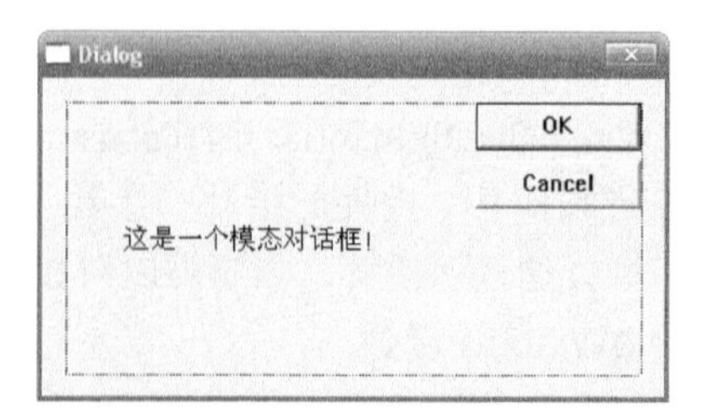

图 9.25　窗体设计和布局

步骤五：分别用鼠标双击“显示模态对话框”和“显示非模态对话框”两个按钮，在出现的对话框中点击“OK”按钮，进入代码编辑区，添加如下代码：

```
void CAboutDlg::OnButton1()
{
// TODO: Add your control notification handler code here
    CMoshi dlg;
    dlg.DoModal();
}
void CAboutDlg::OnButton2()
{
// TODO: Add your control notification handler code here
    CNmoshi *pdlg;
     pdlg=new CNmoshi();
     pdlg->Create(IDD_NMOSHI);
     pdlg->ShowWindow(SW_NORMAL);
}
```

步骤六：在 S_Dialog.cpp 文件（代码编辑所在的文件）头部加入两个对话框类所属的头文件。

```
#include "Moshi.h"
#include "Nmoshi.h"
```

步骤七：编译运行该程序，选择“帮助”菜单项下的“关于 S_Dialog(A)”选项，出项一个窗体。分别单击其上的两个按钮，可以看到当单击“显示模态对话框”按钮之后，显示一个对话框，如果不关闭该对话框的话，就无法继续显示其他对话框；而选择“显示非模态对话框”按钮后，可以打开多个对话框。

9.3 通用对话框和消息对话框

在 Visual C++ 6.0 中，除了用户可以自己创建对话框之外，系统还提供了消息对话框和通用对话框供用户直接调用。

9.3.1 通用对话框

MFC 中提供了一些通用对话框类来实现 Windows 系统提供的通用对话框。这些通用对话框类都继承自 CCommonDialog 类，每个通用对话框类都可以实现特定的功能。表 9.2 给出了常用的通用对话框及其相关类。在使用这些通用对话框的时候，不需要添加对话框资源，只要定义通用对话框类的对象就可以直接使用。

表 9.2 通用对话框及相关类

类	对 话 框
CFileDialog	文件对话框
CColorDialog	颜色对话框
CPrintDialog	打印对话框
CFontDialog	字体对话框
CPageSetupDialog	页面设置对话框
CFindReplaceDialog	查找和替换对话框

1. 文件对话框

使用文件对话框，需要构造一个对象并提供相应的参数。文件对话框样式如图 9.26 所示。

CFileDialog类的构造函数原型如下：

CFileDialog::CFileDialog(BOOL bOpenFileDialog, LPCTSTR lpszDefExt = NULL,
LPCTSTR lpszFileName = NULL, DWORD dwFlags =OFN_HIDEREADONLY| OFN_OVERWRITEPROMPT, LPCTSTR lpszFilter = NULL, CWnd* pParentWnd = NULL);

参数含义：bOpenFileDialog 为 TRUE，则显示打开文件对话框，为 FALSE 则显示保存文件对话框；lpszDefExt 指定默认的文件扩展名；lpszFileName 指定默认的文件名；dwFlags 指明一些特定风格；lpszFilter 是最重要的一个参数，它指明可供选择的文件类型和相应的扩展名，文件类型说明和扩展名间用“|”分隔，同种类型文件的扩展名间可以用“;”分隔，每种文件类型间用“|”分隔，末尾用“||”指明；pParentWnd 为父窗口指针。

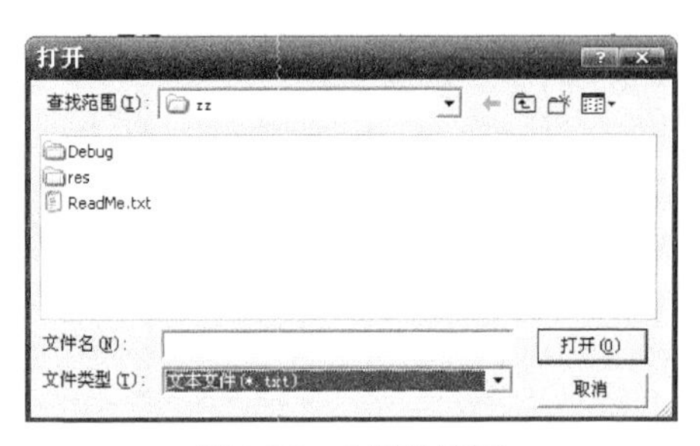

图 9.26　文件对话框

创建文件对话框可以使用 DoModal()成员函数，在返回后可以利用下面的函数得到用户选择：

```
CString CFileDialog::GetPathName( );//得到完整的路径名
CString CFileDialog::GetFileName( );//得到完整的文件名
CString CFileDialog::GetExtName( );//得到完整的文件扩展名
```

2. 颜色对话框

颜色对话框的样式如图 9.27 所示。要使用颜色对话框，先要通过 CColorDialog 类创建一个对象，构造函数原型如下：

```
CColorDialog::CColorDialog( COLORREF clrInit = 0, DWORD dwFlags = 0, CWnd* pParent-Wnd = NULL )
```

参数含义：clrInit 为初始颜色。通过调用 DoModal()创建对话框，在返回后调用 COLORREF CColorDialog::GetColor( )得到用户选择的颜色值。

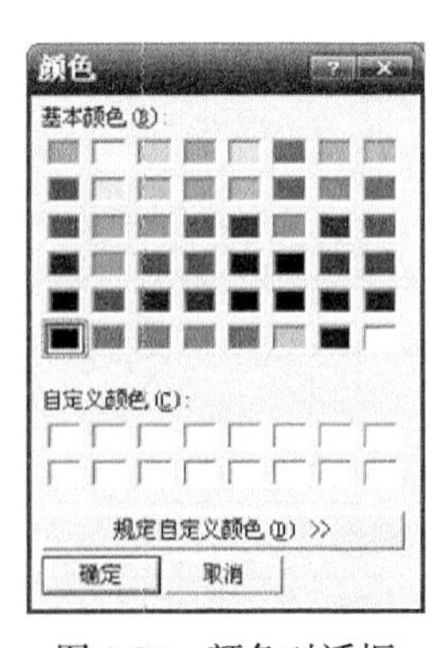

图 9.27　颜色对话框

3. 字体对话框

字体对话框的外观如图 9.28 所示。创建字体对话框需要先构造一个对象并提供相应的参数，构造函数原型如下：

```
CFontDialog::CFontDialog(LPLOGFONT lplfInitial = NULL, DWORD dwFlags = CF_EFFECTS | CF_SCREENFONTS, CDC* pdcPrinter = NULL, CWnd* pParentWnd = NULL );
```

参数含义：lplfInitial 指向一个 LPLOGFONT 结构，如果该参数设置为 NULL，表示不设置初始字体；pdcPrinter 指向一个代表打印机设备环境的 DC 对象，若设置该参数，则选择的字体就为打印机所用；pParentWnd 用于指定父窗口。

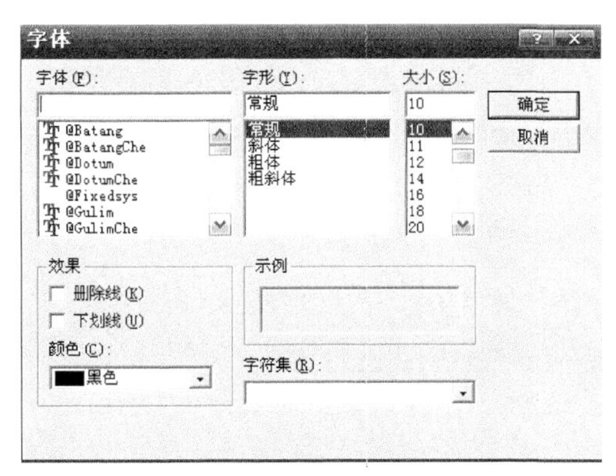

图 9.28　字体对话框

4. 打印对话框

CPrintDialog 类支持 Print（打印）和 Print Setup（打印设置）对话框。通过这两个对话框，用户可以进行与打印有关的操作。

使用打印和打印设置对话框的步骤：

① 构造 CPrintDialog 类的对象。

② 设置或修改数据成员 m_pd 初始化对话框。

③ 调用 CPrintDialog::DoModal()来启动对话框。

5. 查找和替换对话框

使用查找和替换对话框的步骤:

① 创建一个 CFindReplaceDialog 类的对象。

要构造 CFindReplaceDialog 类的对象，可利用此类的构造函数，该构造函数没有参数。由于 CFindReplaceDialog 对象是无模式对话框，使用 new 进行动态内存分配，如

```
CFindReplaceDialog *p=new CFindReplaceDialog;
```

② 用 m_fr 结构初始化对话框，m_fr 结构为 FINDREPLACE 类型。

③ 调用 Create()函数创建并显示对话框，若传递给 Create()函数的第一个参数为 TRUE，则显示查找对话框，否则显示查找/替换对话框。

④ 调用 Windows 函数 RegisterMessage()，并在应用程序的框架窗口中使用 ON_REGISTERED_MESSAGE 消息映射宏处理注册消息。

6. 应用举例

步骤一：创建一个单文档应用工程 CommonDialog。

步骤二：打开工作区中的“Resource View”选项卡，展开“Dialog”前的“+”号，用鼠标双击对话框资源标识“IDD_ABOUTBOX”，打开对话框编辑器。

步骤三：调整窗体大小，向窗体中增加三个命令按钮，布局如图 9.29 所示。通过属性窗口将按钮显示文本分别更改为“文件对话框”、“颜色对话框”和“字体对话框”，其他属性保持不变。

步骤四：分别双击三个命令按钮，在弹出的对话框中单击“OK”按钮，进入代码编辑区，填写代码。

图 9.29　对话框设计和布局

文件对话框：

```
void CAboutDlg::OnButton1()
{
// TODO: Add your control notification handler code here
CString filter;
filter="文本文件(*.txt)|*.txt|C++源文件(*.cpp)|*.cpp||";
CFileDialog dlg(TRUE,NULL,NULL,OFN_HIDEREADONLY,filter);
dlg.DoModal();
}
```

颜色对话框：

```
void CAboutDlg::OnButton2()
{
// TODO: Add your control notification handler code here
CColorDialog dlg;
dlg.DoModal();
}
```

字体对话框：

```
void CAboutDlg::OnButton3()
{
// TODO: Add your control notification handler code here
CFontDialog dlg;
dlg.DoModal();
}
```

步骤五：编译运行 CommonDialog 工程，然后分别单击三个命令按钮，就能出现三个对话框。

9.3.2　消息对话框

消息对话框是比较常用的对话框。它能够提供便捷的人机交互功能，用来显示用户帮助信息。在 Visual C++ 6.0 中可以通过调用 MFC 类库中的两个函数来实现消息对话框的创建和显示。

1. MessageBox 函数

MessageBox 函数的定义如下：

```
int MessageBox ( LPCTSTR lpszText,          //要显示的正文内容
                 LPCTSTR lpszCaption,       //对话框的标题
                 UINT nType );              //对话框的类型
```

参数 nType 设置起来稍微有点复杂，它决定对话框按钮的内容和图标的显示，见表 9.3 和表 9.4。

表 9.3　按钮的个数和类型

值	含　义
MB_ABORTRETRYIGNORE	对话框中“放弃”、“重试”、“忽略”按钮的显示
MB_OK	对话框中只有“确定”一个按钮的显示
MB_OKCANCEL	对话框中“确定”、“取消”按钮的显示
MB_RETRYCANCEL	对话框中“重试”、“取消”按钮的显示
MB_YESNO	对话框中“是”、“不是”按钮的显示
MB_YESNOCANCEL	对话框中“是”、“不是”、“取消”按钮的显示

消息对话框的风格由图标类型和按钮类型组合构成，可以使用按位或运算符“|”或者加号运算符“+”实现图标和按钮的组合。将上例中字体对话框的代码改写为：

```
void CAboutDlg::OnButton3()
{
// TODO: Add your control notification handler code here
MessageBox(“不要修改内部程序！”, “警告”, MB_ICONWARNING+ MB_CANCELTRYCONTINUE);
}
```

表 9.4　　　　对话框的图标类型

值	含义
MB_ICONEXCLAMATION, MB_ICONWARNING	感叹号
MB_ICONINFORMATION, MB_ICONASTERISK	圆圈中一个小写的 i
MB_ICONQUESTION	问号
MB_ICONSTOP,MB_ICONERROR, MB_ICONHAND	停止标记

运行程序，单击按钮，看到的对话框如图 9.30 所示。

图 9.30　消息对话框（1）

2. AfxMessageBox 函数

AfxMessageBox 是 MFC 类库提供的全局函数。它有多种重载形式，函数原型如下：

```
int AfxMessageBox( LPCTSTR lpszText, UINT nType = MB_OK, UINT nIDHelp = 0 );
```

参数含义：lpszText 表示在消息框内部显示的文本，消息框的标题为应用程序的可执行文件名；nType 为消息框中显示的按钮风格和图标风格的组合，可以采用“|”（或）操作符组合各种风格。

按钮和图标类型与 MessageBox 函数一致，见表 9.3 和表 9.4。

举例：修改上例的代码如下，运行结果如图 9.31 所示。

```
void CAboutDlg::OnButton3()
{
// TODO: Add your control notification handler code here
AfxMessageBox("你喜欢 VC++吗？",MB_YESNO|MB_ICONQUESTION);
}
```

3. 两个函数的区别

AfxMessageBox 函数在任何类里都可以使用，而 MessageBox 函数只能在 CWnd 类的派生类中使用。另外，AfxMessageBox 函数的参数没有 MessageBox 函数的参数丰富，所以后者较前者灵活。AfxMessageBox 不能控制消息框标题，常用于调试程序时的内部数据输出或警告；MessageBox 比较正式，常用在要提交的应用程序版本中，可以控制标题内容而不必采用含义不明的可执行文件名为标题。

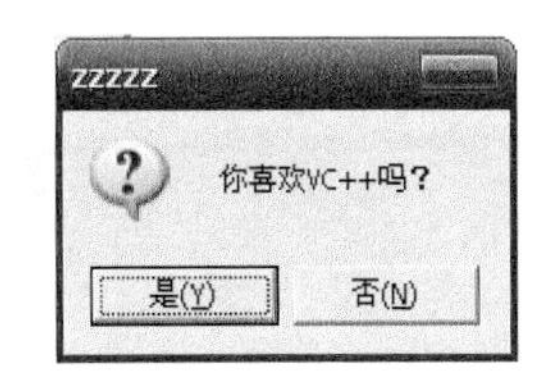

图 9.31　消息对话框（2）

习 题 九

1. 使用 MFC AppWizard 生成一个简单的基于对话框的应用程序，分析 AppWizard 创建了哪些类和文件。
2. 模态对话框和非模态对话框有什么区别？
3. 举例说明如何为应用程序添加代码。
4. 如何创建消息对话框？
5. 通用对话框有几种类型？
6. MFC 可以处理几种消息？
7. MFC 重要的两个应用向导是什么？分别完成什么功能？
8. 如何创建对话框？
9. MFC 应用向导创建的程序类型有哪些？
10. MFC 类库中比较重要的两个类是什么？

第10章 常用控件

在应用软件的开发过程中，用户界面的设计所占比重越来越大，友好的用户界面是程序设计的基本要求。在可视化编程语言中，构成界面的基本元素是控件。控件配合对话框使用，使得界面灵活，操作方便。Visual C++ 6.0 提供了许多标准控件和 ActiveX 控件来完成界面的设计。本章主要介绍一些常用的标准控件。

10.1 控件的使用

控件的操作和使用一般按以下步骤进行：

① 在对话框资源中添加控件，通过属性对话框对控件的风格进行设置。

② 通过 ClassWizard 定义与控件相关的控件类的对象或相应的内容变量。

③ 通过 ClassWizard 定义控件的消息响应函数，生成对话框类的成员函数。

④ 在消息响应函数中添加适当的代码。

所有控件都是由 CWnd 类派生的类对象，因此，它们均有和 CWnd 类相似的属性。每个控件均有一个标识符（ID），在程序中可以通过这个标识符对相应的控件进行操作。标准控件的共同属性如下：

① ID 属性：用于指定控件的标识符。Windows 依靠 ID 来区分不同的控件。

② Caption（标题）属性：用来对控件将要实现的功能进行文字说明或对其他控件中显示的内容进行说明。

③ Visible 属性：指定控件是否可见。

④ Disable 属性：使控件被允许或禁止。一个禁止的控件呈灰色显示，不能接收任何输入或响应。

⑤ Tab Stop 属性：用户可以按 Tab 键移动到具有 Tab Stop 属性的控件上，Tab 键移动的顺序可以由用户指定。按 Ctrl+D 键可以使 Tab 顺序显示出来，可以用鼠标来重新指定 Tab 顺序，默认的 Tab 顺序是控件的创建次序。

⑥ Group 属性：用来指定一组控件，用户可以用箭头在该组控件内移动。在同一组内的单选按钮具有互斥的特性，即这些单选按钮中只能有一个是选中状态。如果一个控件具有 Group 属性，则这个控件以及按 Tab 顺序紧随其后的所有控件都属于同一组，直到遇到另一个有 Group 属性的控件为止。

10.1.1 控件的创建

在 Visual C++ 6.0 中，所有的控件都对应一个控件类。可以通过两种方法来实现控件的创建：

一种是在对话框模板中用编辑器指定控件；另一种方式是将控件看作任一窗口的子窗口，并通过调用相应的 Create 函数来创建。

Create()的原型为：

BOOL Create(LPCTSTR lpszClassName, LPCTSTR lpszWindowName, DWORD dwStyle = WS_OVERLAPPEDWINDOW,const RECT& rect = rectDefault,CWnd *pParentWnd = NULL, LPCTSTR lpszMenuName = NULL, DWORD dwExStyle = 0, CCreateContext* pContext = NULL);

Create 函数的参数，多数可以采用默认值。下面举例说明 Create 函数的用法。

在对话框上用 Create 函数创建一个按键按钮和一个静态文本控件。

步骤一：创建一个对话框应用程序 DialogControl，删除默认对话框上的控件。

步骤二：打开工作区中的“ClassView”选项卡，选中 CDialogControlDlg，单击鼠标右键，在弹出的菜单中选择“Add Member Variable”选项，在出现的对话框中定义成员变量，如图 10.1 所示。

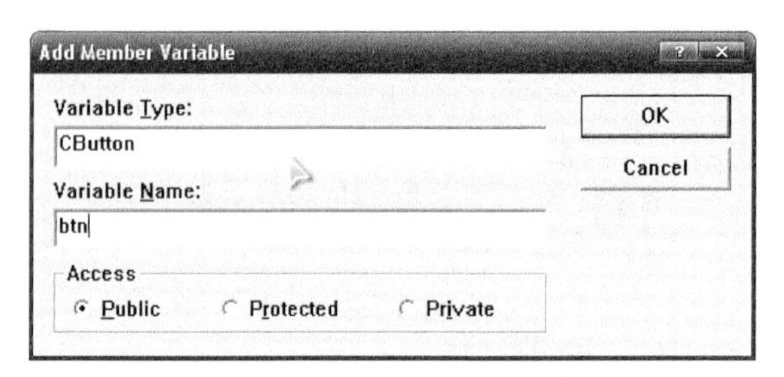

图 10.1　定义成员变量对话框

步骤三：打开工作区中的“FilesView”选项卡，找到 DialogControlDlg.h 文件，在这个文件中实现了 CDialogControlDlg 类的定义。在该类中增加一个 public 成员：

CStatic sta;

步骤四：展开 CDialogControlDlg 前的“+”号，双击 OnInitDialog()进行代码编辑。在// TODO: Add extra initialization here 下一行增加如下语句：

```
btn.Create(_T("Mybutton"), WS_VISIBLE|BS_PUSHBUTTON,CRect(10,10,100,30),this,1);
sta.Create("计算机学院",WS_VISIBLE,CRect(10,60,200,80),this,1);
```

步骤五：编辑运行程序，在窗体上添加了一个按钮和一个静态文本控件，如图 10.2 所示。

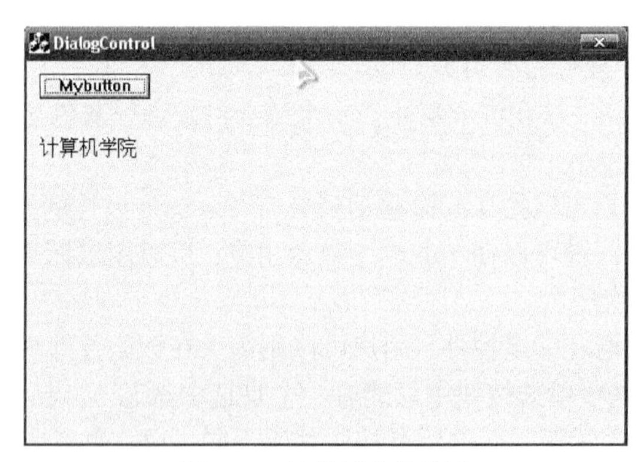

图 10.2　控件创建的结果

10.1.2　控件的消息和消息映射

MFC 使用 ClassWizard 帮助用户实现消息映射。MFC ClassWizard 在定义类的头文件中增加消息处理函数声明，并添加一行声明消息映射的宏 DECLARE_MESSAGE_MAP。在实现类的源文件中实现消息处理函数，并使用 IMPLEMENT_MESSAGE_MAP 宏实现消息映射。通常情况下，这些声明和实现由 MFC ClassWizard 自动维护。

在 MFC AppWizard 产生的应用程序类的源码中，在应用程序类定义的头文件中包含了类似如下的代码：

```
//{{AFX_MSG(CTttApp)
    afx_msg void OnAppAbout();
//}}AFX_MSG
DECLARE_MESSAGE_MAP()
```

应用程序类的源文件中包含了类似如下的代码：

```
BEGIN_MESSAGE_MAP(CTApp, CWinApp)
//{{AFX_MSG_MAP(CTttApp)
ON_COMMAND(ID_APP_ABOUT, OnAppAbout)
//}}AFX_MSG_MAP
END_MESSAGE_MAP()
```

头文件里是消息映射和消息处理函数的声明，源文件里是消息映射的实现和消息处理函数的实现。它表示让应用程序对象处理命令消息 ID_APP_ABOUT，消息处理函数是 OnAppAbout。

DECLARE_MESSAGE_MAP 是系统定义的宏，表示消息映射的声明；宏 BEGIN_MESSAGE_MAP 表示消息映射的开始；宏 END_MESSAGE_MAP 表示消息映射的结束。

控件消息映射的方法如下：

步骤一：利用 ClassWizard 对控件所产生的消息进行映射，打开 ClassWizard 对话框，选择 Message Maps 标签。

步骤二：选中相关控件的 ID，在右边的列表中就会显示出可用的消息。例如，对 ID 为 IDC_BUTTON_TEST 的命令按钮进行消息映射，在选中按钮 ID 后，会看到两个消息：BN_CLICKED 和 BN_DOUBLECLICKED。双击 BN_CLICKED 后，在弹出的对话框中输入函数名，ClassWizard 会产生按钮单击的消息映射。

步骤三：在文件中查看映射结果。

头文件中相关的消息处理函数定义：

```
afx_msg void OnButtonTest();
//}}AFX_MSG DECLARE_MESSAGE_MAP()
```

源文件中消息映射代码：

```
ON_BN_CLICKED(IDC_BUTTON_TEST, OnButtonTest)
```

消息处理函数：

```
 void CTest::OnButtonTest()
  { AfxMessageBox("Welcome to C++ world!"); }
```

10.1.3　控件的数据交换（DDX）和数据校验(DDV)

为了方便用户操作控件，MFC 采用了 DDX（Dialog Data Exchange）和 DDV（Dialog Data Validation）技术在对话框中进行数据交换和数据校验。数据交换和数据校验是把某一变量和对话框中的一个控件（子窗口）进行关联。DDX 用于初始化对话框中的控件并且获取用户通过对话框的数据输入，DDV 用于校验对话框中数据输入的有效性。

在进行数据交换时，一个控件可以和两种类型的变量相关联：控件对象和内容对象。当控件和控件（Control）对象变量关联时，通过变量可以直接控制控件；当控件和内容对象变量关联时，可以直接设置或者获取控件中的输入内容。

数据校验在控件和内容对象相关联时当存取内容时对内容进行合法性检查。例如，当向编辑框输入数值时，可以让编辑框和一个整型变量相关联，可以设置该变量的取值范围，即最大值和最小值。DDV 机制将对指定有验证规则的所有数据项自动进行验证，如果无法通过检查，MFC 会弹出消息框进行提示。

使用 MFC ClassWizard 可以方便地完成数据交换和数据校验。打开 ClassWizard 并选中 Member Variables 页，可以看到所有可以进行关联的控件 ID 列表，双击一个 ID 会弹出一个添加变量的对话框，填写相关的信息后按下“确定”按钮，然后选中添加的变量，在底部的编辑框中输入检查条件即可。

使用 DDX 机制，可以在 OnInitDialog()函数中或对话框对象的构造函数中设置成员变量的初值。在显示对话框之前，DDX 机制将调用 UpdateData()函数把成员变量的值传给对话框中的控件，在对话框中进行显示。

UpdateData()函数的原型如下：

```
BOOL UpdateData(BOOL bSaveAnValiidate=TRUE );
```

如果参数 bSaveAnValiidate 为 FALSE，则使用变量的值初始化对话框的控件；如果为 TRUE，则获取控件的值并对数据进行验证。OnInitDialog()函数缺省情况下以 FALSE 为参数调用 UpdateData()，而 OnOk()缺省情况下以 TRUE 为参数调用 UpdateData()。

下面给出的是应用程序中一段代码：

```
void CEditDlg::DoDataExchange(CDataExchange* pDX)
{
CDialog::DoDataExchange(pDX);
//{{AFX_DATA_MAP(CEditDlg)
DDX_Text(pDX, IDC_EDIT1, m_shuxue);
DDV_MinMaxDouble(pDX, m_shuxue, 0., 100.);
DDX_Text(pDX, IDC_EDIT2, m_yuwen);
DDV_MinMaxDouble(pDX, m_yuwen, 0., 100.);
DDX_Text(pDX, IDC_EDIT3, m_wuli);
DDV_MinMaxDouble(pDX, m_wuli, 0., 100.);
DDX_Text(pDX, IDC_EDIT4, m_huaxue);
DDV_MinMaxDouble(pDX, m_huaxue, 0., 100.);
DDX_Text(pDX, IDC_EDIT5, m_ave);
//}}AFX_DATA_MAP
}
```

这段代码实现的是编辑框控件的数据交换和验证。DDX_Text（pDX, IDC_EDIT1, m_shuxue）实现的是数据交换，IDC_EDIT1 是编辑框的 ID，m_shuxue 是与其关联的内容变量。DDV_MinMaxDouble（pDX, m_shuxue, 0., 100.）实现的是数据验证，说明变量 m_shuxue 的取值范围是 0 到 100。

DoDataExchange 函数可以在对话框所属类的源文件中找到，代码是由 ClassWizard 自动生成的。当用户为控件增加成员变量时，系统自动添加相关信息。

10.2 静态控件和编辑框

静态控件和编辑框是 Windows 应用程序界面设计中常用到的两个控件。

10.2.1 静态控件

静态控件包括静态文本（Static Text）和图片控件（Picture）。静态文本控件通常固定在窗口的某个位置，用来显示程序中的注释或信息。图片控件可以显示位图、图标和图元文件等，如图 10.3 所示。静态控件不能接收用户的输入，主要起说明和装饰作用。MFC 的 CStatic 类封装了静态控件，CStatic 类的成员函数 Create 负责创建静态控件。

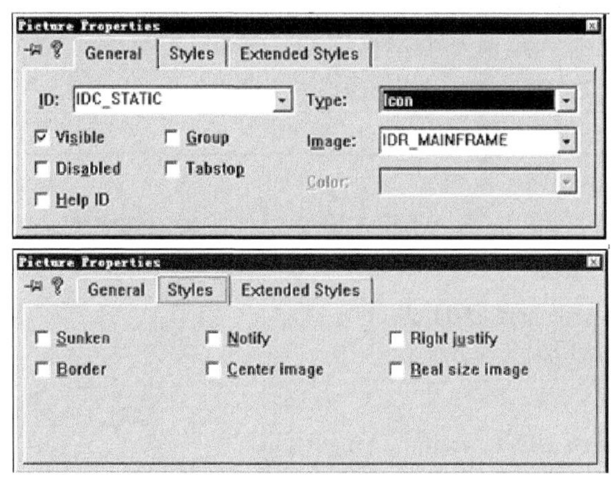

图 10.3　静态图片控件的 General 和 Style 属性对话框

10.2.2　编辑框

编辑框通常在程序中用来进行文本输入，用户可对其中的内容进行编辑，编辑框也可以作为显示输出采用。编辑框控件是一个简易的正文编辑器，用户可以在编辑框中输入并编辑正文。编辑框控件可以自带滚动条，显示多行文本。编辑框控件有两种形式：一种是单行；另一种是多行，多行编辑框从零开始编行号。在一个多行编辑框中，除了最后一行外，每一行的结尾处都有一对回车换行符（用 “\r”、“\n” 表示）。这对回车换行符是正文换行的标志，在屏幕上不可见。MFC 的 CEdit 类封装了编辑框控件，CEdit 类的成员函数 Create 负责创建编辑框控件。

1. 编辑框的 Style 属性

编辑框的 Style 属性可以对文本的输入和编辑框的外观进行限定。Style 属性的具体项目见表 10.1。

表 10.1　编辑框的 Style 属性

项　目	说　明
Align text	各行文本对齐方式：Left、Center、Right，默认为 Left
Multiline	选中时为多行编辑框，否则为单行编辑框
Number	选中时控件只能输入数字
Horizontal scroll	水平滚动，仅对多行编辑框有效
Auto HScroll	当用户在行尾输入一个字符时，文本自动向右滚动
Vertical scroll	垂直滚动，仅对多行编辑器有效
Auto VScroll	当用户在最后一行按 Enter 键时，文本自动向上滚动一页，仅对多行编辑框有效
Password	选中时，输入编辑框的字符都将显示为 “*” ，仅对单行编辑框有效
No hide selection	通常情况下，当编辑框失去键盘焦点时，被选择的文本仍然反色显示。选中时，则不具备此功能
OEM convert	选中时，实现对特定字符集的字符转换

续表

项　　目	说　　明
Want return	选中时，用户按下 Enter 键，编辑框中就会插入一个回车符
Border	选中时，在控件的周围存在边框
Uppercase	选中时，输入到编辑框的字符全部转换成大写形式
Lowercase	选中时，输入到编辑框的字符全部转换成小写形式
Read_Only	选中时，防止用户输入或编辑文本

2. 编辑框的操作

编辑框的操作可以通过 CEdit 类的成员函数来实现。常用的成员函数如下：

（1）SetPasswordChar 函数

原型：void SetPasswordChar(TCHAR ch);

功能：口令设置，默认的口令字符是“*”。

（2）SetMargins 函数

原型：void SetMargins(UINT nLeft, UINT nRight);

功能：设置编辑框的页面边距。

（3）CanUndo 函数

原型：BOOL CanUndo() const;

功能：调用该函数来决定上一次编辑操作是否可以撤销。

（4）Clear 函数

原型：void Clear();

功能：调用该函数来删除编辑框控件中当前选中的文本。

（5）Copy 函数

原型：void Copy();

功能：调用该函数将编辑框控件中的当前选中文本拷贝到剪贴板中。

（6）Create 函数

原型：BOOL Create(DWORD dwStyle, const RECT& rect, CWnd* pParentWnd, UINT nID);

功能：创建编辑框控件，若成功，则返回非零值；否则为 0。dwStyle 用来指定编辑框控件的风格。

10.2.3　应用举例

使用编辑框进行程序设计。

步骤一：创建一个基于对话框的应用程序 PEdit，向应用程序中添加一个对话框资源，打开属性对话框，将其标题改为“编辑框的应用”，ID 号改为 IDD_EDIT。

步骤二：为对话框添加如图 10.4 所示的控件，并进行属性设定。

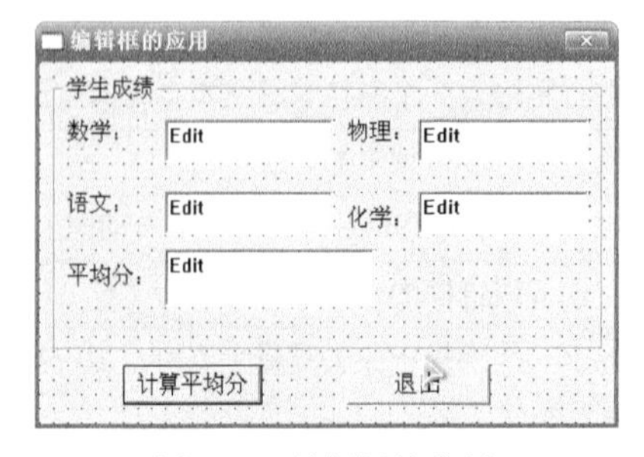

图 10.4　编辑框的应用

步骤三：双击对话框模板或按 Ctrl+W 快捷键，为对话框资源 IDD_EDIT 创建一个对话框类 CEditDlg。

步骤四：打开 ClassWizard 的 Member Variables 标签，在 Class name 中选择 CEditDlg，选中所需的控件 ID 号，双击鼠标或单击 Add Variables 按钮，依次为控件增加成员变量，见表 10.2。

表 10.2 添加成员变量

ID 号	类别	类型	名称	范围
IDC_EDIT1	Value	double	m_shuxue	0～100
IDC_EDIT2	Value	double	m_yuwen	0～100
IDC_EDIT3	Value	double	m_wuli	0～100
IDC_EDIT4	Value	double	m_huaxue	0～100
IDC_AVE	Value	CString	m_ave	—

步骤五：切换到 ClassWizard 的 Messsage Maps 页，为 CEditDlg 增加 WM_INITDIALOG 的消息映射，并添加下列代码：

```
BOOL CEditDlg::OnInitDialog()
{   CDialog::OnInitDialog();
// TODO: Add extra initialization here
   m_ave = "0.00";
   UpdateData(FALSE);// 将成员变量数据传给控件，并在控件中显示
   return TRUE;  // return TRUE unless you set the focus to a control
              // EXCEPTION: OCX Property Pages should return FALSE
}
```

用 ClassWizard 为按钮 IDC_AVE 添加 BN_CLICKED 的消息映射，并增加下列代码：

```
void CEditDlg::OnAve()
{   // TODO: Add extra validation here
   UpdateData();        // 将控件显示的数据传给成员变量
   double ave = (double)(m_shuxue+m_yuwen+m_wuli+m_huaxue)/4;
   m_ave.Format("%6.2f", ave);
   UpdateData(FALSE);      // 将成员变量数据传给控件并显示
//CDialog::OnOK();
}
```

定位到 PEditDlg::OnOk 函数处，修改代码如下：

```
void CPEditDlg::OnOK()
{   // TODO: Add extra validation here
    CEditDlg dlg;
    dlg.DoModal();
    //   CDialog::OnOK();
}
```

步骤六：在 PEditDlg.cpp 文件的开始处，增加包含 CEditDlg 类头文件的预处理指令。

```
#include "EditDlg.h"
```

步骤七：编译运行该程序，在出现的窗体中单击“确定”按钮，出现标题为“编辑框的应用”的对话框，结果如图 10.5 所示。

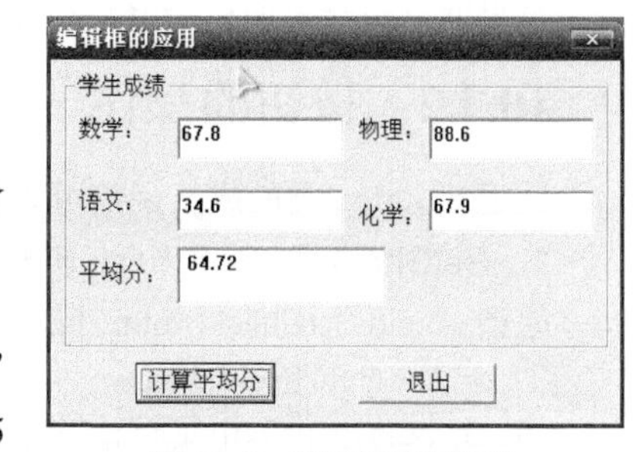

图 10.5 编辑框运行结果

10.3 按钮控件

在 Visual C++ 6.0 中，按钮控件有三种类型：按键按钮、单选按钮和复选框按钮。按钮控件是实现一种开与关的输入。在 MFC 中，按钮对应的类是 CButton。

按键按钮是 Windows 应用程序设计中常用的标准控件，即命令按钮。它为用户和应用程序之间交互提供了最简便的方法。

单选按钮是一个开关控件，通常用来组成选项组。当打开选项组中某一个单选按钮时，其他单选按钮都处于关闭状态。单选按钮一般用框架进行分组。

复选框也称检查框。复选框在被选中时出现“√”号，当再被单击时消除复选框中的“√”号。使用此控件可以让用户选择 True/False 或 Yes/No。可在一组中放置多个复选框来提供多种选择，用户可以从中选择一个或多个。

10.3.1 按钮的创建和消息

创建按钮可以用 CButton 类的成员函数 Create 来实现。该函数的原型如下：

```
BOOL CButton::Create( LPCTSTR lpszCaption, DWORD dwStyle, const RECT& rect, CWnd* pParentWnd, UINT nID );
```

参数含义：lpszCaption 是按钮上显示的文字；dwStyle 为按钮风格，可以选择的风格见表 10.3；rect 为窗口所占据的矩形区域；pParentWnd 为父窗口指针；nID 为该窗口的 ID 值。

表 10.3 按钮控件的风格

值	含　义
BS_AUTOCHECKBOX	检查框，按钮的状态会自动改变
BS_AUTORADIOBUTTON	圆形选择按钮，按钮的状态会自动改变
BS_AUTO3STATE	允许按钮有三种状态，即选中、未选中、未定
BS_CHECKBOX	检查框
BS_DEFPUSHBUTTON	默认普通按钮
BS_LEFTTEXT	左对齐文字
BS_OWNERDRAW	自绘按钮
BS_PUSHBUTTON	按键按钮
BS_RADIOBUTTON	圆形选择按钮

常见的按钮映射消息是 BN_CLICKED（单击按钮）和 BN_DOUBLECLICKED（双击按钮）。

10.3.2 按钮的操作

通过 CButton 类的成员函数可以实现对按钮的操作。

1. SetCheck 和 GetCheck 函数

原型：void SetCheck(int nCheck);

　　　int GetCheck( ) const;

功能：设置或获取指定按钮的选中状态。SetCheck 和 GetCheck 函数返回的值可以是 0（表示不选中）、1（表示选中）、2（表示不确定，仅用于三态按钮）。

2. CheckRadioButton 和 GetCheckedRadioButton 函数

原型：void CheckRadioButton(int nIDFirstButton,int nIDLastButton,int nIDCheckButton);
　　　int GetCheckedRadioButton(int nIDFirstButton, int nIDLastButton);

功能：nIDFirstButton 和 nIDLastButton 指定这组单选按钮的第一个和最后一个按钮 ID 值，nIDCheckButton 指定要设置选中状态的按钮 ID 值。函数 GetCheckedRadioButton 返回被选中的按钮 ID 值。

10.3.3 应用举例

步骤一：用 MFC AppWizard[exe]创建一个名为 PButton 的基于对话框的应用程序，将默认显示的对话框资源模板控件删除，打开属性对话框，将其标题改为“按钮控件”。

步骤二：用编辑器为对话框添加四个单选按钮、一个复选框按钮、两个命令按钮，属性设置见表 10.4，布局如图 10.6 所示。

表 10.4　控件属性设置

控　件	ID	标　题
单选按钮	IDC_RADIO1	计算机学院
单选按钮	IDC_RADIO2	信息学院
单选按钮	IDC_RADIO3	外语学院
单选按钮	IDC_RADIO4	体育学院
复选框按钮	IDC_CHECK1	允许选择
按键按钮	IDC_BUTTON1	确定
按键按钮	IDC_BUTTON2	退出

步骤三：按 Ctrl+W 快捷键，切换到 Member Variables 页面，在 Class name 中选择 PButtonDlg，选中复选框控件 IDC_CHECK1，双击鼠标或单击 Add Variables 按钮，增加一个类别为 Value、类型为 BOOL 的成员变量 m_Enabled。

图 10.6　按钮布局

步骤四：切换到 ClassWizard 的 Messsage Maps 页面，为复选框和按钮增加 BN_CLICKED 消息映射，添加代码。

“复选框”的代码：

```
void CPButtonDlg::OnCheck1()
{
// TODO: Add your control notification handler code here
  UpdateData();
  for (int i=0; i<4; i++)
    GetDlgItem(IDC_RADIO1 + i)->EnableWindow(m_bEnabled);
}
```

“确定”按钮的代码：

```
void CPButtonDlg::OnButton1()
{    // TODO: Add your control notification handler code here
    UpdateData();
    if (!m_bEnabled) return;
    int nID = GetCheckedRadioButton(IDC_RADIO1, IDC_RADIO4);
    if (nID == IDC_RADIO1)
          MessageBox("你选择了计算机学院！");
```

```
    if (nID == IDC_RADIO2)
        MessageBox("你选择了信息学院！");
    if (nID == IDC_RADIO3)
        MessageBox("你选择了外语学院！");
    if (nID == IDC_RADIO4)
        MessageBox("你选择了体育学院！");
}
```

"退出"按钮的代码：

```
void CPButtonDlg::OnButton2()
{
    /* TODO: Add your control notification      handler code here */
    CDialog::EndDialog(0);
}
```

步骤五：编译运行该程序。所有单选按钮都呈灰色显示，不能选择。选中"允许"复选框，所有单选按钮都可以使用。选定一个单选框后，单击"确定"按钮，将出现消息对话框。

运行结果如图 10.7 所示。

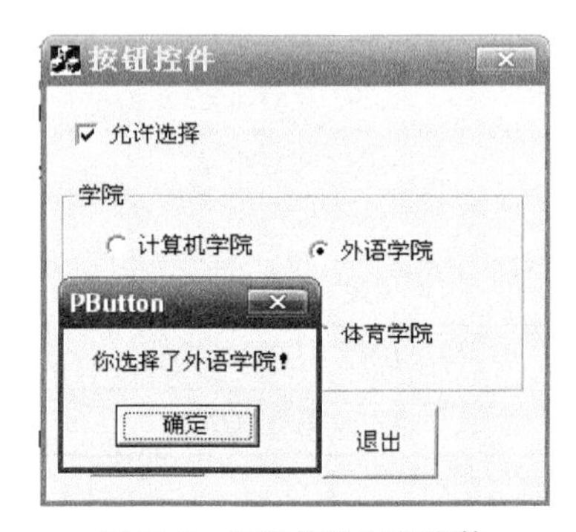

图 10.7　按钮控件运行窗体

10.4　列 表 框

列表框（List Box）的主要用途在于提供列表式的数据供用户选择。在列表框中可以有多个项目，用户可通过鼠标单击某一项选择自己所需的数据项。在程序运行过程中，用户也可以向列表框中插入或删除数据项。

10.4.1　列表框的创建

MFC 的 CListBox 类封装了列表框控件，由成员函数 Create 完成对列表框的创建，在创建的同时指定控件的显示风格。

Create 函数

原型：BOOL Create(DWORD dwStyle, const RECT& rect, CWnd* pParentWnd, UINT nID);

参数含义：dwStyle 用来确定列表框的风格，dwStyle 的取值见表 10.5；rect 用来确定列表框的大小和位置；pParentWnd 用来确定列表框的父窗口，通常是一个对话框；nID 用来确定列表框的标识。

表 10.5 列表框的风格

值	说 明
LBS_STANDARD	创建一个具有边界和垂直滚动条的列表框
LBS_SORT	按字母排序
LBS_NOSEL	条目可视但不可选
LBS_NOTIFY	当用户选择或双击一个串时，发出消息通知父窗口
LBS_DISABLENOSCROLL	在条目不多时依然显示并不起作用的滚动条
LBS_MULTIPLESEL	允许条目多选
LBS_EXTENDEDSEL	可用 Shift 和鼠标或指定键组合来选择多个条目
LBS_MULTICOLUMN	允许多列显示
LBS_OWNERDRAWVARIABLE	创建一个拥有者画列表框，条目高度可以不同
LBS_OWNERDRAWFIXED	创建一个具有相同条目高度的拥有者画列表框
LBS_USETABSTOPS	允许使用 Tab 制表符
LBS_NOREDRAW	当条目被增删后，不自动更新列表显示
LBS_HASSTRINGS	记忆添加到列表中的字符串
LBS_WANTKEYBOARDINPUT	当有键按下时，向父窗口发送 WM_VKEYTOITEM 或 WM_CHARTOITEM 消息
LBS_NOINTEGRALHEIGHT	按程序设定尺寸创建列表框

10.4.2 列表框的通知消息

当操作列表框时，将会通过 WM_COMMAND 消息发送通知给父窗口，消息参数 lParam 的高字节包含了通知码标识符。在 MFC 应用程序中，列表框的通知消息通过 ON_LBN 消息映射宏而映射到类成员函数。表 10.6 给出了列表框的几个通知消息以及相应的 ON_LBN 宏。其中，LBN_DBLCLK、LBN_SELCHANGE 和 LBN_SELCANCEL 通知消息只有在列表框使用了 LBS_NOTIFY 或 LBS_STANDARD 风格时才会被发出，其他通知消息则无此限制

表 10.6 列表框的通知消息

通知码标识符	ON_LBN	值	含 义
LBN_SETFOCUS	ON_LBN_SETFOCUS	4	列表框接收到输入焦点
LBN_KILLFOCUS	ON_LBN_KILLFOCUS	5	列表框失去输入焦点
LBN_ERRSPACE	ON_LBN_ERRSPACE	-2	列表框存储溢出
LBN_DBLCLK	ON_LBN_DBLCLK	2	双击条目
LBN_SELCHANGE	ON_LBN_SELCHANGE	1	改变选择
LBN_SELCANCEL	ON_LBN_SELCANCEL	3	取消选择

10.4.3 列表框的操作

对列表框进行操作可以通过 CListBox 类的成员函数来实现。常用的成员函数如下：

1. AddString 函数

原型：int AddString(LPCTSTR lpszItem);

功能：添加数据项，参数为字符串。

2. DeleteString 函数

原型：int DeleteString(UINT nIndex);

功能：删除指定索引的数据项。

3. InsertString 函数

原型：int InsertString(int nIndex, LPCTSTR lpszItem);

功能：将数据项插入到指定位置。

4. ResetContent 函数

原型：void ResetContent( );

功能：删除列表框中所有数据项。

5. GetCount 函数

原型：int GetCount( );

功能：获得当前列表框中数据项的数量。

6. GetCurSel 函数

原型：int GetCurSel( );

功能：获得当前被选中的数据项。

7. SetCurSel 函数

原型：int SetCurSel(int iIndex);

功能：设置当前被选中的数据项。

8. GetSelCount 函数

原型：int GetSelCount( );

功能：获得被选中数据项的数量。

9. GetSelItems 函数

原型：int GetSelItems(int nMaxItems, LPINT rgIndex);

功能：获得所有选中的数据项，参数 rgIndex 为存放被选中数据项的数组。

10. FindString 函数

原型：int FindString(int nStartAfter, LPCTSTR lpszItem);

功能：在列表框中查找指定字符串的位置，nStartAfter 指明从哪一行开始进行查找。

11. SelectString 函数

原型：int SelectString(int nStartAfter, LPCTSTR lpszItem);

功能：选中包含指定字符串的数据项。

12. GetLBText 函数

原型：int GetLBText(int nIndex, LPTSTR lpszText);

功能：获得列表框内指定行的字符串。

10.4.4 应用举例

向列表框中添加和删除数据项。

步骤一：创建一个名称为 PList 的对话框工程，删除默认对话框上原有的控件，添加一个编辑框、三个命令按钮、一个列表框。属性设置见表 10.7，窗体布局如图 10.8 所示。

表 10.7　　程序中使用的控件

控件	ID	标题
命令按钮	IDC_BUTTON_ADD	添加
命令按钮	IDC_BUTTON_DEL	删除
命令按钮	IDC_BUTTON_EXIT	退出
编辑框	IDC_EDIT_SHURU	—
列表框	IDC_LIST_COMPANY	—

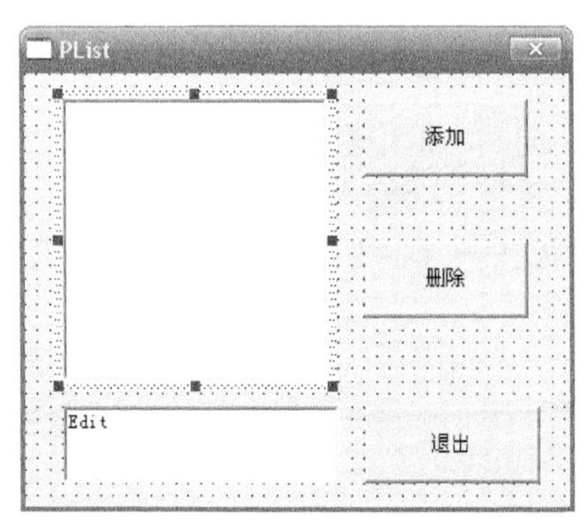

图 10.8　窗体布局

步骤二：在窗体的空白处，单击鼠标右键，在弹出的菜单中选择“建立类向导”，打开 MFC ClassWizard 对话框。选择 Member Variables 页面，为控件增加成员变量，见表 10.8。

表 10.8　　增加成员变量

ID 号	类　别	类　型	名　称
IDC_EDIT_SHURU	Value	CString	m_strCom
IDC_LIST_COMPANY	Control	CListBox	m_ListCom

步骤三：双击对话框上的按钮，进行代码编辑。

“添加”按钮：

```
void CPListDlg::OnButtonAdd()
{
    // TODO: Add your control notification handler code here
   int nIndex;
   UpdateData();
   nIndex=m_ListCom.FindStringExact(-1,m_strCom);
   if (nIndex!=LB_ERR)
   {
   MessageBox("该数据项已经存在! ");
   m_strCom="";
      UpdateData(FALSE);
       return ;
   }
   UpdateData();
   m_ListCom.AddString(m_strCom);
   m_strCom="";
   UpdateData(FALSE);
}
```

“删除”按钮：

```
void CPListDlg::OnButtonDel()
{
 // TODO: Add your control notification handler code here
int nIndex=  m_ListCom.GetCurSel();
m_ListCom.DeleteString(nIndex);
}
```

“退出”按钮：

```
void CPListDlg::OnButtonExit()
{
 // TODO: Add your control notification handler code here
CDialog::DestroyWindow();
}
```

步骤四：编译运行该程序，向文本框中输入信息，然后单击“添加”按钮，数据项就被添加到列表框中。如果添加的数据项重复，会给出消息框提示用户。选中列表框中某一数据项，然后单击“删除”按钮，该项就从列表框中删除。单击“退出”按钮关闭对话框，结束程序运行。运行结果如图 10.9 所示。

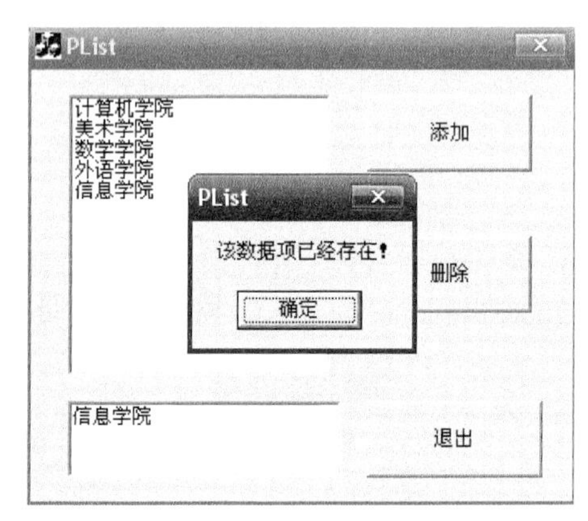

图 10.9　列表框应用举例

10.5　组 合 框

组合框是结合了列表框和文本框的特性而形成的控件，它兼有列表框和文本框的功能。组合框可以像列表框一样，让用户通过鼠标选择数据项，但是组合框没有提供多选的功能。组合框也可以像文本框一样，允许用户从键盘输入列表中没有的数据项。在 Visual C++ 6.0 中，MFC 中的 CComboBox 类封装了组合框控件。

10.5.1　组合框的类型

按照组合框的风格特征，可以把组合框分为三类：下拉式组合框、简单组合框、下拉式列表框，如图 10.10 所示。可以通过属性窗口中的 Styles 选项卡，实现类型的选择。

组合框的类型属性有以下三种取值：

Dropdown——表明为下拉式组合框，可以输入文本或从下拉列表中选择。

Simple——表明为简单组合框，由输入文本的编辑区和一个标准列表框组成。

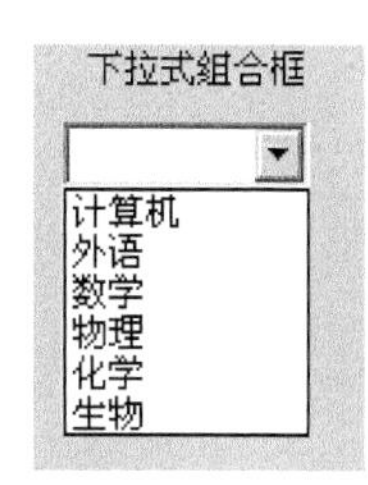

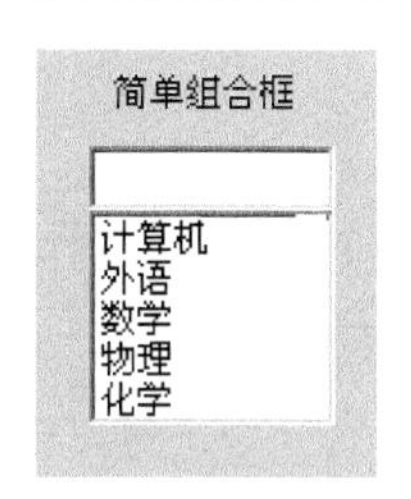

图 10.10　组合框的样式

DropList——表明为下拉式列表框，和下拉式组合框样式相似，但只能在下拉列表中选择数据项，不允许用户从键盘输入文本。

10.5.2　组合框的数据输入

组合框中的数据项输入可以通过属性窗口的 Data 选项卡来实现，如图 10.11 所示。操作方法：使要加入数据项的组合框处于激活状态，然后在属性窗口中找到 Data 属性，在列表框中即可录入数据项。需要注意每输入完一个数据项后，应该按 Ctrl+Enter 键换行；全部数据项输入完后，按 Enter 键结束。

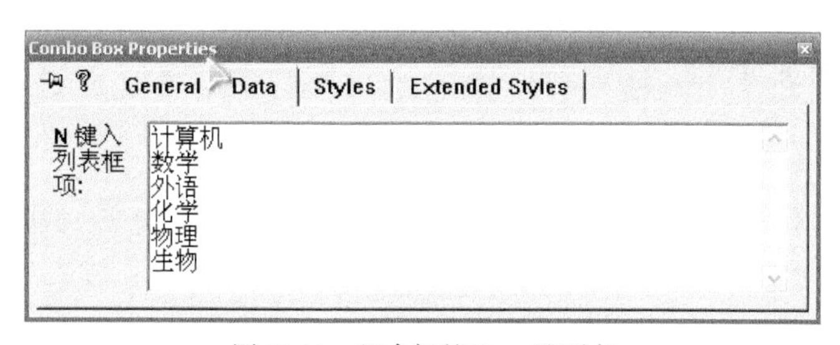

图 10.11　组合框的 Data 选项卡

10.5.3　组合框的操作

组合框的操作可以通过 CComboBox 类的成员函数来实现。下面给出几个常用的成员函数。

1. AddString

原型：int　AddString(LPCTSTR lpszString);

功能：在组合框列表的末尾添加一个数据项，参数为字符串。

2. DeleteString

原型：int DeleteString(UINT nIndex);

功能：删除指定索引 nIndex 的数据项。

3. InsertString

原型：int　InsertString(int nIndex, LPCTSTR lpszString);

功能：在索引 nIndex 处插入 IpszString 的内容。

4. ResetContent

原型：void ResetContent();

功能：清除组合框列表中所有的内容。

5. GetCount

原型：int GetCount() const;

功能：获得组合框列表中的选项数目。

6. GetCurSel

原型：int GetCurSel() const;

功能：获得下拉列表框中选中数据项的索引值，返回的值从 0 开始，如果没有选择任何选项，将会返回-1。

7. SetCurSel

原型：int SetCurSel(int nSelect);

功能：选取组合框列表中的一个数据项，索引从 0 开始。

8. SetEditSel

原型：BOOL SetEditSel(int nStartChar, int nEndChar);

功能：设置编辑区中选中字段的范围，nStartChar 是起始位置，nEndChar 是结束位置。

9. LimitText

原型：BOOL LimitText(int nMaxChars);

功能：限制在组合框的编辑区中键入文本的长度。当 nMaxChars 为 0 时，最多为 65 535 字节。

10. GetLBText

原型：void GetLBText(int nIndex, CString &rString);

功能：nIndex 为组合框列表中数据项的索引值，rString 为字符串，其作用是将索引号为 nIndex 的数据项放到 rString 变量中。

10.5.4 组合框的消息

组合框的消息，有的是列表框发出的，有的是编辑框发出的，见表 10.9。

表 10.9　　组合框的消息

消息名称	说　明
CBN_CLOSEUP	组合框的列表框被关闭
CBN_DBLCLK	用户双击了一个字符串
CBN_DROPDOWN	组合框的列表框被拉下
CBN_EDITCHANGE	用户修改了组合框中的文本
CBN_EDITUPDATE	组合框内的文本即将更新
CBN_KILLFOCUS	组合框失去输入焦点
CBN_SELCHANGE	在组合框中选择了一个数据项
CBN_SELENDOK	用户的选择将被执行
CBN_SETFOCUS	组合框获得输入焦点

10.5.5 应用举例

从组合框中选择信息，输出到编辑框中。

步骤一：创建一个名称为 PCombo 的对话框工程，删除默认对话框上原有的控件，添加两个静态文本、两个命令按钮、两个组合框、一个编辑框。属性设置见表 10.10，窗体布局如图 10.12 所示。

表 10.10　　程序中使用的控件

控件	ID	标题	Styles
静态文本	IDC_STATIC	学校：	-
静态文本	IDC_STATIC	学院：	-
命令按钮	IDC_BUTTON1	确定	-
命令按钮	IDC_BUTTON2	取消	-
编辑框	IDC_EDIT1	-	-
组合框	IDC_COMBO1	-	Dropdown
组合框	IDC_COMBO2	-	Simple

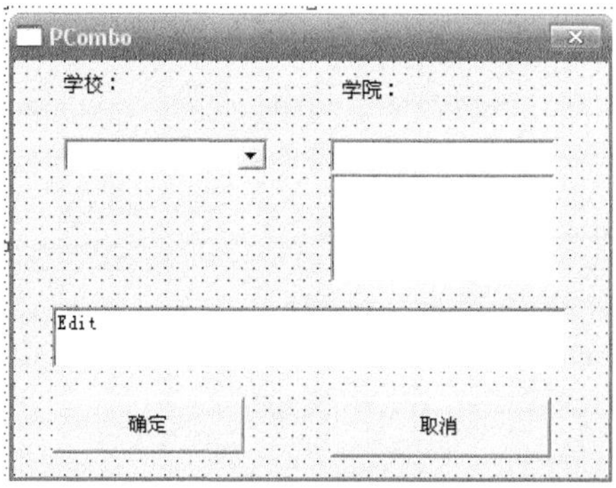

图 10.12　窗体布局

步骤二：在窗体的空白处，单击鼠标右键，在弹出的菜单中选择“建立类向导…”，打开 MFC ClassWizard 对话框。选择 Member Variables 页面，为控件增加成员变量，如图 10.13 所示。

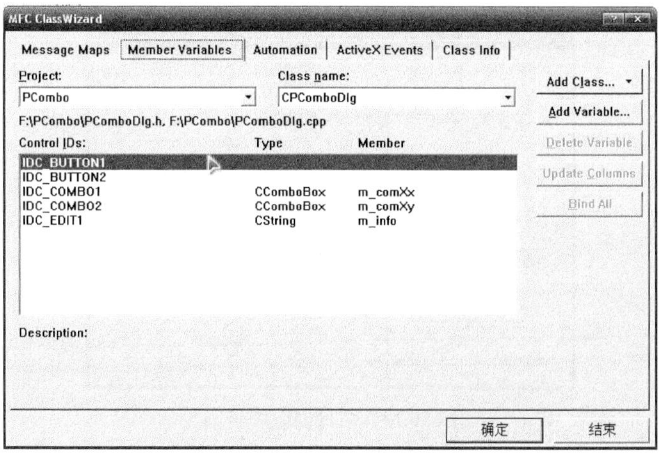

图 10.13　MFC ClassWizard 对话框

步骤三：双击对话框上的“确定”按钮，进入代码编辑区，编写代码。

向对话框中添加数据项：

```
BOOL CPComboDlg::OnInitDialog()
{  CDialog::OnInitDialog();
  …… // TODO: Add extra initialization here
```

```
    m_comXx.AddString("吉林大学");
    m_comXx.AddString("东北师范大学");
    m_comXx.AddString("吉林师范大学");
    m_comXx.AddString("长春大学");
    m_comXx.AddString("延边大学");
    m_comXy.AddString("计算机");
    m_comXy.AddString("外语");
    m_comXy.AddString("数学");
    m_comXy.AddString("物理");
    m_comXy.AddString("化学");
  return TRUE;  // return TRUE  unless you set the focus to a control
}
```

"确定"按钮的单击事件：

```
void CPComboDlg::OnButton1()
{// TODO: Add your control notification handler code here
 CString str1;
 CString str2;
 m_comXx.GetLBText(m_comXx.GetCurSel(),str1);
 m_comXy.GetLBText(m_comXy.GetCurSel(),str2);
 m_info="你选择的是"+str1+"的"+str2 +"学院";
 UpdateData(FALSE);     }
```

"取消"按钮的单击事件：

```
void CPComboDlg::OnButton2()
{// TODO: Add your control notification handler code here
      CDialog::EndDialog(0);   //关闭对话框    }
```

程序运行后，选择学校和院系，然后单击"确定"按钮，选择的信息将添加到编辑框中。按"取消"按钮关闭窗口。程序运行结果如图 10.14 所示。

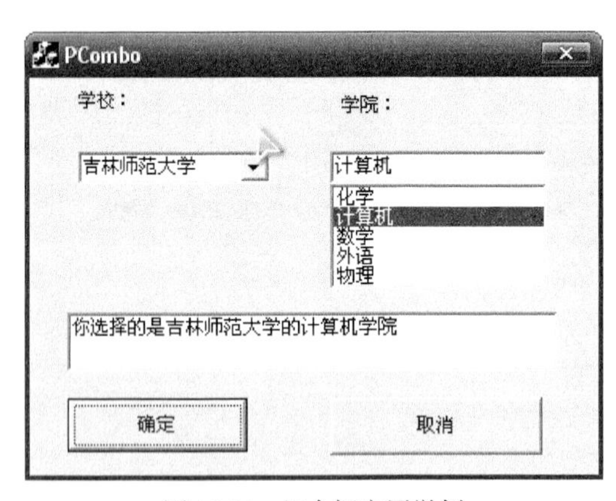

图 10.14　组合框应用举例

10.6　滚 动 条

滚动条是 Windows 应用程序设计中常用的控件。它可以用来改变某个控件的显示范围，也可以用来设置数值的大小。滚动条有垂直和水平之分，在控件箱中，其图标的样式如图 10.15 所示。

垂直滚动条　　水平滚动条

图 10.15　滚动条图标

10.6.1　滚动条的结构

在 MFC 中，滚动条所对应的类是 CScrollBar，水平滚动条（Horizontal Scroll Bar）与垂直滚动条（Vertical Scroll Bar）控件都与 CScrollBar 类关联。水平和垂直滚动条除方向不同外，其结构和操作均相同。

滚动条由三部分组成：两个滚动箭头和一个滚动框，如图 10.16 所示。

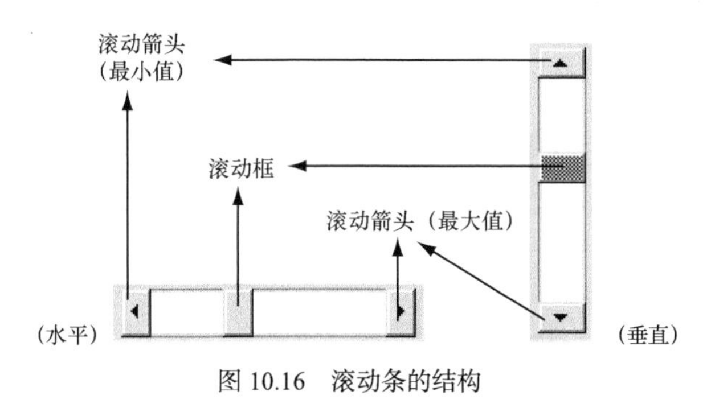

图 10.16　滚动条的结构

10.6.2　滚动条的消息和基本操作

1．滚动条的消息

当用户拖动滚动框或用鼠标单击箭头时，滚动条会向父窗口发送 WM_HSCROLL（水平滚动条产生）和 WM_VSCROLL（垂直滚动条产生）消息，对话框消息控制函数对这一消息进行处理，然后将滚动框定位到相应的位置上。消息可以通过 MFC　ClassWizard 在其对话框中进行映射，并产生相应的消息映射函数，原型如下：

```
afx_msg void OnHScroll(UINT nSBCode, UINT nPos, CScrollBar* pScrollBar);
afx_msg void OnVScroll(UINT nSBCode, UINT nPos, CScrollBar* pScrollBar);
```

参数含义：nSBCode 表示滚动条的通知消息，nPos 表示滚动框的当前位置，pScrollBar 表示指向滚动条控件的指针。

2．滚动条的基本操作

可以通过 CScrollBar 类的成员函数对 Horizontal Scroll Bar 与 Vertical Scroll Bar 控件操作。

（1）GetScrollPos

原型：int GetScrollPos() const;

功能：获取当前滚动条中滚动框的位置。

（2）SetScrollPos

原型：int SetScrollPos(int nPos, BQQL bRedraw=TRUE);

功能：设置当前滚动条中滚动框的位置。

（3）GetScrollRange

原型：void GetScrollRange(LPINT 1pMinPos, LPINT 1pMaxPas)const;

功能：获取当前滚动条的范围。

（4）SetScrollRange

原型：void SetScrollRange(int nMinPos, int nMaxPos, BOOL bRedraw=TRUE);

功能：设置当前滚动条的范围。

（5）ShowScrollBar

原型：void ShowScrollBar(BOOL hShow=TRUE);

功能：显示或隐藏滚动条。

（6）EnableScrollBar

原型：BOOL EnableScrollBar(UINT nArrowFlags=ESB_ ENABLE_BOTH);

功能：使滚动条可用或禁止。

（7）SetScrollInfo

原型：BOOL SetScrollInfo(LPSCROLLINFO 1pScrallInfo, BOOL bRedraw=TRUE)；

说明：设置滚动条的信息。

（8）GetScrollLnfo

原型：BOOL GetScrollLnfo（LPSCROLLINFO 1pScrvllInfo, UINT nMask);

功能：获取滚动条的信息。

（9）GetScrollLimit

原型：int GetScrollLimit();

功能：设置滚动条最大可以滚动的位置。

10.6.3　应用举例

设计一个滚动条应用程序。

步骤一：用应用向导创建一名为 PScroll 的基于对话框的应用程序。向对话框编辑器中加入两个水平滚动条，保持默认属性不变，结果如图 10.17 所示。

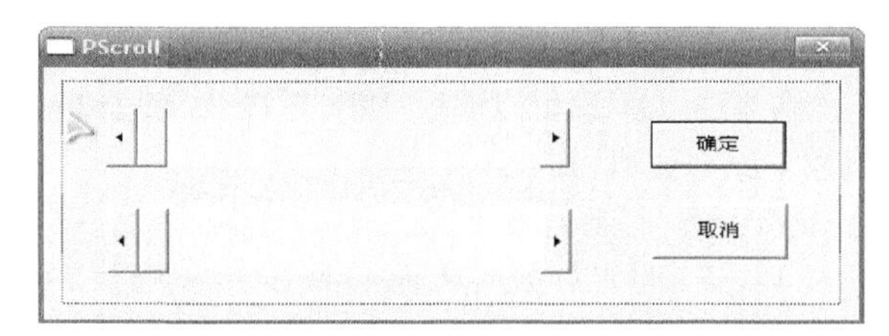

图 10.17　滚动条布局

步骤二：利用 ClassWizard 定位 OnInitDialog 函数，添加如下代码。

```
BOOL CPScrollDlg::OnInitDialog()
{
    CDialog::OnInitDialog();
    ……
      // TODO: Add extra initialization here
    CScrollBar *psb=(CScrollBar*)GetDlgItem(IDC_SCROLLBAR1);
    psb->SetScrollRange(0,10);
    psb=(CScrollBar*)GetDlgItem(IDC_SCROLLBAR2);
    psb->SetScrollRange(0,10);
      return TRUE;  // return TRUE  unless you set the focus to a control
}
```

步骤三：选择 ClassWizard 选项卡，选中 CPScrollDlg，单击鼠标右键，在弹出的菜单中选择“Add Windows Message Handler...”选项，在打开的对话框左侧列表中双击“WM_HSCROLL”选项，加入滚动条 WM_HSCROLL 消息，单击“OK”按钮，在 CPScrollDlg 类中加入 OnHscroll 成员函数，如图 10.18 所示。

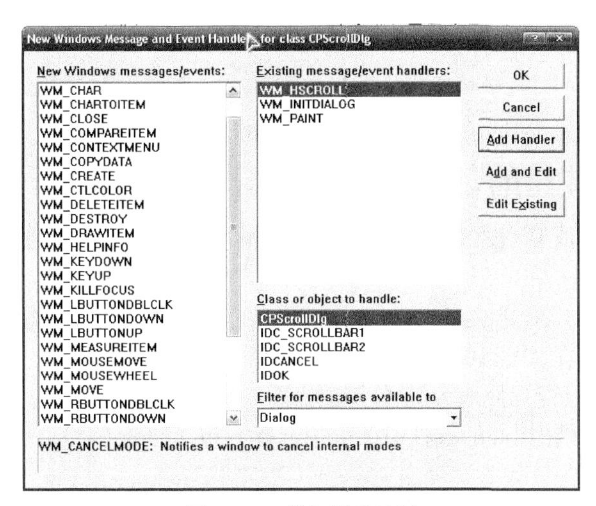

图 10.18　增加消息映射

步骤四：选择 ClassWizard 选项卡，展开 CPScrollDlg 前的“+”号，双击 OnHscroll 成员函数，进入代码编辑区，加入如下编码：

```
void CPScrollDlg::OnHScroll(UINT nSBCode, UINT nPos, CScrollBar* pScrollBar)
{
// TODO: Add your message handler code here and/or call default
    int n1, n2;
    n1 = pScrollBar->GetScrollPos();
    switch(nSBCode)
   {
   case SB_THUMBPOSITION://滚动到某绝对位置发送的消息
         pScrollBar->SetScrollPos(nPos);   break;
   case SB_LINELEFT: // 向左滚动一行发送的消息
   if ((n1- n2) > 0)
      n1 -= n2;
   else
       n1 = 0;
       pScrollBar->SetScrollPos(n1);
       break;
    case SB_LINERIGHT://向右滚动一行发送的消息
       n2 = 20;
       if ((n1 + n2) <20)
           n1 += n2;
      else
          n1 = 20;
         pScrollBar->SetScrollPos(n1); break;
      }
    CDialog::OnHScroll(nSBCode, nPos, pScrollBar);
}
```

步骤五：编译运行该程序，拖动滑块进行测试。

10.7　旋转按钮

旋转按钮由两个箭头按钮组成。用户在箭头按钮上单击鼠标可以在某一范围内增加或减少某一个值。旋转按钮一般不会单独存在，通常和编辑框共同显示和控制某一个值。用户可以用旋转按钮修改编辑框中的数字，也可以直接在编辑框中修改。通常，把与旋转按钮配合使用的编辑框称为“伙伴”。

10.7.1 旋转按钮的创建

MFC 的 CSpinButtonCtrl 类封装了旋转按钮的功能，CSpinButtonCtrl 的成员函数 Create 负责创建控件，该函数的原型为：

```
BOOL Create( DWORD dwStyle, const RECT& rect, CWnd* pParentWnd, UINT nID );
```

参数含义：dwStyle 是如表 10.11 所示的各种控件风格的组合。

在对话框模板中，可以方便地为旋转按钮指定一个伙伴控件。

首先，应该在旋转按钮控件的属性对话框中选择 Auto buddy（自动伙伴）和 Set buddy integer 属性，如图 10.19 所示。

然后，设置控件的 Tab 顺序。旋转按钮伙伴的选择以 Tab 顺序为参照，伙伴控件的 Tab 顺序必须紧挨着按钮控件且比它小。

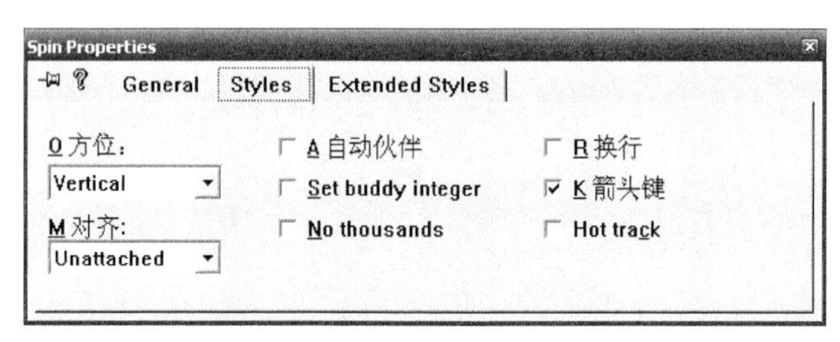

图 10.19　旋转按钮的 Style 属性

表 10.11　旋转按钮控件的风格

值	含　　义
UDS_HORZ	指定一个水平旋转按钮。若不指定该风格，则创建一个垂直的旋转按钮
UDS_WRAP	当旋转按钮增大到超过最大值时，自动重置为最小值；当减小至低于最小值时，自动重置为最大值
UDS_ARROWKEYS	当用户按下向下或向上箭头键时，旋转按钮值递增或递减
UDS_SETBUDDYINT	旋转按钮将自动更新伙伴控件中显示的数值；如果伙伴控件能接受输入，则可在伙伴控件中输入新的旋转按钮值
UDS_NOTHOUSANDS	伙伴控件中显示的数值每隔三位没有千位分隔符
UDS_AUTOBUDDY	自动使旋转按钮拥有一个伙伴控件
UDS_ALIGNRIGHT	旋转按钮在伙伴控件的右侧
UDS_ALIGNLEFT	旋转按钮在伙伴控件的左侧

10.7.2 旋转按钮的操作

通过 CSpinButtonCtrl 类的成员函数，可以对旋转按钮进行查询和设置。

1. GetRange 和 SetRange

原型：void GetRange(int &lower, int& upper) const;

void SetRange(int nLower, int nUpper);
功能：查询和设置旋转按钮值的范围，缺省时值的范围是 1 ~ 100。

2. GetPos 和 SetPos

原型：int GetPos( ) const;
int SetPos(int nPos);
功能：查询和设置旋转按钮的当前值。

3. GetBase 和 SetBase

原型：UINT GetBase( ) const;
int SetBase(int nBase);
功能：查询和设置旋转按钮值的计数制。

4. GetBuddy 和 SetBuddy

原型：CWnd* GetBuddy( ) const;
CWnd* SetBuddy(CWnd* pWndBuddy);
功能：查询和设置旋转按钮的伙伴。

5. GetAccel 和 SetAccel

原型：UINT GetAccel(int nAccel, UDACCEL* pAccel) const;
BOOL SetAccel(int nAccel, UDACCEL* pAccel);
功能：查询和设置旋转按钮的加速值。UDACCEL 结构含有加速值的信息，其定义如下：

```
typedef struct {
int nSec; //加速值生效需要的时间（以秒为单位）
int nInc; //加速值
} UDACCEL;
```

10.7.3 应用举例

设计一个对话框，完成学生信息的输入。
步骤一：创建一个对话框应用程序 PSpin，删除默认对话框的所有控件，添加控件见表 10.12。

表 10.12 程序中使用的控件

控件	ID	标题	Styles
静态文本	IDC_STATIC	姓名	默认
静态文本	IDC_STATIC	年龄	默认
静态文本	IDC_STATIC	入学成绩	默认
编辑框	IDC_EDIT_XM	-	默认
编辑框	IDC_EDIT_NL	-	默认
编辑框	IDC_EDIT_CJ	-	默认
旋转按钮	IDC_SPIN_NL	-	选中“自动伙伴”和 Set buddy integer
旋转按钮	IDC_SPIN_CJ	-	选中“自动伙伴”和 Set buddy integer
命令按钮	IDC_BTN_QD	确定	默认
命令按钮	IDC_BTN_TC	退出	默认

步骤二：设置 Tab 顺序。选择“编排/Tab Order”，或按 Ctrl+D 组合键，此时窗体上每个控件的左上方都会出现一个数字方块，这就是当前控件的 Tab 次序。单击控件，重新设置 Tab 次序，

使旋转按钮和编辑框形成伙伴，如图 10.20 所示。

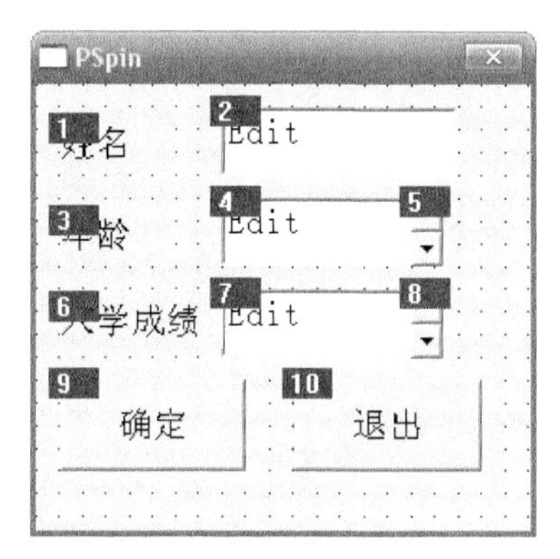

图 10.20　更改控件的 Tab 次序

步骤三：为控件增加成员变量。按 Ctrl+W 键，选中 MFC ClassWizard 的 Member Variables 选项卡，增加成员变量，见表 10.13。

表 10.13　增加成员变量

ID 号	类　别	类　型	名　称	范围或大小
IDC_EDIT_XM	Value	CString	m_edit_xm	20
IDC_EDIT_NL	Value	int	m_edit_nl	18～30
IDC_EDIT_CJ	Value	float	m_edit_cj	0～600
IDC_SPIN_NL	Control	CSpinButtonCtrl	m_spn_nl	-
IDC_SPIN_CJ	Control	CSpinButtonCtrl	m_spn_cj	-

步骤四：选中 MFC ClassWizard 的 Message Maps 选项卡，进行消息映射，编写代码。

```
BOOL CPSpinDlg::OnInitDialog()
{
CDialog::OnInitDialog();
......
// TODO: Add extra initialization here
m_spn_nl.SetRange(18,30);
m_spn_cj.SetRange(0,600);
return TRUE;  // return TRUE  unless you set the focus to a control
}
void CPSpinDlg::OnBtnQd()
{
// TODO: Add your control notification handler code here
UpdateData();
CString str;
str.Format("%s,%d,%6.2f",m_edit_xm,m_edit_nl,m_edit_cj);
AfxMessageBox(str);
}
void CPSpinDlg::OnBtnTc()
{
// TODO: Add your control notification handler code here
CDialog::EndDialog(0);
}
```

编译运行程序，结果如图 10.21 所示。

图 10.21　旋转按钮示例

10.8　进 展 条

进展条控件（Progress Control）用来说明进行数据读写和文件拷贝等操作的进度。随着操作的不断进行，进展条的矩形区域从左到右不断填充。进展条的范围用来表示整个操作过程的时间长度。通过进展条的显示，用户可以了解任务的执行进度。

10.8.1　进展条的操作

在 MFC 类库中，进展条对应的类为 CProgressCtrl。CProgressCtrl 类提供了成员函数用来操作进展条。

1. Create

原型：BOOL Create(DWORD dwStyle, const RECT& rect, CWnd* pParentWnd, UINT nID);

功能：创建进展条。其中，参数 dwStyle 用来确定进展条的控制风格；参数 rect 用来确定进展条的大小和位置；参数 pParentWnd 用来确定进展条父窗口指针；参数 nID 是进展条的 ID 值。

2. SetRange

原型：void SetRange(int nLower, int nUpper);

功能：设置进展条的范围。参数 nLower 和 nUpper 分别指定最小值和最大值，缺省时进展条的范围是 0～100。

3. SetPos

原型：int SetPos(int nPos);

功能：设置进展条的当前进度。

4. StepIt

原型：int StepIt( );

功能：使进度增加一个步长，步长值由 SetStep 函数设置，缺省步长是 10。

5. SetStep

原型：int SetStep(int nStep);

功能：设置步长值，返回原来的步长值。

10.8.2　应用举例

设计一个进展条应用程序。

步骤一：利用应用程序向导 AppWizard 生成基于对话框的应用程序 PProg，删除对话框上默认控件。

步骤二：在对话框中添加一个进展条和两个静态文本控件，其 ID 分别为 IDC_PROGRESS、IDC_STATIC 和 IDC_PERCENT。将 IDC_STATIC 的标题更改为"当前任务进度："，IDC_PERCENT 的标题清空，其他属性默认不变。

步骤三：用 ClassWizard 为进展条 IDC_PROGRESS 增加成员变量，类别为 Control，类型为 CProgressCtrl，名称为 m_progress。

步骤四：打开工作区中的 ClassView 选项，选择 CPProgDlg，单击鼠标右键，在弹出的菜单中选择"Add Member Variable…"选项，在弹出的对话框中增加数据成员 m_nStep（进展条步长）和 m_nMax（进展条最大值），类型为 int，属性为 Private，如图 10.22 所示。在 PProgDlg.h 头文件中可以看到添加的数据成员。

```
class CPProgDlg:public CDialog
{ ……//其他代码
private:
    int m_nStep;
    int m_nMax;……  //其他代码
}
```

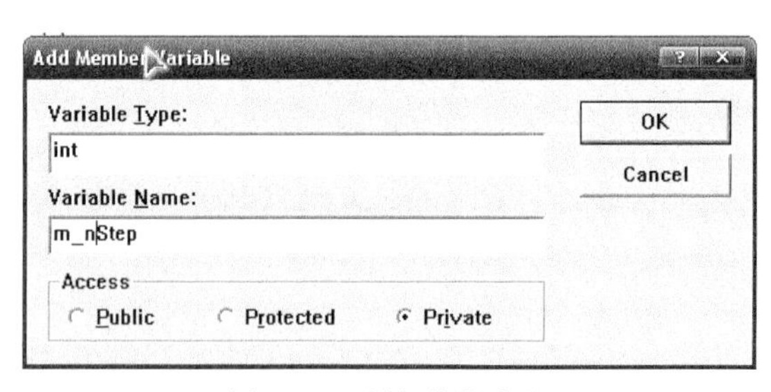

图 10.22　增加数据成员

步骤五：增加代码。

在对话框初始代码中增加控制的范围和位置。

```
BOOL CPEditDlg::OnInitDialog()
{
  CDialog::OnInitDialog();
  ……
  //TODO: Add extra initialization here
   m_progress.SetRange(0,100);
   m_progress.SetStep(10);
   m_nMax=100;
   m_nStep=10;
   SetTimer(1,1000,NULL); //设置进展条更新时钟
   return TRUE;  // return TRUE  unless you set the focus to a control
}
```

增加 WM_TIMER 消息处理函数 OnTimer，使进展条按照当前步长进行更新，同时完成进度的百分比显示。

```
void CPEditDlg::OnTimer(UINT nIDEvent)
{
  // TODO: Add your message handler code here and/or call default
  int nPrePos=m_progress.StepIt();//取得更新前位置
  char text[10];
```

```
    int nPercent=(int)((float)(nPrePos+m_nStep)/m_nMax*100+0.5);
    wsprintf(text,"%d%%",nPercent);
    GetDlgItem(IDC_PERCENT)->SetWindowText(text);   CDialog::OnTimer(nIDEvent);
}
```

编译运行该程序，运行结果如图 10.23 所示。

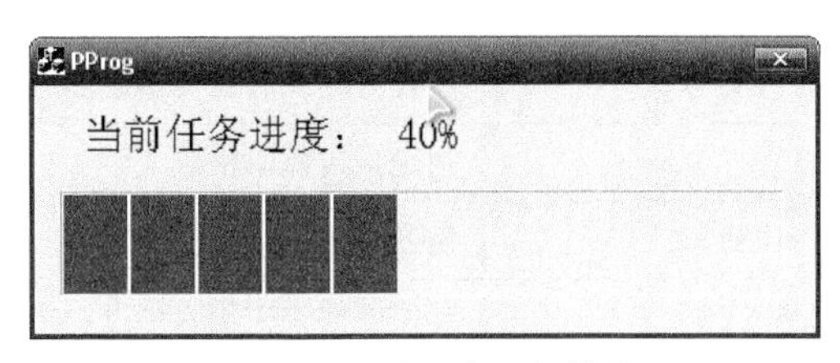

图 10.23　进展条运行结果

10.9　列表控制

列表控制（List Control）的表项通常包括图标（Icon）和标题（Label）两部分，它们分别提供了对数据的形象和抽象描述。列表控制控件是对传统的列表框的重大改进，它能够以“大图标”、“小图标”、“列表”和“报告”四种格式显示数据。

大图标格式（Large Icons）：可逐行显示多列表项，图标的大小可由应用程序指定，通常是 32×32 像素，在图标的下面显示标题。

小图标格式（Small Icons）：可逐行显示多列表项，图标的大小可由应用程序指定，通常是 16×16 像素，在图标的右边显示标题。

列表格式（List）：与小图标格式类似，不同之处在于表项逐行多列显示。

报告格式（Report 或 Details）：每行仅显示一个表项。在标题的左边显示一个图标，表项可以不显示图标而只显示标题。表项的右边可以附加若干列子项，子项只显示正文。在控件的顶端还可以显示一个列表头，用来说明各列的类型。

表 10.14　　列表控制的风格

控件风格	含　义
LVS_ALIGNLEFT	当以大图标或小图标显示时，标题放在图标的左边. 缺省情况下标题放在图标的下面
LVS_ALIGNTOP	当显示格式是大图标或小图标时，标题放在图标的上边
LVS_AUTOARRANGE	当显示格式是大图标或小图标时，自动排列控件中的表项
LVS_EDITLABELS	用户可以修改标题
LVS_ICON	指定大图标显示格式
LVS_LIST	指定列表显示格式
LVS_NOCOLUMNHEADER	在报告格式中不显示列的表头
LVS_NOLABELWRAP	当显示格式是大图标时，使标题单行显示. 缺省时是多行显示

续表

控件风格	含　义
LVS_NOSCROLL	列表视图无滚动条
LVS_NOSORTHEADER	报告列表视图的表头不能作为排序按钮使用
LVS_OWNERDRAWFIXED	由控件的拥有者负责绘制表项
LVS_REPORT	指定报告显示格式
LVS_SHAREIMAGELISTS	使列表视图共享图像序列
LVS_SHOWSELALWAYS	即使控件失去输入焦点，仍显示出项的选择状态
LVS_SINGLESEL	指定一个单选择列表视图，缺省时可以多项选择
LVS_SMALLICON	指定小图标显示格式
LVS_SORTASCENDING	按升序排列表项
LVS_SORTDESCENDING	按降序排列表项

10.9.1　列表控制的建立

可以使用 CListCtrl 类的成员函数 Create 创建列表控制控件。

Create 函数的格式如下：

```
BOOL Create( DWORD dwStyle, const RECT& rect, CWnd* pParentWnd, UINT nID );
```

其中，参数 dwStyle 用来确定列表控制的风格；rect 用来确定列表控制的大小和位置；pParentWnd 用来确定列表控制的父窗口，通常是一个对话框；nID 用来确定列表控制的标识。其中列表控制的风格见表 10.14。

10.9.2　列表控制的操作

列表控制的操作可以通过 CListCtrl 类的成员函数来实现，下面介绍几个常用的操作。

1. GetBkColor 和 SetBkColor

原型：COLORREF GetBkColor();
　　　BOOL SetBkColor (COLORREF cr);

功能：取得和设置列表控制的背景色。

2. SetImageList

原型：CImageList* SetImageList(CImageList* pImageList, int nImageList);

功能：设置列表控制的图像列表。参数 pImageList 指向一个 CImageList 对象；参数 nImageList 用来指定图标的类型，若其值为 LVSIL_NORMAL，则位图序列用作显示大图标，若其值为 LVSIL_SMALL，则位图序列用作显示小图标。可用该函数同时指定一套大图标和一套小图标。

3. GetItem 和 SetItem

原型：BOOL GetItem(LV_ITEM* pItem) const;
　　　BOOL SetItem(const LV_ITEM* pItem);

功能：取得列表控制的属性和设置表项的属性。参数 pItem 是指向 LV_ITEM 结构的指针，函数通过该结构来查询或设置指定项，在调用函数前应该使该结构的 iItem 或 iSubItem 成员有效以指定表项或子项。

4. InsertItem

原型：int InsertItem(const LV_ITEM* pItem);

功能：插入一个新的表项。如果要显示图标，则应该先创建一个 CImageList 对象并使该对象包含用作显示图标的位图序列，然后调用 SetImageList 来为列表视图设置位图序列。参数 pItem 指向一个 LV_ITEM 结构，该结构提供了对表项的描述。若插入成功，则函数返回新表项的索引，否则返回-1。

5. DeleteItem 和 DeleteAllItems

原型：BOOL DeleteItem(int nItem);

BOOL DeleteAllItems( );

功能：删除表项。要删除某表项，应调用 DeleteItem；要删除所有的项，应调用 DeleteAllItems。一旦表项被删除，其子项也被删除。

6. InsertColumn

原型：nt InsertColumn(int nCol, const LV_COLUMN* pColumn);

功能：插入一个表列。其中，参数 nCol 是新列的索引；参数 pColumn 指向一个 LV_COLUMN 结构，函数根据该结构来创建新的列。若插入成功，函数返回新列的索引；否则返回-1。

7. DeleteColumn

原型：BOOL DeleteColumn(int nCol);

功能：删除一个表列，其中参数 nCol 是列的索引。

10.9.3　列表控制的数据结构

列表控制中包含两个非常重要的数据结构：LV_ITEM 和 LV_COLUMN。LV_ITEM 用于定义列表控制的一个表项，LV_COLUMN 用于定义列表控制的一个表列。

1. LV_ITEM 的定义

```
typedef struct _LV_ITEM {
UINT mask; //结构成员屏蔽位
int iItem; //表项索引号
int iSubItem; //子表项索引号
UINT state; //表项状态
UINT stateMask; //状态有效性屏蔽位
LPTSTR pszText; //表项名文本
int cchTextMax; //表项名最大长度
int iImage; // 表项图标的索引号
LPARAM lParam; // 与表项相关的 32 位数
} LV_ITEM;
```

2. LV_COLUMN 的定义

```
typedef struct _LV_COLUMN {
UINT mask; //结构成员有效性屏蔽位
int fmt; // LVCFMT_CENTER 表列居中对齐 , LVCFMT_LEFT 表列左对齐
int cx; //表列的像素宽度
LPTSTR pszText; //表列的表头名
int cchTextMax; //表列名的文本长度
int iSubItem; //与表列关联的子表项索引号
```

```
} LV_COLUMN;
```

10.9.4 应用举例

结合前面的内容，应用列表控制控件实现程序设计。

步骤一：使用 MFC AppWizard 创建一个名为 PListView 的对话框工程，将默认对话框中的控件全部删除，向对话框中添加表 10.15 所示的控件。

表 10.15 添加的控件

控　件	ID	标　题	备　注
列表控制	IDC_LIST_VIEW	-	-
组框	IDC_STATIC	样式	-
单选按钮	IDC__RADIO_LARGE	大图标	选中 Group
单选按钮	IDC__RADIO_SMALL	小图标	-
单选按钮	IDC__RADIO_LIST	列表	-
单选按钮	IDC__RADIO_REP	报告	-
命令按钮	IDC_BTN_DEL	删除	-
命令按钮	IDC_BTN_EXIT	退出	-

步骤二：选中列表控制控件 IDC_LIST_VIEW，增加成员变量，类别为 Control，类型为 CListCtrl，名称为 m_list。

步骤三：建立两个图标：IDI_ICON1 和 IDI_ICON2，在列表控制中使用。在 Visual C++6.0 中创建图标的方法：打开工作区的资源选项卡“ResourceView”，选择“Icon”，单击鼠标右键，选择“Insert Icon”菜单项，打开图标编辑器，就可以进行编辑了，也可以从外部导入图标。

同时，为了对图标进行操作，在 PListViewDlg.cpp 文件首部定义两个图像列表对象：

```
CImageList Image1,Image2;
```

步骤四：在 PListViewDlg.h 头文件中定义数据结构 STUDENT，代码放在 PListViewDlg 类的定义之前即可。在 PListViewDlg.cpp 源文件中进行数据初始化，定义 10 个学生信息。

```
//PListViewDlg.h
typedef struct student { //定义结构
char name[20]; //姓名
int  num; //索引号
char no[10]; //学号
char score[10]; //分数
char lxfs[10]; //联系方式
} STUDENT;
//PListViewDlg.cpp
STUDENT stu[10]={
{"严肃",0,"201312101","569","138444000"},
{"黄海波",0,"201312102","234","138444090"},
{"方刚",0,"201312103","678.5","138444900"},
{"曹操",0,"201312104","643.5","138444000"},
```

```
{"风云",1,"201312105","456","138449001"},
{"美丽",1,"201312106","546","138444000"},
{"周瑜",1,"201312107","654.5","138449001"},
{"赵云",1,"201312108","523.5","138444001"},
{"巩俐",1,"201312109","576","138444009"},
{"白雪",0,"201312110","555","138444091"}};
```

步骤五：为四个单选按钮和两个命令按钮进行消息映射，编写代码。

增加表头、图像和列表控制建立代码：

```
BOOL CPListViewDlg::OnInitDialog()
{
  CDialog::OnInitDialog();
  ……
  // TODO: Add extra initialization here
  LV_ITEM lvitem;
  LV_COLUMN lvcol;
  int i,iPos,iItemNum;
  CPListViewApp *pApp=(CPListViewApp *)AfxGetApp();
  Image1.Create(32,32,TRUE,2,2);
  Image1.Add(pApp->LoadIcon(IDI_ICON1));
  Image1.Add(pApp->LoadIcon(IDI_ICON2));
  Image2.Create(16,16,TRUE,2,2);
  Image2.Add(pApp->LoadIcon(IDI_ICON1));
  Image2.Add(pApp->LoadIcon(IDI_ICON2));
  m_list.SetImageList(&Image1,LVSIL_NORMAL);
  m_list.SetImageList(&Image2,LVSIL_SMALL);
  lvcol.mask=LVCF_FMT|LVCF_SUBITEM|LVCF_TEXT|LVCF_WIDTH;
  lvcol.fmt=LVCFMT_CENTER;
  i=0;
  lvcol.pszText="姓名";
  lvcol.iSubItem=i;
  lvcol.cx=70;
  m_list.InsertColumn(i++,&lvcol);
  lvcol.pszText="学号";
  lvcol.iSubItem=i;
  lvcol.cx=70;
  m_list.InsertColumn(i++,&lvcol);
  lvcol.pszText="分数";
  lvcol.iSubItem=i;
  lvcol.cx=70;
  m_list.InsertColumn(i++,&lvcol);
  lvcol.pszText="联系方式";
  lvcol.iSubItem=i;
  lvcol.cx=70;
  m_list.InsertColumn(i++,&lvcol);
  //向列表控制中添加表项
  iItemNum=sizeof(stu)/sizeof(STUDENT);
  for(i=0;i<iItemNum;i++)
  {    lvitem.mask=LVIF_TEXT|LVIF_IMAGE|LVIF_PARAM;
       lvitem.iItem=i;
```

```
        lvitem.iSubItem=0;
        lvitem.pszText=stu[i].name;
        lvitem.iImage=stu[i].num;
        lvitem.lParam=i;
        iPos=m_list.InsertItem(&lvitem);//返回表项插入后的索引号
        lvitem.mask=LVIF_TEXT;
        lvitem.iItem=iPos;
        lvitem.iSubItem=1;
        lvitem.pszText=stu[i].no;
        m_list.SetItem(&lvitem);
        lvitem.iSubItem=2;
        lvitem.pszText=stu[i].score;
        m_list.SetItem(&lvitem);
        lvitem.iSubItem=3;
        lvitem.pszText=stu[i].lxfs;
        m_list.SetItem(&lvitem);
    }
    CheckRadioButton(IDC_RADIO_LARGE,IDC_RADIO_REP,IDC_RADIO_SMALL);
    return TRUE;  // return TRUE  unless you set the focus to a control
}
```

“大图标”单选按钮：

```
void CPListViewDlg::OnRadioLarge()
{
    // TODO: Add your control notification handler code here
    LONG lStyle;
    lStyle=GetWindowLong(m_list.m_hWnd,GWL_STYLE);//获取当前窗口类型
    lStyle&=~LVS_TYPEMASK; //清除显示方式位
    lStyle|=LVS_ICON; //设置显示方式
    SetWindowLong(m_list.m_hWnd,GWL_STYLE,lStyle);//设置窗口类型
}
```

“小图标”单选按钮：

```
void CPListViewDlg::OnRadioSmall()
{
    // TODO: Add your control notification handler code here
    LONG lStyle;
    lStyle=GetWindowLong(m_list.m_hWnd,GWL_STYLE);//获取当前窗口类型
    lStyle&=~LVS_TYPEMASK; //清除显示方式位
    lStyle|=LVS_SMALLICON; //设置显示方式
    SetWindowLong(m_list.m_hWnd,GWL_STYLE,lStyle);//设置窗口类型
}
```

“列表”单选按钮：

```
void CPListViewDlg::OnRadioList()
{
    // TODO: Add your control notification handler code here
    LONG lStyle;
    lStyle=GetWindowLong(m_list.m_hWnd,GWL_STYLE);//获取当前窗口类型
    lStyle&=~LVS_TYPEMASK; //清除显示方式位
    lStyle|=LVS_LIST; //设置显示方式
```

```
    SetWindowLong(m_list.m_hWnd,GWL_STYLE,lStyle);//设置窗口类型
}
```

“报告”单选按钮：

```
void CPListViewDlg::OnRadioRep()
{
    // TODO: Add your control notification handler code here
    LONG lStyle;
    lStyle=GetWindowLong(m_list.m_hWnd,GWL_STYLE);//获取当前窗口类型
    lStyle&=~LVS_TYPEMASK; //清除显示方式位
    lStyle|=LVS_REPORT; //设置显示方式
    SetWindowLong(m_list.m_hWnd,GWL_STYLE,lStyle);//设置窗口类型
}
```

“删除”命令按钮：

```
void CPListViewDlg::OnBtnDel()
{
    // TODO: Add your control notification handler code here
    int i,iState;
    int nItemSelected=m_list.GetSelectedCount();//所选表项数
    int nItemCount=m_list.GetItemCount();//表项总数
    if(nItemSelected<1) return;
    for(i=nItemCount-1;i>=0;i--)
{
    iState=m_list.GetItemState(i,LVIS_SELECTED);
    if(iState!=0) m_list.DeleteItem(i);
}
}
```

“退出”命令按钮：

```
void CPListViewDlg::OnBtnExit()
{
    // TODO: Add your control notification handler code here
    CDialog::EndDialog(0);
}
```

编译运行程序，可以看到当选择不同的样式时，列表控制控件的显示形式也在发生变化，运行结果如图 10.24 所示。

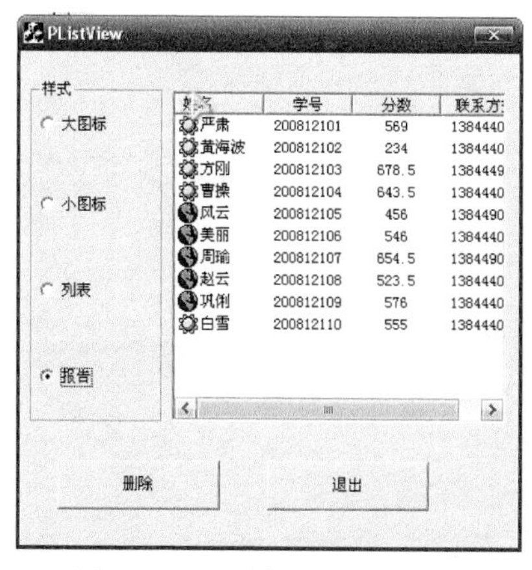

图 10.24　列表控制控件的应用

习 题 十

1. 旋转按钮有什么作用？如何确定旋转按钮的“伙伴”？

2. 按钮控件有哪些？

3. 设计一个用户登录的口令对话框。

4. 建立一个基于对话框的应用程序，从键盘输入 10 个数，然后对它们进行排序，并且显示排序的结果。（提示：用命令按钮和编辑框控件完成。）

5. 滚动条有几种类型？如何设置滚动条的滚动范围？

6. 列表控制控件显示数据的样式有哪些？

7. 组合框控件有几种类型？

8. 静态控件有哪些？作用是什么？

9. 在 Visual C++ 6.0 中，如何实现控件的数据交换和数据校验？

10. 在 Visual C++ 6.0 中，如何使用控件？